UX戦略
ユーザー体験から考えるプロダクト作り

Jaime Levy 著
安藤 幸央 監訳
長尾 高弘 訳

本書で使用するシステム名、製品名は、それぞれ各社の商標、または登録
商標です。

なお、本文中では™、®、©マークは省略している場合もあります。

UX Strategy

How to Devise Innovative Digital Products That People Want

Jaime Levy

Beijing · Boston · Farnham · Köln · Sebastopol · Tokyo

© 2016 O'Reilly Japan, Inc. Authorized Japanese translation of the English edition of "UX Strategy", © 2015 Jaime Levy. This translation is published and sold by permission of O'Reilly Media, Inc., the owner of all rights to publish and sell the same.

本書は、株式会社オライリー・ジャパンがO'Reilly Media, Inc.の許諾に基づき翻訳したものです。日本語版についての権利は、株式会社オライリー・ジャパンが保有します。

日本語版の内容について、株式会社オライリー・ジャパンは最大限の努力をもって正確を期していますが、本書の内容に基づく運用結果については責任を負いかねますので、ご了承ください。

日本語版まえがき

UXという言葉が日本でもよく聞かれるようになったのは2010年くらいからだろうか。UX自体は昔からある概念ではあるが、この数年で一気に認知が高まった背景にあるのはスマートフォンの爆発的な普及だろう。スマートフォンの普及でさまざまなシチュエーションでサービスを利用できるようになり、ユーザーのタッチポイントからサービス利用の一連の体験をデザインするのが重要という認識が広まった。しかし、単なるUXではなくビジネス戦略レベルから考えるUXの重要性が高まってきている。

2010年以降に日本でも流行りだしたUXという言葉はバズワード化し、その本質を理解されないまま大企業の内部でUXデザイン部やUXに関する社内横断組織が立ち上がったが、多くのケースでUX部署は企業内部で機能せずに中に浮く事態となることも最初は多かった。理由のひとつはUXとはデザイナーが考えるべきものであるという誤解があり、企業内で元々力のなかったデザイナーはリーダーシップを発揮できずにUX部署は絵に描いた餅となってしまったのだ。

私が当時から感じていた大きな違和感はここにある。UXとはデザイナーだけが考えるべきことではない。UXとは製品開発に関わる全職種のメンバーが考えるべき事で、こと今回の本のテーマとなったUX戦略を考えるべきなのは、これからスタートアップする起業家はもちろん企業のマネジメント陣である。UX戦略とは経営戦略の一部かつ、現代では最も重要な部類に入る戦略である。起業家や経営陣が主導で考え、コミットすべき事柄である。

UXに対する理解が日本よりも進んでいるアメリカでは昨今デザインエージェンシーの買収が相次いでいる。企業のUX戦略へのコミットが表れた象徴的な事例として上げられるのが2014年にUX専門のデザインエージェンシーであるAdaptive Pathが金融機関のCapital Oneに買収された事だろう。銀行がデザイン会社を買収するなんて、2016年現在の日本では考えられない事だが海外ではこの様に経営戦略とUX戦略が密接に関係している。ちなみに10章に元Adaptive PathのUXデザイナー、ピーター・マーホールズのインタビューが掲載されており、非常に興味深い内容である。

私が2011年に創業したGoodpatchは、UI（ユーザーインターフェース）デザインの会社と謳ってはいるが、まさにUX戦略のレイヤーから企業のプロダクト開発を支援している。これは私が起業前に少しの間サンフランシスコで働いていた時に現地のスタートアップ企業の

日本語版まえがき　v

UX、UIデザインへの取り組み方の違いを感じた経験から来ている。そこから5年が経過し、もはや日本でもUIのみ、ビジュアルデザインのみのデザイン会社は市場価値がなくなっており、弊社が創業時から一貫して取った今回の本のUX戦略にあたるフェーズから必ず関わるというスタンスは正しい選択だったと感じている。そして、弊社は関わる会社にプロジェクトを通じてUX戦略の重要性、UXリサーチやプロトタイピング、そしてUIの重要性を啓蒙している。

この本ではUX戦略だけではなく、具体的な戦術にあたる手法やメソッドまで細かく書いてあり、この種の本の中でも戦略を題材にここまでまとめた本は今までなかったのではないだろうか。スタートアップの起業家、企業の経営層はもちろん、デザイナー、エンジニアを率いるリーダーやマーケッターなど多くの人に読んでもらいたい1冊である。

今後、イノベーティブな製品を世の中に出したいと考えている起業家や大企業の経営陣はUXの理解ではなく、UX戦略を理解するべきである。より深く理解し、実践していきたいのであれば弊社のようなUX戦略の知見があるデザイン会社を買収するのも良いかもしれない。ただそれが難しいのであれば、この本を隅々まで読み込めばコストパフォーマンスはとても良いのではないだろうか。

2016年5月
株式会社グッドパッチ 代表取締役兼CEO
土屋 尚史

序文

　レーザープリンタの修理のためにブルックリンからマンハッタンに向かう列車に乗り、「マルチメディア」の仕事をすることを夢見ていた21歳の頃、私はジェイミー・レヴィの文章を読みながら、いつか彼女に会ってみたいものだと思っていた。

　1990年代始めには、まだウェブはなかったが、BBS（掲示板システム）はあり、ニューメディアが急速に成長していた。コンピュータは、モデムとCD-ROMドライブを組み込むようになりはじめたところだったが、ウェブブラウザーとブロードバンドが始まったのはそれから数年後だった。

　ジェイミーは、私たち全員よりも前にデジタル革命に到達しており、1990年から1992年にかけてフロッピーディスク雑誌のシリーズを発行していた。Wiredが印刷版の雑誌を創刊したのは1993年のことだった。それと同じ年に、彼女はビリー・アイドルのために、このとてつもないインタラクティブな作品集を作っており、アルバム『Cyberpunk』にそれを添付した。

　同じ頃、私はオンラインでのハンドル名と同じ『CyberSurfer』という雑誌を創刊しており、5冊を出版した。PAPER Magazineの人たちが「CyberSurfer's Sillycon Alley」というコラム執筆の仕事をくれたので、ジェイミーの仕事をよく取り上げた。なぜかというと、取り上げるべき仕事をしていたのは彼女だけだったからだ。

　彼女は金持ちにはならなかったが、優れたアートを作り、インタラクティブな世界はどうあるべきかという自分のビジョンを追いかけた。実際、彼女はRazorfish（http://www.razorfish.com/）の3番目の共同設立者として億万長者になるチャンスから降りているのである。

　1996年には、ジョシュ・ハリスのPseudo.comのための有名な場所で、私は「Ready, Set…Pitch!」というピッチコンテストの主催者を務めた。ジェイミーは、ウェブのためにマンガやインタラクティブ体験を作るスタジオ、エレクトロニックハリウッドを提案してきた。

　彼女は、YouTubeがヒットする10年前からカジュアルゲームやYouTubeをイメージしており、UX (User Experience) やIA (Information Architecture) という単語が誰にも使われていないときから、私たち全員に「エクスペリエンス」や「フロー」について教えていた。

　私は幸運なことにUberからEngadgetまで、100社を越えるインターネットビジネスを創設したり投資したりすることができたが、あなたが世界を変えるような製品を作りたいのなら、まず最初にあなたが今いるところ、つまりジェイミーの手の内から始めるべきだと言いたい。

序文　vii

本書のなかで彼女が言っていることをよく聞き、深く考えてみよう。本書は、あなたがずっと探し求めていたリーンスタートアップとUXテクニックにはない「不足部分を補うマニュアル」だ。

　デザイナーではない人こそ、本書を読み続けるべきだ。ジェイミーは、デザイナーが頻繁に口にする周囲を威圧している専門用語や手順を、読者のために時間をかけてわかりやすく明確に説明している。

　私たちがインターネットとその将来、インターネットによる成功を夢見ていた20代の頃のある夜、ジェイミーは私に非常に簡潔にそのことを説明してくれた。「全部エクスペリエンスの問題よ」

　製品を作ることや人生を生きていくことについて、これ以上のアドバイスはない。全部エクスペリエンスの問題なのだ。

ジョン・マケイブ・カラカニス

2015年4月

はじめに

戦略とは、点をつないでいくことだ。未来についてよりよい推測を得るためには、過去に何があって、現在何が起きようとしているかを見る必要がある。戦略の仕事を行う人間は、知りたがりで客観的で恐れ知らずでなければならない。情け容赦なく攻撃して獲物を付け回し、叩き殺す危険を顧みない人物になる必要があるのだ。

ユーザーエクスペリエンス（UX）戦略は、UXデザインとビジネス戦略をつなぐ位置にある。経験的、実証的に実践できれば、ワイヤフレームでレイアウトをデザインしてコードを書き、天に祈るだけでなく、成功を収めるデジタル製品を作れる可能性が大幅に上がる。

本書は、UX戦略を実践するためのしっかりとした枠組み、フレームワークを示す。革新的な製品の開発に焦点を絞り、仕事の環境の違いに関わらず使える面倒でない手法を無数に示していく。ビジネス戦略の基本原則は、理解するためにMBA（経営学修士）が必要になるような秘密である必要はない。UX戦略は、デザインと同様に、実践するだけでマスターできるスキルだ。

この本を読むべきはどんな人か

本書は、UXデザインとビジネス戦略の間の大きな知識のギャップに対処するもので、次のようなタイプの製品を作っている人々を念頭に置いて書かれている。

アントレプレナー（起業家）、デジタル製品マネージャー、社内アントレプレナー的チーム

あなたは、革新的UXを備え、大成功を収めるような製品を作るために、自分のチーム（ビジュアル及びUXデザイナー、開発者、マーケット担当者）を引っ張っていこうとしている。しかし、あなたの時間、資金その他の資源には限りがあるので、チームの労力は、単純な手法、またはもっとも本質的でお手頃なツールを実践に移すことに集中させなければならない。あなたはリーンスタートアップの原則を理解しており、調査と評価では時間を節約したいと考えているが、しっかりとした戦略にもとづいて意思決定することが必要だということも理解している。本書は、バリュープロポジションをテストし、市場内で価値を創造するチャンスを見つけ、ユーザーを引き寄せるようなデザインを作るためのあなたとチームが必要としている便利なツールを提供する。

UXデザイナー／インタラクションデザイナー／UIデザイナー

あなたは不満を感じている。デザインを成果物にするための歯車にさせられていると感じている。自分の仕事をもっと革新的で戦略的にまともなものにしたいが、戦略レベルでの製品の定義に参加できていない。経営学の学位やマーケティングの専門能力を持っていないので、キャリアの壁にぶち当たるのではないかと恐怖も感じている。本書は、次のような状況に追い込まれていると感じたときの解決方法を示す。

- 既存製品を真似しただけだと思っている製品のためにサイトマップとワイヤフレームを作れと言われている。車輪を発明し直すようなことのためにこれからの6か月を浪費したくない。本書は、競合から系統的に小さなアイデアを盗むことによって革新的にできる方法を説明する。
- ステークホルダー（利害関係者）が自分の製品の構想は100%正しく、それを忠実に実装しろと命令してくる。あなたはユーザー調査を行って、彼が元の構想を見直すきっかけを作りたいと思っているが、彼はそのための予算を渡してくれない。本書は、上からの支持があるとき、またはないときに社内アントレプレナーになるための新たな方法を示す。
- 取引先の製品を作るための膨大な要件文書を手渡され、顧客流入を増やすようなデザインを作れと命令された。本書は、顧客に親しみを持ってもらうための各段階を分解し、指標の数値をよくするためにやるべきことを示す。

本書を書いた理由

私は、ソフトウェアデザイナー、実習生として活動しながら、ユーザーインターフェイス（UI）デザインと製品戦略を教えるという新しい学科の非常勤講師を続けてきた。1993年以来、工学系の学生を対象とする大学院レベルの講座から、もっと売りになる経験を身に付けてキャリア形成にテコ入れしたい、働くプロたちのための社会人講座まで、さまざまなところで教えている。しかし、このような状況のもとで私の学生たちに必要とされるすべての知識を教えるような完璧な本はどこにもなかった。代わりに、受講者たちからはいつもプレゼンテーション資料、サンプルドキュメント、テンプレートを共有してくれと追い回されていた。

私が本書を書いたのは、スタートアップ企業、代理店、既存企業とともに仕事をして学んだUX戦略の実践について私が知っているすべてのことをひとつの参考資料にまとめるためだ。

　私がプロとして何年もかけて経験してきたことから、デザイナーやプロダクト製作者でUX戦略家を目指している人たちのために役立つことを伝えられればとも考えている。私は仕事でも個人的な生活でも上がり下がりを繰り返してきたが、その経験が私の試行錯誤に対する態度を作り上げてきている。だから、本を書こうとした最初のときから、無機質なビジネス書や技術書は書きたくないと思っていた。プロダクトデザインの現実世界で実際に経験した生々しい事柄や物事の流動性を年代記のように記録した本を書きたかったのである。成功の自慢話や、必ずうまくいく手法をただ書くのではなく、起業家精神を描きたかったのだ。そして、読者が私のように途中で傷つかずに前進することを願い、そのために私自身の軌跡を知っていただきたいと思ったのである。

本書の構成

　本書は、何年もかけて自分の教え方を磨き上げてきた結果にもとづいて書かれている。そのため、本書は、もともとの意図の通りに、革新的なデジタル製品を作るためのハウツーガイドとして読むことができる。読者がそのようなものとして本書を読むつもりなら、デジタルインターフェイスを使って解決したいアイデアや課題からスタートするようにしていただきたい。初めて泳ぎ方を学ぶときには、プールに入って尻が冷えるのもなかなか気持ちいいものだと思わなければならないのと同じだ。あなたとチームは、章を読み進めるとともに、順番に新しい手法を学んでいく。そして、すべての手法を身に付けたら、将来、もっとも適切な順序でそれらを実践できるはずである。

　本書は11章から構成されている。1章では、UX戦略とは何で何ではないのかをはっきりさせる。2章は、本書で取り上げるすべてのツールと手法の枠組み、フレームワークを説明する。3章から9章では、それらのUX戦略手法の使い方を説明していく。10章では、世界トップレベルの4人のUX戦略家に対するインタビューを収録している。同じテーマに対する彼らの少し異なる視点に立った議論からもさまざまなヒントが得られるだろう。最後に、11章は、全体を簡単にまとめる章である。

UX戦略ツールキットとは何か

　本書には付属のツールキットがある。それを使えば、あなたとチームは自分の製品ですぐに優れたUX戦略を実践することができる。これらのツールは私がクライアントとともに長い年月をかけて磨き上げてきたものであり、人々との作業のためにも提出する成果物としても使ってきている。最初は使いにくいと感じるかもしれないが、効率的なUX戦略の進め方を学ぶための出発点としてきわめて重要だ。本書を読み進めていくと、個々のツールの使い方と利点を詳しく説明している所に出会うだろう。

　UX戦略ツールキットは無料であり、次のURLでアクセスできる。

　http://userexperiencestrategy.com

　https://www.oreilly.co.jp/books/9784873117546/（日本語版）

　ツールキットをダウンロードしたら（拡張子が.xlsxのExcelファイルひとつである）、それをスプレッドシートとしてGoogle Driveにインポートする。すると編集、共有できるようになるので、ぜひチーム内で共有していただきたい。スプレッドシート下部のタブでほかのツールに切り替えることができる。

　UX戦略は、チームメンバー、ステークホルダー（利害関係者）との共同作業が必要だ。教室の学生でも、動き出そうとしているスタートアップ企業でも、既存企業の領域横断型チームでも、そこは同じだ。全員が協力して仕事をしないかぎり、戦術は機能しない。このデジタル時代に共創するための最良の方法はクラウドのツールを使うことであり、本書のクラウドを使ったツールキットは、同じ部屋にいるチームと遠隔地のチームとで製品の理想像を共有するために役立つだろう。このツールキットは、リアルタイムで同じドキュメントを操作できるという点でも優れている。チームのメンバーとともにチャットと同様のコミュニケーションを取ることも、あとで見るためのメモを残すこともできる。

xii　はじめに

ご意見と質問

　本書（日本語翻訳版）の内容は最大限の努力をして検証・確認していますが、誤り、不正確な点、バグ、誤解や混乱を招くような表現、単純な誤植などに気が付かれることもあるかもしれません。本書を読んでいて気付いたことは、今後の版で改善できるように私たちに知らせてください。将来の改訂に関する提案なども歓迎します。連絡先は以下に示します。

　株式会社オライリー・ジャパン

　電子メール japan@oreilly.co.jp

　本書についての正誤表や追加情報などは、次のサイトを参照してください。

　http://www.oreilly.co.jp/books/9784873117546/ （和書）

　http://shop.oreilly.com/product/0636920032090.do （原著）

　http://userexperiencestrategy.com/

謝辞

　本書は、Sarah Dzidaとのコラボレーションがなければ読者の目の前にはなかっただろう。Sarahと初めて出会ったのは、彼女が文学の修士課程で私のUXデザインの授業を取ったときだ。私たちは、結局さまざまなUX戦略とデザインプロジェクトでともに仕事をしてきた。その結果、彼女は私にビジネス事例の背後のストーリーを語らせるためのコツを実地訓練で身に付けた。最終的に、彼女は企画書の作成の支援から文章の執筆指導（サンプルに始まり最終原稿に至るまで）まで、ありとあらゆることを手伝ってくれた。彼女は主任編集者の仕事をこなしてくれただけではなく、天才的な才能によって各章に散らばった他愛のない私の語りに構造を与えて壮大で流れるような構成に組み立ててくれた。著者になりたいという冒険の旅の全体を通じて、私に寄り添ってくれた彼女には、永遠の感謝を捧げたい。さらに、以下の人々にも感謝の気持ちを伝えたい。

- 私にとってナンバーワンのUXの師匠でリーンスタートアップの女王であるLane Halleyには特に大きく感謝している。彼女は、ロサンゼルスで講義という形でこの本の内容を初めて発表して以来、このプロジェクトの相談に乗ってくれた。

- Chaim Diesto、Miles Frank（UX戦略家たちのポートレート写真の撮影）、Ena De Guzman、Geoff Katz、Jared Krause、Zhan Li、Paul Lumsdaine、Peter Merholz、Holly North、Bita Sheibani、Michael Sigal、Milana Sobol、Michael Sueoka、Eric Swenson、Laurel Wetzorkほか、本書に貢献してくれた人々に。

- O'Reilly Mediaと私担当の編集チーム、Mary TreselerとAngela Rufinoに。

- 目的から意識をそらさないという特別な**存在理由**を与えてくれた素晴らしい息子Terryに。本書は彼をはじめとする我が家族に捧げたい。

- 芸術の形と実践を教えてくれた私のバレエ先生みんなに。このプロジェクトを通じて私が正気を保てたのはバレエのおかげだ。

　そして、私のふるさとロサンゼルスよ、ありがとう。

目次

日本語版まえがき……………………………………………………………… v

序文……………………………………………………………………………… vii

はじめに………………………………………………………………………… ix

1章　UX戦略とは何か　　1

1.1　UX戦略についての誤解………………………………………………… 3

　　1.1.1　誤解1：UX戦略とは「北極星」を見つけることだ…………… 5

　　1.1.2　誤解2：UX戦略はUXをデザインするための「戦略的な方法」だ……… 6

　　1.1.3　誤解3：UX戦略はただの製品戦略だ………………………… 6

　　1.1.4　誤解4：UX戦略はブランド戦略と密接につながっている………… 7

1.2　それではUX戦略とは一体何なのか…………………………………… 8

1.3　UX戦略が重要なのはなぜか…………………………………………… 10

2章　UX戦略の4つの基本要素　　13

2.1　UX戦略のフレームワークをどのようにして発見したか…………… 15

　　　　ここで学んだこと…………………………………………………… 19

2.2　基本要素1：ビジネス戦略……………………………………………… 19

2.3　基本要素2：価値の革新………………………………………………… 27

2.4　基本要素3：検証のためのユーザー調査……………………………… 33

2.5　基本要素4：革新的UXデザイン……………………………………… 36

　　　　UX戦略ではないものトップ10…………………………………… 42

2.6　まとめ…………………………………………………………………… 43

3章　バリュープロポジションの検証　　45

3.1　大作映画級のバリュープロポジション……………………………… 46

　　　　ここで学んだこと…………………………………………………… 49

目次　xv

3.2	バリュープロポジションとは何か	49
	3.2.1　空想の世界の中にいるのが嫌なら	52
3.3	まとめ	74

4章　競合調査　　77

4.1	教訓を手痛い形で学ぶ	78
	ここで学んだこと	80
4.2	競合分析表の使い方	81
4.3	競合の意味を理解する	83
	4.3.1　競合のタイプ	84
	4.3.2　競合を見つけて競合一覧を書くための方法	87
	すぐに使えるヒント	90
	4.3.3　表へのデータ記入	90
	なぜそこまで隠密に行動するのか？	95
	UXに対象を絞り込んだ市場調査	108
4.4	まとめ	109

5章　競合分析　　111

5.1	大作映画級のバリュープロポジション：第2部	112
	ここで学んだこと	114
5.2	分析とは何か	115
	5.2.1　競合分析と市場機会のための4つのステップ	116
	プレゼンテーションと持ち帰り資料	141
5.3	まとめ	142

6章　バリューイノベーションのストーリーボードへの展開　　143

6.1	実際にはタイミングがすべて	144
	ここで学んだこと	149

xvi　目次

6.2 バリューイノベーションを発見するためのテクニック ············· 150

    6.2.1 キーとなる体験の見極め ············· 152

    6.2.2 UXインフルエンサーの利用 ············· 156

    6.2.3 機能比較 ············· 158

      個人における破壊的イノベーション ············· 162

    6.2.4 バリューイノベーションのストーリーボードへの展開 ············· 163

6.3 ビジネスモデルとバリューイノベーション（価値創造） ············· 169

6.4 まとめ ············· 172

7章 実験用プロトタイプの作成　　175

7.1 全力を尽くすこと ············· 177

    ここで学んだこと ············· 180

7.2 私が実験中毒になったいきさつ ············· 180

    オズの魔法使いになる（Wizard of OZing It） ············· 194

7.3 プロトタイプを使ったPMF（プロダクト／マーケットフィット）の検証 ···· 195

    7.3.1 3ステップでデザインするソリューションプロトタイプ ················· 196

      インタラクティブなプロトタイプのための優れたツール

      （プロトタイプを作る場合におすすめ） ············· 209

    7.3.2 ソリューションプロトタイプの現実性のチェック：ユーザー体験と

      ビジネスモデルはなぜ密接に連携していなければならないのか···· 210

7.4 まとめ ············· 213

8章 ゲリラユーザー調査の実施　　215

8.1 ゲリラユーザー調査：シルバーレイクカフェ作戦 ············· 216

    ここで学んだこと ············· 221

8.2 ユーザー調査とゲリラユーザー調査 ············· 222

    ゲリラ戦：ファナ・ガラン ············· 225

    8.2.1 ゲリラユーザー調査の主要3段階 ············· 226

	8.2.2	計画段階（1週間から2週間）	228
		録音装置を使わない理由	237
	8.2.3	インタビュー当日（1日間）	243
	8.2.4	分析作業（2時間から4時間）	248
8.3	まとめ		250

9章　顧客獲得のためのデザイン　251

9.1	グロースハッカーを育てる	253
	ここで学んだこと	256
9.2	ファネルマトリックスツールの使い方	257
	9.2.1　なぜ表を使いマップではないのか	259
	9.2.2　ファネルマトリックスを使いこなす	261
	9.2.3　縦軸	262
	9.2.4　横軸	267
	UXのための解析ツール	278
9.3	ランディングページを使った潜在的顧客の段階の実験	280
	9.3.1　事例1：バリュープロポジションの修正が必要なとき	280
	9.3.2　事例2：リード獲得のためのバリュープロポジションが必要なとき
		285
	9.3.3　ランディングページ実験のやり方	287
9.4	まとめ	289

10章　UX戦略家たち　291

10.1	ホリー・ノース（Holly North）	293
10.2	ピーター・マーホールズ（Peter Merholz）	306
10.3	ミラーナ・ソボリ（Milana Sobol）	321
10.4	ジェフ・カッツ（Geoff Katz）	333

11章 結び目をほどく 351

学ぶべきこと 356

索引 357

1章

UX戦略とは何か

注射針でボロボロになるところを見た。
誰にでもそういうところが少しはあるものだ。

── **ニール・ヤング**
（ロックミュージシャン）、1972

数年前、ソフトウェアエンジニアとしてとても大きな成功を収めていた人物が、問題を抱えていたことがきっかけでアントレプレナー（起業家）になった。問題というのは、彼の愛する人が薬物依存症の治療を必要としていたことだ。彼は、評判のよい医療施設で適切な治療を受けるために、毎年何百万ものアメリカ人が強いられる面倒な行程を行わなければならなかった。しかし、その行程の道筋は不確実で、ペインポイント（悩みの種）に満ちていた。価格に透明性はなく、偏りのない評価にもとづいて病院をまとめて調べられる場所もない。そして、大勢のペテン師たちが高すぎる施設を建てて彼のような不幸のどん底にいる人々を食い物にしていた。しかし、病院を調べているうちに、優れた医療施設でも、絶えず空きベッドができてしまう問題に悩んでいることがわかった。紹介状のなかから適切な患者を選び出すことが難しいのだ。そして、保険会社から治療費を回収するのも大変なことである。ソフトウェアエンジニアの彼は、この行程を終えたとき、まったく別の冒険に出発するチャンスを見つけていた。市場の問題を解決するとともに、問題を抱えて必死な思いでいる人々の役にも立てる。こうして彼の会社は生まれた。彼のアイデアは、オンラインの操作で、適切な患者と適切な医療施設を結び付けることであった。

　彼のシステムは市場を破壊的に変える可能性を秘めたものだったので[※1]、優秀なチームを集めて、投資者も確保できた。優れたリハビリ施設との間に関係を築き、空きベッドとそれを必要とする人々をマッチングするデータベースを開発した[※2]。最良の施設だけがデータベースに登録されるようにするために、個々の施設を綿密に調査するための方法も編み出した。そしてもちろん、彼と開発チームは、顧客を獲得するために、顧客向けのウェブサイトを開発した。

　試すべきことはすべてやった。過去にリハビリ施設を探したことのある人々に対して何度かオンライン調査も実施した。広報、マーケティング、SEO（検索エンジン最適化）会社も使った。印刷メディアとオンラインでも広告を打った。業界の

[※1]　「Priceline Type Bed Auction Service Has Potential to Radically Transform Addictions Biz」（Treatment Magazine、2012年1月12日付）。http://tinyurl.com/8lj5wqa

[※2]　「Making a Treatment Match」（Behavioral Healthcare、2013年2月25日付）。http://tinyurl.com/mv5gq8u

エキスパートとも話をしたし、自分たちの（価値提案）に興味を持ち、参加したいというビジネスパートナーもたくさん見つかった。

　いよいよサイトを公開したときには、FacebookとGoogleを使ったオンラインキャンペーンを展開し、このサービスを使えばお金が節約できて豊富なデータに支えられた評価が見られることを宣伝した。しかし、これらのキャンペーンを通じて彼らのホームページに流れてきたトラフィックはほんのわずかであり、それもしばらくすると無くなっていた。サービスに登録してくれるユーザーは時折現れた。再度アクセスしてくるユーザーさえいた。しかし、18か月もの間、彼らのウェブサイトを通じてリハビリ施設を予約したユーザーはひとりも現れなかった。

　彼のチームは、何をしてもうまくいかないことに気付いていた。証拠は、数百万ドルもかけて作ったのにひとりの客も獲得できないこのシステムだ。投資者やビジネスパートナーは焦りだした。広告担当は、このコンセプトに関心を持つ広告メディアをまだ見つけることはできたが、サイトに成果がなければ営業は何もできない。そのような状況でも、彼らのサイトは、ユーザーが最良の選択ができるようにするための豊富な機能をせっせとインターフェイスに組み込んでいた。

　チームは、「きっとユーザーエクスペリエンスのせいだ」という仮説にたどり着いた。彼らが私のところに訪ねて来たのはそのときであり、そのためだった。

　彼らは、それまでに私のところに来たプロダクト製作者たちの多くと同じように、私のUX（ユーザーエクスペリエンス）チームにサイトの「ルックアンドフィール（見た目）」をできる限り早くデザインし直してくれと言った。結局のところ、彼らはビジネスパートナーたちがどんどん募らせている懸念に対処さえすればよかったのだ。そして、完成している機能がたくさんあるのだから、私のチームがそこからUXだけ作ればよいと思ったのである。しかし、彼らに本当に必要なものは新しいUXデザインだけではなかったので、私たちはその話を断った。彼らに必要なものは、新しいUX戦略だったのである。

1.1　UX戦略についての誤解

　UXとはさまざまな専門分野を包括する言葉であり、UX戦略はUXデザインとビジネス戦略が交差するところにある。しかし、それらの交差する線は好き勝手に

引かれているわけではない。つなぐべき点が無数に散らばった精巧な解剖学的構造のなかにある。UX戦略をめぐって無数の異なる解釈が飛び交っているのはそのためだ。

　私が「UX戦略」という用語に初めて出会ったのは、インディ・ヤング（Indi Young）の『メンタルモデル』という上級レベルのUX専門書を読んだ2008年のことである[1]。ヤングは同書を執筆していたとき、UXデザインを次のレベルに発展させたいと考えていた。そこで、彼女は読者に対して小さなマニフェストを示した[2]。**図1-1**はそれを示している。

エクスペリエンス戦略

あなたが自分の製品のために立てた戦略は、ほかから孤立して発展していくわけではない。ユーザーエクスペリエンスに価値があることは明らかだが、ユーザーエクスペリエンスとして何がしかのものを提供する包括的な理由も同じくらいの重さで考えなければならない。ジェシー・ジェームス・ギャレット（Jesee James Garett）は、エクスペリエンス戦略を次のように説明している。

エクスペリエンス戦略 ＝ ビジネス戦略 ＋ UX戦略

メンタルモデルは、あなたのビジネス戦略が既存のユーザーエクスペリエンスと比べてどのようなものになっているかを視覚化するために役立つ。つまり、メンタルモデルは、あなたのエクスペリエンス戦略を支援できる設計図のような存在なのだ。

図1-1　『Mental Models』© 2008 Rosenfeld Media, LLCからの引用

　私はそのときUX戦略とはどういう意味なのかを本当に知りたいと思った。しかし、その本はこの抽象的な等式についてそれ以上掘り下げてはくれず、「エクス

---

[1]　Indi Young『Definition of Experience Strategy by Jesse James Garrett in Indi Young's book Mental Models』20ページ（Rosenfeld Media、2008年）。邦訳は『メンタルモデル ── ユーザーへの共感から生まれるUXデザイン戦略』(丸善出版、2014年)

[2]　Indi Young『Mental Models』(Rosenfeld Media、2008年)に引用されているジェシー・ジェームス・ギャレットのエクスペリエンス戦略の定義

ペリエンス」戦略と「ユーザーエクスペリエンス」戦略の違いは単語がひとつある
かないかだということ以外なにもわからなかった。大手のインタラクティブエー
ジェンシー（代理店）や企業のもとで働いた私の職歴全体を通じて、私はUX戦略
の意図についてほかの理論的コンセプトを無数に聞いていた。本書ではそのよう
なことに煩わされたくないと考えている。「戦略」とはどういう意味かとか、理論
的な枠組みに実践的な価値があるかどうかといった言葉の意味についての議論に
煩わされたくない。「この手の論争」とひとくくりにできるようなものから距離を
置くことが大切なのである。そんな議論はクライアントやステークホルダー（利害
関係者）を迷わせるだけだ。それでも、2000年代初頭、「ユーザーエクスペリエン
スデザイン」と「インタラクティブデザイン」の違いについて延々と議論が続けら
れたときには、まさにそのようなことが起きたのである。

　しかし、誤解にも何か価値があるとしてみよう。考えてみれば、誤解は比較対
象の足場を提供するために役立つことがある。誤解との比較から役立つ意味を手
に入れよう。

1.1.1　誤解1：UX戦略とは「北極星」を見つけることだ

　北極星は天体でもっとも明るい星ではないが、天空の「固定された」位置にある
ため、歴史を通じて航行のために使われてきた[1]。デジタル時代の状況に置き換え
ると、チームはその固定された位置を作戦のゴールと見なし、そこに達するため
のコースを設定するということだ。この伝統的なビジネス戦略的アプローチは、
動きの遅い大企業でチームに発破をかけるためには効果があるかもしれない。し
かし、作っているものが不確実性に満ち、動きの速い一般消費者市場向けの革新
的なデジタル製品ならどうだろうか。そのような場合は、アジャイル工程が必要
だ。つまり、開発の過程の複数の段階で継続的に意見を取り入れた可塑的で反復
的な工程である。北極星を見てUX戦略の道筋を考えるべきではない。曲がり角に
来たときに、目指すゴールを新たに探すようにすべきなのだ。

---

[1]　「The North Star: Polaris」（SPACE.com、2012年5月7日）http://www.space.com/15567-
north-star-polaris.htmlhttp://www.space.com/15567-north-star-polaris.html

1.1.2　誤解2：UX戦略はUXをデザインするための「戦略的な方法」だ

では、この言葉の反対は、戦略的でなくUXをデザインすることになるのだろうか。UXデザインとUX戦略はふたつのまったく異なるものだ。デザインするときには、何かを作っている。戦略を立てるときには、何かを作る前の作戦を考えている。これは、たとえば「ユーザーエクスペリエンス」という言葉を「製品」に置き換えればわかる。製品戦略を立てる人は、製品のあらゆる可能性について考え、潜在顧客と既存の競合を研究した上で戦略を立てる。製造にどれだけのコストがかかり、いくらで売れるかを考え、異なる顧客のタイプにどのようにして流通させるかを考える。それに対し、製品のデザイナーは、実際にそのものを作る。戦略とデザインは、まったく別の領域だ。

私が見てきた経験では、製品全体の戦略について何も知らされずにUXデザイナーが製品をデザインしていることがあまりにも多い。彼らは、ビジネス要件文書に書かれている以上のことを何も知らない。リーンUXの活動が人気を集めたのは、まさにこのような分断に原因がある。リーンUXは、UXデザイナーが領域横断的なチームをひとつにまとめる「つなぎ」の役割を果たして、従来よりも大きなリーダーシップを発揮すること、つまり「ビジネス戦略会議の席につくこと」を提唱している。

1.1.3　誤解3：UX戦略はただの製品戦略だ

前項では、製品戦略の立案とUX戦略の立案の類似点を指摘した。しかし、だからと言って、両方の担当者を簡単に取り替えられるわけではない（私の両親は、管理職タイプの弟と私が同じような仕事で生計を立てていると思っているが）。実際に店舗を持つTarget[※1]のためにリアルなショッピング体験をデザインしたり、その店で売られる製品をデザインしたりする人と、Target.comをデザインする人では、考えている課題の中身が大きく異なる。

しかし、UX戦略は、ひとつのデジタル製品やオンラインの体験には留まらない。UX戦略は、数十もの異なるデジタル製品、サービス、プラットフォームを横串で

※1　Target：アメリカの大手小売チェーン。http://www.target.com/

貫くものだ。UX戦略は、デジタルインターフェイスに関係するすべての登場人物をひとつにつなげる。考えるべき範囲の例をいくつか挙げてみよう。

Apple

iMac、iPod、 Appleストア店舗、iTunes、iCloud、その他

LinkedIn

デスクトップ用、モバイル用、プレミアム有料アカウント

Adobe

Photoshop、Illustrator、クラウド製品

Amazon

Amazonプライム、AWS、Kindle、コンテンツ製作者としてのAmazonなど

UX戦略は、顧客とのあらゆるタッチポイント（接点）に根拠を与え、UXデザインを通じてそれらを売手と買手の間の切れ目のないエコシステムを練り上げるものだ。ユーザーが進むべき全行程の根拠となるものである（これについては、9章で詳しく説明する）。

1.1.4 誤解4：UX戦略はブランド戦略と密接につながっている

ブランド戦略は、流通網を通じて、いつ、どこで、誰に、何を、どのようにブランドをメッセージとして伝え、メッセージを送り届けるかという問題である。ブランド戦略のさまざまな側面が製品のUXデザインのさまざまな側面を決める上で役に立つことはある。しかしその逆もある。ブランドを築く努力とUX戦略の目標は混同しやすい。確かに、ひどいUXは製品の「ブランド価値」を下げてしまうが、逆はそれほどでもない。どんなにブランドイメージが確立した立派なブランドでも、製品のUXのまずさは克服できない。

1.1　UX戦略についての誤解　7

ブラント・クーパー（Brant Cooper）とパトリック・ブラスコービッツ (Patrick Vlaskovits) は、共著書『リーン・アントレプレナー』[※1] で次のように言っている。「マーケティングは製品の認知度を上げるが、その製品がダメなものなら、話題になるのはダメなことだ」この考え方をGoogleに当てはめてみよう。Googleは素晴らしいブランドだ。では、Google+、Buzz、Waveのような製品について考えてみよう。これらの製品は、Googleのブランド戦略に沿ったものになっていたが、ユーザーの厳しい評価に耐えられなかったのは、製品自体が力不足だったからだ。これらの製品は世には出たが、ユーザーを当惑させ、ユーザーを獲得できなかった。これらの製品は、複数の製品を通じて別のコミュニティの人々とコミュニケーションをとるためにはどうすればいいのかについて、ユーザーの矛盾を解決しなければならない「大きな構図」のところで地雷を踏んだのである。

覚えておくべきもうひとつの重要ポイントは、確実な線を狙うUXデザインでは、もうブランドの差別化はできないということだ。Googleのような会社の場合、UXが良いのは当然だとユーザーは考えている。GoogleはもうUXの良さを云々する必要はない。その一方、万一UXが悪ければ、それが大事になる。UX戦略が今まで以上に重要になっているのはそのためだ。企業が成長してデジタル資産が大きくなってくると、計画を絶えず見直し、すべてのオンラインサービスにおいて信頼できる形で摩擦を起こさず効果的にUX戦略を貫徹しなければいけなくなる。たとえ何があろうと、製品は優れたUXを持っていなければならないのだ。

1.2　それではUX戦略とは一体何なのか

UX戦略は、デジタル製品の設計、開発を始める前に、まず始めておかなければならない工程だ。UX戦略は課題解決の理想像であり、市場で好感を持たれることを証明するためには、実際の潜在顧客を使って実証しなければならない。UXデザインは、ビジュアルデザイン、コンテンツの持つメッセージ性、ユーザーがいかに簡単に仕事を達成できるかなどの無数の細部を含むが、UX戦略はさらに「大き

[※1] Vlaskovits Patrick、Brant Cooper『Lean Entrepreneur』Wiley、2013年）。邦訳は『リーン・アントレプレナー』（翔泳社、2014年）

な構図」のことを示す。UX戦略は、不確実な条件のもとでひとつまたは複数のビジネスの目標を達成するための高い目標を持った計画なのだ。

およそ戦略と呼ばれるものの目的は、現在の位置を確かめた上で、行きたい場所に行くために役に立つ作戦を考えることにある。戦略は、あなたの長所を生かし、弱点に留意したものでなければならない。経験にもとづき、あなたとチームを目標の場所に向かって素早く動かせる小回りの利く戦術を駆使したものになる。しっかりとした戦略があるかどうかは、成功と失敗の分かれ目になる。デジタル製品の世界では、チームメンバーの間で共有された製品の理想像がなければ、納期の遅れ、コストの増加、ひどいUXなどの大混乱に見舞われる。

あなたは、優れた提督のように、戦略を生み出さなければならない。冒頭のソフトウェアエンジニアが作った会社の人々に、一歩下がって作戦を立て直すよう説得したのはそのためだ。私たちのUX戦略部隊が約1か月かけて彼らのために行ったのは次のことである。

- 現在のすべての調査や根拠を批判的に検討し、多くのものが事実にもとづくデータではなく、思い込みにもとづいていることを明らかにした。このクライアントが、しばらく考えた上で私のチームにデザインの見直しを依頼した決め手はこれである。

- MVP（必要最低限の機能を持つ製品）試作品を使い、クライアントをテーブルにつかせてゲリラ的なユーザー調査を行った。想定している顧客の声を直に聞き、クライアントは、自分たちの顧客層が、実際には悪質な治療センターにひどい目に遭った人々が「すべての顧客層」ではないことを認めた。そして、裕福な顧客層をターゲットとする直接的マーケティングを必要とするビジネスモデルを組み立てた。

- 私たちは、ユーザーが見にくるページの顧客獲得率をテストして、新しいバリュープロポジション（価値提案）を試してみた。B2B（企業間取引）ソリューションなど、展開できそうなほかのビジネスモデルに対するクライアントの心を開くためにこの方法が役立った。

1.2　それではUX戦略とは一体何なのか　9

確かに、わかったことの多くはクライアントをがっかりさせることだった。彼らはうまくいかない製品を作るために非常に多くの時間と資金を費やしていたのだ。彼らは、最初のうちは自分のサイトの「ユーザーエクスペリエンス」を悪者にしていた。しかし私たちは大きな構図を示し、彼らのUXの多くの部分が実際にはデジタルインターフェイス以外の、ほかの要因によって蝕まれていることを示したのだ。

1.3　UX戦略が重要なのはなぜか

メンタルモデルとは、ものごとがどのように進むかについて人が心のなかに思い描く概念モデルのことである。たとえば、私が10歳の頃、母親が現金を手に入れるということは、銀行に行き、用紙にサインして、窓口の人からお金をもらうということだと思っていた。20歳になると、キャッシュカードを持って銀行に行き、ATMで暗証番号を入力することをイメージするようになった。そして、今10歳になる私の息子に現金をもらうためにはどうすればいいのかと尋ねたら、スーパーマーケットに行って日用品の支払いをすればレジ係の人が渡してくれると答えるだろう。2015年の現金入手のメンタルモデルは、1976年のメンタルモデルとは大きく異なる。それは、新しい技術と新しいビジネス手法が登場して、以前よりも効率よく仕事を済ませられる方法を提供するからだ。古いメンタルモデルは覆される。よりよいものによって生活は破壊的に変わるのだ。

私がスタートアップ企業と仕事をするのが好きなのもそのためである。アントレプレナー（起業家）たちは、あらゆる人々のなかでもっとも大きなリスクを引き受ける。彼らは、普通の仕事を辞め、自分が情熱を傾けている大きなアイデアにすべてを賭けている。私たちのクライアントであるソフトウェアエンジニアも、まさにそのタイプの人物だった。個人的に困難な経験をした後、彼は問題を解決して、ほかの人々が同じ苦しみを味わわないで済むようにしたいと考えた。彼は、メンタルモデルを変えようとしたのである。

革新的な製品を構想するのは楽しいことだが、人々の行動を変えさせるのは難しいことだ。顧客たちは、新しい方法に価値を認めなければ、古い方法を捨てることを考えたりはしない。深刻な問題を解決する新製品を工夫するのは、心臓の

10　1章　UX戦略とは何か

弱い人には向かない。間違いなくぶつかる、あらゆる障害に頭から突っ込んでいくためには情熱が必要であり、少し異常な精神状態に入っていなければならない。

とはいえ、問題を解決し、世界を住みやすいものに変えるのは、世の中すべてをひっくり返すような製品を作ろうという情熱だ。そして、そのような情熱を発揮するのは、普通の仕事を辞めたアントレプレナー（起業家）だけではない。その情熱は、製品マネージャー、UXデザイナー、開発者といった肩書の人々にも勇気を与える。彼らも、テクノロジーを駆使して顧客が望む製品を作り出したいという情熱を持つ人々だ。こういったタイプの人々を集めれば、奇跡を引き起こし、時代遅れになったメンタルモデルを壊すチャンスをつかむために必要なものは揃っている。時間は有限なのだ。ほかのものを作る理由などあるだろうか。

私は、本書でUX戦略の実践から神秘のベールを剥ぎ取り、読者がUX戦略を立てられるようにしたいと考えている。読者は、どんな条件の人でも、それぞれのプロジェクトにUX戦略のテクニックをすぐに応用できる。そうすれば、あなたとチームは、どんな問題に直面しても、ひるまなくなるだろう。

本書では、さまざまなビジネス事例を通じてUX戦略がどのようにして機能するかを示していく。読者は、今までに私といっしょに仕事をしたクライアントたちを知るだろう。つい先程まで話題になっていたソフトウェアエンジニアや、ハリウッドのプロデューサー、現金不要のオンライン取引プラットフォームを作ろうとしたジャレッドというアントレプレナー（起業家）といった人々だ。それから、私のUX戦略プロセスを文書化するために、架空のバリュープロポジション（価値提案）を使ってしのぎを削るUX訓練コースに参加したビタとエナにも出会うことになる。さらに、私がアントレプレナーになろうと思ったのは、両親を見て学んだからなので、両親も登場させることになる。教師、生徒、製作者のどの立場であれ、読者はUXの旅が報われる旅だということを知るだろう。また、プロジェクトや状況がどのようなものであれ、製品を考え出すということは、ジェットコースターに乗るようなもので、製品を軌道に乗せるためには、実証的で効率のよいUX戦略テクニックを使う以外に方法はないこともわかるはずだ。

私は、UX戦略の専門家として、クライアントが夢を追いかけ、難問を乗り越えることを手助けして報酬を得ている。UX戦略をマスターするためにしっかりとし

1.3　UX戦略が重要なのはなぜか　　11

た問題解決能力を持つことが必要不可欠なのはこの仕事からもわかる。戦略は、デザインの抽象的な性質を踏み越えて、批判的思考の領域に入り込む。批判的思考とは、明晰、合理的で偏見を持たず、証拠にもとづいて判断するように訓練された思考のことである[※1]。製品のステークホルダー（利害関係者）やアントレプレナー（起業家）は、UX戦略のなかで批判的思考を駆使し、顧客とそのニーズ、彼らがテクノロジーを使って解決したいと思っている問題を見つけ出し、つないでいく。

　インターネットは、消費者たちにデジタルな選択肢を際限なく供給し続けるため、UX戦略のエキスパートも、アントレプレナー（起業家）と同じようにテクノロジーに情熱を持たなければならない。クリック、スワイプ、マウスオーバーなどは、すべてユーザーが下せる判断だ。ユーザーには、買うか買わないか、気に入るかバカにするか、共有するか忘れるか、青信号を出すか取り消すかといった選択肢が無数に与えられる。どんな機能を提供すべきか、人々がそれを実際にどう使うかがわかっていなければならない。最新の、そして近い将来に出てくる装置、プラットフォーム、アプリケーションをすべて理解し、自分のソリューションにそれらをどう応用できるかを考えられるようにしなければならない。あなたとチームは、不思議の国のアリスがウサギの穴に飛び込むように、できることならなんでもする必要がある。

　さあ、アリスのように飛び込む準備はできただろうか？

※1　批判的思考：https://ja.wikipedia.org/wiki/批判的思考

2章

UX戦略の4つの基本要素

兵は勝つことを貴ぶ。久しきを貴ばず。

—— 孫子（中国の武将）[1] [2]

※1　孫子『Art of War』Lionel Giles による1910年初版
※2　訳注：日本語訳文は金谷治 校注『孫子』より（岩波文庫、33ページの書き下し文を引用）。
　　　監訳注：戦いは勝つことが大事で、長期戦には価値は見出されないという意味

優れたUX戦略は、メンタルモデルの革新を通じて市場を破壊的にひっくり返すための手段だ。そしてこのことを忘れないようにするために、私は自分のノートパソコンのカバーに**図2-1**のようなステッカーを貼っている。

図2-1　私のノートパソコンのカバーに貼ってある「破壊的な革新こそ新しいパンクロックだ」と書かれたステッカー

　なぜなら、没個性的なデジタル製品を作るために、時間とエネルギーを消費して何になるというのか。最低限、オンライン市場に今あるソリューションよりもさらによいものでなければやる意味がないではないか。

　そのような破壊を実行するためには、すべての点を結んで凝縮されたUX戦略を構築できる手法が必要だ。本章では、本書のツールとテクニックを身に付けるために理解する必要がある、もっとも重要な基本要素を説明する。これらは、あなたとチームがUX戦略の専門家のように思考するための基本事項と考えていただきたい。

2.1 UX戦略のフレームワークを どのようにして発見したか

デジタルの世界では、戦略は**発見段階**から始まるのが一般的だ。これは、チームが調査、研究を深く掘り下げて、作りたい製品の重要な情報を見つけ出すことを示す。私は、この発見段階をアメリカの弁護士が公判が開始される前に行う証拠開示手続きと同じようなものと考えている[※1]。法廷での「不意打ち」を防ぐために、弁護士たちは反対側の検察官たちに証拠を見せるよう要求できる。そのようにして、十分な反証を準備するのだ。弁護士たちがこのようにして不意打ちを防ごうとするのと同じように、プロダクト製作者も戦略的に準備をしておくのだ。

私が初めてUX戦略を実践する機会を得たのは、2007年のことだ。当時、私はSchematic社[※2]（現在のPossible社）のUXリーダーとしてオプラ・ゲイル・ウィンフリー（Oprah Gail Winfrey）[※3]のウェブサイト「Oprah.com」のデザインをリニューアルする仕事をしていた。私はほかのチームリーダーたちとともにシカゴに飛んで発見段階の作業に取りかかった。

それまでの15年間の仕事人生は、インターフェイスをデザインし、インターフェイスにFlashなどの新技術を組み込んで「最先端」の製品を作ることに終始していた。数百もの「基本」機能が並べられた分厚い要件仕様書か、最終的な製品が実現すべきことをまとめた薄っぺらいプロジェクト企画書を渡されるといった、どちらか極端なことが多かった。私はそこから特定のユーザーシナリオを満たすサイトマップやアプリケーションマップを作った。たいていその時点ではもう手遅れになっていて、一般に製品の展望の背景にある根拠を洗い直すことはとてもできなかったので、私は自分が作ったものが問題を解決できたのかどうか、あれこれ想像することしかできなかった。私は残された時間と予算の範囲内でデザイ

※1 訳注：「発見」も「証拠開示手続き」も、原語では同じ「discovery」である
※2 Schematic：デジタル戦略に定評のある広告代理店。https://www.possible.com/
※3 Oprah Gail Winfrey：米国の俳優、テレビ番組の司会者兼プロデューサー、慈善家。1986年から2011年までトーク番組『オプラ・ウィンフリー・ショー』で司会を務めた。英デイリー・テレグラフ紙が2007年に発表した「The most influential US liberals: 1-20」に選ばれるなど世界で最も影響力のある女性のひとり

ンすることだけを求められていた。

しかし、2007年の仕事では、会社のUX責任者であるマーク・スローン（Mark Sloan）がとかく対立しがちな10名以上ののステークホルダー（利害関係者）たち（ここにはオプラは入っていなかった）を見事にひとつにまとめあげるところを見ることができた。マークは、親和図法[※1]、ドット投票、強制的ランク付け[※2]などの合意形成のテクニックを駆使して、今作ろうとしているシステムを構成するあらゆる部品（コンテンツと重要な機能）がどのようなものかを私たちに理解させた。この発見プロセスのおかげで、私たち（ステークホルダーと製品チーム）は、世界中に分散する数百万人の熱心なオプラファンのためによりよいプラットフォームを作るという目標のために十分な検討ができた。

1週間後、製品チームと私はすべてのワークショップをこなしたうえで、製品のビジョンを定める発見作業のまとめ文書を提出した。まとめ文書には、ユーザーのペルソナ、コンセプトマップ、推奨機能一覧などの成果物が含まれていた。ステークホルダーたちは早く作業を始めたいと思っていたので、すぐにそれを承認した。デジタルチームは本格的に実装段階に入り、6か月に渡って感情的なやり取りが続いた。ステークホルダー、デザイナー、開発者の間では、数百ページものワイヤフレームや機能仕様書が飛び交った。

しかし、発見作業の要約書は二度と参照されなかった。ペルソナや提案されたソリューションが実際の顧客によって検証されることもなかった。ステークホルダーたちは自分の所属部署の利害のために戦うモードに戻ってしまった。それでも、あの発見段階は、私には良い経験を残してくれた。UXデザイナーとして、UX戦略とはどのようなものであるべきかを知るための手がかりがついに得られたのである。私はボロボロになった。もう、ワイヤフレームをただ量産するだけの自分など想像できなかった。

※1　親和図法：数多くの事象やアイデアを洗い出し、相互関係や関連性を分類し整理する手法
※2　Dave Gray、Sunni Brown、Jamews Macanufo『Gamestorming: A Playbook for Innovators, Rulebreakers, and Changemakers』(O'Reilly、2010年)。邦訳は『ゲームストーミング：会議、チーム、プロジェクトを成功へと導く87のゲーム』(オライリー・ジャパン、2011年)

それからちょうど1年後に新デザインのサイトが動き出したが、私はもう無関係になっていた。別のインタラクティブエージェンシー HUGE 社に移って、ほかの重要クライアントのために仕事をしていたからだ。新しい職場では、プロジェクトの発見段階に、より直接的にエネルギーを集中させられるようになった。そして、発見段階では、ユーザーの調査とビジネス戦略により多くのウェイトが置かれるようになった。また、会議に出席し、UX戦略の形成や、製品のビジョンをどのように実現するかについての判断に参加できるようになった。顧客層やビジネスモデルを深く理解してもいない製品を作るために、働いている時間の多くを使っているという負い目はなくなった。

　現在私は、UX戦略を専門とする自分の事務所を経営している。そして、初めて発見段階の価値を経験して以来、ステークホルダー、デザイナー、開発者などの間で親密に協力し合いながら、反復的で実証的楽しく作業を進めていく方法について多くのことを学んだ。全員が同じ製品ビジョンを共有しているときには、あなたとチームは、製品、会社、将来の顧客のために、根本的な変革を成し遂げるチャンスをつかんでいると言ってよい。

　しかし、私は自分の方法論が私固有のUX戦略であり、ほかのUX戦略家（UX戦略を立てる人）のものとは異なることを自ら進んで認めたいと思う。UX戦略とUXデザインをどちらも実践していて、私が尊敬している人々に登場してもらった10章を本書に加えたのはまさにそのためだ。しかし、読者は私たちが非常に多くの共通点を持っていることを感じられることだろう。新しい専門分野や方法論が生まれるときには、こういうことが起きるものである。人々がそれぞれ自分のアプローチを見つけつつも、その違いのなかに、個々を結びつけ、UX戦略がユニークな存在としてはっきりと姿を表すようなつながりが見えてくるのだ。

　ここまでの話が終わったところで、歓迎のドラムロールを入れてもらおう。私のUX戦略のフレームワークをご紹介する。それが**図2-2**だ。

図2-2 ディナーテーブル上の皿で表現したUX戦略の4つの基本要素

私の方程式はこうである。

UX戦略 ＝ ビジネス戦略 ＋ 価値の革新 ＋ 検証のためのユーザー調査 ＋ 革新的UXデザイン

　この4つの基本要素が私のフレームワークを構成している。初めて発見段階を経験したときから、私はこの4つがそれぞれの役割を演じているところを毎日見ている。顧客と直接話をしていなければ、市場を理解したとしても不十分だ。ユニークなものを作っていなければ、製品が動作することを確認したとしても不十分だ。良いというだけでは十分良いとは言えない。これらの基本要素が見つけられるというだけでは、チームが羽ばたくためには足りない。これらがどのように関わり合い、互いにどのように影響を及ぼしているかを理解する必要がある。そうすれば、このあとの章でテクニックやツールを見てまわっているうちに、本当の魔法が効いて、これら4つの基本要素を載せた皿は回転して空を飛べるようになるだろう。

> ## ここで学んだこと
>
> ● UX戦略は、発見段階に始まる。UX戦略は、ビジネス戦略、価値の革新、検証のためのユーザー調査、革新的UXデザインの4つの基本要素を土台としている。
> ● アイデアをすぐにワイヤフレームにする前に、ターゲットユーザーから直接情報をもらうなど、実証データを集めて発見段階の成果とすべきだ。
> ● チームが発見段階の仕事をどのように行うかは、製品が革新的UXを通じて本物の価値を生み出し、ステークホルダーのために本当の価値を作り出せるかどうかを決定付けることである。

2.2　基本要素1：ビジネス戦略

　ビジネス戦略は企業として大切な展望だ。企業の存在理由であり、長期的な成長と持続可能性を保証する。コアコンピタンス（核となる能力）と製品の基礎でもある。なお、本書では「製品」という用語でデジタル製品とデジタルサービスの両方を指すことにする。

　ビジネス戦略は、競合を倒しながら、市場で成長していくための方向性を指し示す。企業が目標を達成しつつつ、自らをどのように位置付けるかについての基本理念にもなる。これを実現するためには、企業は絶えず競争優位を見つけ出して活用していかなければならない。企業が長期的に生き残るためには、競争優位は欠かせない。

　マイケル・ポーター（Michael Porter）は、古典的著作、『競争優位の戦略』[1]で、競争優位を実現するための一般的な方法として、コスト優位性と差別化のふたつを示した。

　コスト優位性による優位は、特定の業界でもっとも安い製品を提供することか

※1　Michael Porter『Competitive Advantage』(New York: The Free Press、1985年)。邦訳は『競争優位の戦略』(ダイヤモンド社、1985年)

ら得られる。車やテレビであれ、ハンバーガーであれ、もっとも安いものを売るというのは、企業が市場を支配するための古くからある方法である。企業が規制されずに民間企業同士が競争できるようにすることとは、まさに市場経済そのものではないか。Walmart※1やTargetなどのスーパーの圧倒的な成功がまさにこれで、彼らは消費者にもっとも安い値段と、もっとも広い選択肢を提供する。しかし、価格が底値まで下がり、もうこれ以上下げられなくなったらどうなるだろうか。すると、ほかの製品よりも、この製品の方が良いという価値の戦いに移る。

　ここでポーターが示す競争優位の第2のタイプ、差別化が登場する。私たちは破壊的なテクノロジーを生み出すことを検討している発明者なので、実際の力はここで発揮される。差別化の優位性は、新しい製品、ユニークな製品、あるいは製品が持つユニークな側面が持つ、知覚できる価値を軸としている。消費者がそれらにプレミアム価格を支払ってもいいと思うかどうかだ。消費者としての私たちは、単に製品がどれくらい役に立つかということから、製品から得られる喜びがどれだけ大きいかというところまで、個人的に価値があると考えるさまざまな要素によってほかの製品ではないその製品を選ぶ。知覚できる価値こそが、シアトル生まれのありふれた喫茶店がスターバックスになるという大成功を生み出す。人がカフェラテに5ドルも払うことには理由がある。5ドルの価値は、製品を取り巻く**エクスペリエンス**だ。それは顧客が店に足を一歩踏み入れたときに始まり、カップとストローをゴミ箱に捨てたときに終わる。

　今日、UXの差別化は、デジタル製品の世界を塗り替える決め手になる。差別化されたユーザーエクスペリエンスは、私たちの世界とのコミュニケーションのあり方を根本的に変えた。マイクロブログ（文字数の少ないブログ）が登場する前の世界について考えてみよう。Twitterが2006年にリリースされたとき、140字の制限によってユーザーを困惑させた。しかし、最近の調査では、この制限にこそ価値があることがわかってきた。今日では、最新情報を知りたいユーザーは伝統的なニュースサイトなど見向きもしない。代わりにTwitterをチェックするのである。2012年にハリケーン・サンディが東海岸に甚大な被害を出したときには、停電が

※1　Walmart：世界最大のスーパーマーケットチェーン。http://www.walmart.com/

起きたにも関わらず、ユーザー、被災地住民、政府や報道メディアの間で2千万を越えるツイートが飛び交った[1]。私も、西海岸の自宅でテレビを見て知ったハリケーンの最新情報をニューヨークの友人たちにツイートしたことを覚えている。

UXの差別化を通じて競合製品を引き離したツールとしては、地図アプリのWaze[2]がある。Wazeは、口コミによる渋滞情報とGPSナビゲーションを結びつけて、その時点でユーザーが目的地にもっとも早く着けるルートを見つけ出す。単にWazeを開いて走り回っているだけで、ユーザーは受動的に渋滞やその他の道路状況についてのデータをWazeのサーバーに渡している。さらに、交通事故、取り締まり（いわゆるネズミ捕り）、その他の危険についての情報をシェアすれば、同じ地域にいるほかのユーザーが知らない驚くようなことを、あらかじめ警告することができ、交通サービスに対して積極的な役割を果たすことができる。イスラエルのスタートアップ企業だったWazeは、2013年6月にGoogleに11億ドル（約1,300億円）で買収された。Wazeは、現在も初期ユーザーに対しては専用アプリを提供しているが、WazeのデータはGoogleマップにも送られている[3]。Googleは、協力してUXを開発することの競争優位性を認め、Wazeと競争するのではなく、Wazeを受け入れ、自らの製品ラインアップにWazeを追加することを選んだのは明らかだ。

UXによる競争優位は、この華やかな、技術の新世界を理解するために重要である。従来、競争優位は、収益構造によって自給自足できる製品を作ることを目標としていた。企業は、収益構造によって現金を手に入れる。顧客が製品に対してコストよりも多くの額を支払えば、ステークホルダーに対する価値が生まれる。多くの人々にとっては、これは製品のビジネスモデルの根幹である。しかし、UXを差別化したからといって、製品がヒットしたときに必ずしも大きな収益につながるわけではない。多くのアントレプレナー（起業家）は、マスアダプション（利用者が広範に広がること）を目標にしはじめた。Facebookのようなプロダクト

※1 「Hurricane Sandy and Twitter」（Pew Research Center、2012年11月6日）http://www.journalism.org/2012/11/06/hurricane-sandy-and-twitter/

※2 Waze：https://www.waze.com/

※3 「New features ahead: Google Maps and Waze apps better than ever」（Google Maps Blog、2013年8月20日）http://google-latlong.blogspot.jp/2013/08/new-features-ahead-google-maps-and-waze.html

2.2 基本要素1：ビジネス戦略 21

は、価格が安いからMySpaceやFriendsterなどの競合製品を蹴落としたわけではない。Facebookが市場を獲得したのは、（a）ユーザーが価値を見出すような差別化されたUXを提供したことと、（b）**誰も**がFacebookを使うようになったことによる。Facebookは、そこからさらに新しいタイプのビジネスモデルを生み出した。ターゲット広告を売って、ユーザー情報から収益を生み出したのである[1]。Wazeは、2013年にGoogleに買収されたときに同じようなことを行った。Wazeは、ユーザー情報へのアクセス権を売って大金を手に入れた。そして、Googleは、多くのユーザーがWazeとGoogleマップの両方を使い続けるので今後も大きな収益を得るだろう。これらふたつの会社は、ユーザー情報を収益化することができたために、ユーザーが顧客にも転化した。そこで、ここからは、「ユーザー」と「顧客」を同じ意味で使うことにしたい。

　しかし、優れたビジネスモデルは、ただ製品の収益構造を定義するだけではないし、ばかばかしいくらい多数のユーザーが使ってくれることを頼りにしているわけでもない。これは、若い技術系のアントレプレナー（起業家）が見落としがちなことだ。彼らは、Facebookのようにプロダクトがはっきりとわかるビジネスモデルを持たないままに収益を上げ、世界を征服するようになる時代に育っているため、実際にはユーザーを獲得するために、どれだけ苦しい戦いが待っているかを知らないのだ。また、人々の日々の生活を変革するような大成功を収めたデジタル製品が、偶然素晴らしいビジネスモデルに出会えたわけでもないことも見落とされがちだ。こういった世の中の構造を変えてしまうような企業は、正しいビジネスモデルにめぐり会い、イノベーションを起こすまでに、さまざまなビジネスモデルを実験し、テストし、失敗してきている。もしあなたが私と同じように1990年代のドットコムバブルの崩壊を経験したウェブ業界の人なら、実証されたビジネスモデルを持たずにプロダクトを作るリスクを直接経験しているはずだ。投資してもらった資金が底をつき、新たな資金が入ってこなければ、生活は破綻してしまうのだ。

---

[1]　David Kirkpatrick『The Facebook Effect: The Inside Story of the Company That Is Connecting the World』（Simon & Schuster、2011年）

ビジネスモデルを構築するプロセスは、ビジネス戦略の基礎である。スティーブ・ブランク（Steve Blank）が書いているように、ビジネスモデルとは、「企業の主要な構成要素の間の流れ」を記述する[※1]。これは、ブランクの顧客開発マニフェストからの引用だが、このマニフェストのなかで、ブランクはプロダクト製作者たちに「変化しない固定的なビジネスプランを書くのを止めよ」と説明している。代わりに彼が勧めるのは、顧客と直接対面する実証的な発見メソッドを使ってすべての主要構成要素を必ず検証するという柔軟なビジネスモデルを取り入れることだ。この主要構成要素がどのようなものか感じをつかんでもらうために、ビジネスモデル・キャンバスというツールを見てみよう。

　アレックス・オスターワルダー（Alexander Oswerwalder）とイヴ・ピニュール（Yves Pigneur）は、人々に大きな影響を与えた『ビジネスモデル・ジェネレーション』[※2]のなかで、ビジネスモデルの9つの要素をそれぞれ解析し、ビジョナリー（先見の明のある経営者）たちが論理的、系統的に考えて最終的に収益を生み出すメカニズムを見通せていることを示している。ブランクも、ビジネスモデルの作り方についての自著のなかでこのツールに言及している。本書で重要なのは、これらの要素のうちの何個をデジタル製品のUX戦略に関連付けられるかだ。9つの要素は次の通りである（**図2-3**も参照していただきたい）。

顧客層

　　顧客は誰か。顧客はどんな行動を取るか。顧客のニーズやゴールは何か。

バリュープロポジション

　　どんな価値（質的なものか量的なもの）を届けると約束できるか。

チャネル（経路、販路）

　　どのようにして顧客層にたどりつくか。オンラインかオフラインか。

※1　Steve Blank、Bob Dorf『The Startup Owner's Manual』（Wiley、2012年）
※2　Alexander Oswerwalder、Yves Pigneur『Business Model Generation』（Wiley、2010年）。邦訳は『ビジネスモデル・ジェネレーション ── ビジネスモデル設計書』（翔泳社、2012年）

顧客との関係

顧客をどのようにして獲得し、維持するか。

収益の流れ

企業はバリュープロポジションからどのようにして収益を上げるか。顧客がその価値に料金を払うのか。それともほかの選択肢があるのか。

リソース

製品を動かすために企業が持たなければならない特別な戦略的資産とは何か。それはコンテンツ、資本、特許か。この製品の場合は、自分で開発しなければならないものか。

主要活動

バリュープロポジションを届けるために企業が行う特別な戦略的活動とは何か。陳腐化したビジネスプロセスを最適化しようというのか。取引のために顧客に来てもらえるようなプラットフォームを作ろうとしているのか。

パートナー

バリュープロポジションを届けるために、どんな提携先や仕入先・供給元が必要なのか。

コスト構造

ビジネスモデルを実現させるためにかかる主要なコストは何か。事業の浮き沈みによるコストの変化を減らそうとしているか？省くことのできない固定費はあるのか。

24　2章　UX戦略の4つの基本要素

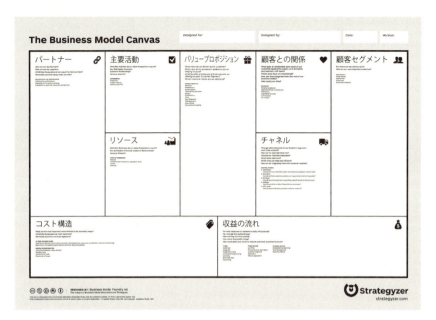

図 2-3 ビジネスモデルの9つの要素が描かれているビジネスモデル・キャンバス

　プロダクト製作者は、このビジネスモデル・キャンバスを使って製品についてのあらゆる仮説を1か所にまとめることができる。そして、発見段階の作業の過程で修正を加えていく。それは、本書でテクニックを紹介していくうちに実際に読者が目にすることだ。しかし、ビジネスモデル・キャンバスはこの節でビジネス戦略とUX戦略が重なり合う部分を見ることができるもうひとつの場所でもある。ビジネスモデル・キャンバスで意識している多くのこと（顧客層、バリュープロポジション、収益の流れ、顧客の獲得と維持）は、どれも製品のユーザーエクスペリエンスを作るときの基本要素でもある。そして、今まで学んできたように、ユーザーエクスペリエンスは私たちが競争優位を生み出すための鍵を握っている。

　これらのつながりを見なければ、1章の失敗したソフトウェアエンジニアと同じ運命をたどる危険性がある。彼のビジネスモデルは、会社に収益を送り込む豊かな顧客層があることを前提としていたが、製品を構築する前に顧客層を正しく見極めていなかった。彼らがもし私のチームの顧客発見プロセスでユーザーと直接向き合うことがなければ、お金をかけてメディアに攻勢をかけ、オンライン広告

2.2　基本要素1：ビジネス戦略　　25

を流すというキャンペーンをだらだらと続けていただろう。しかし、私のチームのUX戦略が証明したように、それでは彼のバリュープロポジションに本気で関心を持っているユーザー層に達することができず、深刻な問題を抱えることになっていただろう。

　ここで思い出されるのは、ビジネスモデル・キャンバスが発見段階でのステークホルダーとチームメンバーの共同作業の重要性を強調していることだ。リソースやパートナーなどのカテゴリは、デジタル製品のマネージャーやUXデザイナーが頭のなかでだけ考えるべきことではない。これらは、ステークホルダーたちが豊富な情報を提供し、先導していける分野だろう。それに対し、主要活動、顧客層、バリュープロポジションなどは、デジタル製作チームがステークホルダーを牽引して最良の製品に導くべきカテゴリだ。しかし、デジタルチームは、これらのカテゴリでは、仮説を事実にすり替えてしまわず、実際のユーザーからのインプットが必要だということも覚えておかなければならない。それこそ、前章で私たちのUX戦略チームが失敗したソフトウェアエンジニアに実際に示したことだ。

　ビジネス戦略の構築とは、完璧なプランを作って実行することではないことを覚えておく必要がある。そうではなくて、そこに何があるかを調査し、チャンスを分析し、構造化された実験を行い、人々が本当にほしいと思う価値あるものを考え出すまで失敗、学習、反復できるようにすることだ。また、製品が大きくなり、市場が発展したら、ビジネス戦略は機敏なものにならなければならない。新しい製品の場合、戦略は、資金を引き出せる程度に市場にフィットした製品を作り出すことか、十分なシェアを獲得して顧客数が競争優位になることを中心としたものになるだろう。しかし、もっと成熟した企業では、戦略は企業のインフラストラクチャと内部プロセスを維持しようと努力しつつ、会社として核となるバリュープロポジションを築くことになるはずだ。製品の初期のライフサイクルではビジネスモデルや競争優位になったはずのものが、後の段階では同じようにはならないのはそのためだ。しかし、企業は動く標的を追いかけながら、変化する市場のなかで成長し、競争力を保ち、ユーザーに価値を提供し続けるために、さまざまな製品を試し続けなければならないのだ。

26　2章　UX戦略の4つの基本要素

2.3　基本要素2：価値の革新

　私たちは、デジタル製品の発明家として、変化するデジタル市場の脈動をすべて漏らさず細心の注意で意識しなければならない。人々がデジタルデバイスをなぜ、どのように使っているのか、成功したUXと失敗したUXの違いはどこにあるのかを理解する必要がある。というのも、成否は一般に、ユーザーが初めてインターフェイスに接したときに決まるからだ。最初の接触のときに、あなたの「価値の革新」はユーザーに第一印象を残す。人々のメンタルモデルを破壊し、新しいメンタルモデルを作る「価値の革新」かどうかだ。私たちとしてはそうであってほしい。

　「価値の革新」について掘り下げていく前に、バリュー、すなわち「価値」という単語について考えておこう。この単語はあらゆるところで使われている。古典的なものから現代のものまで、1970年代以降の、ほぼすべてのビジネス書に登場すると言ってよいだろう。ピーター・ドラッガー（Peter Drucker）は、『マネジメント1』[※1]のなかで、時間とともに顧客価値がどのように変わっていくかを論じている。彼は、ファッションのために靴を買っていた10代の少女が働く母親になると、おそらく履きやすさと価格によって靴を買うようになるという例を挙げている。企業が価値のあるユーザーエクスペリエンスをどのように提案するかを説明するために、マイケル・ラニング（Michael Lanning）が「バリュープロポジション」、すなわち「価値提案」という言葉を初めて使ったのは1984年のことだ。企業が富を生み出すためには、競合他社よりもすぐれた製品を、顧客が支払う額よりも低いコストで作らなければならない。同じ年に、マイケル・ポーターは、価値のある製品を送り出すために特定の産業の企業が行う活動の連鎖をバリューチェーンという言葉で定義した。**図2-4**は、物理的な製品を製造するときの古典的なバリューチェーンを示している。

図2-4　バリューチェーン

※1　Peter Drucker『Management: Tasks, Responsibilities, Practices』（HarperBusiness、1973年）。邦訳は『マネジメント1 ── 務め・責任・実践』（日経BP社、2008年）

この流れはトヨタが車両を作るときやAppleがコンピュータやデバイスを作るときに使うビジネス・プロセスだ。このバリューチェーンの個々の活動のなかで、企業が競合他社を上回るチャンスが生まれる。しかし、今までの用語は、すべて物理的な製品のためのものだ。これとは対照的に、仮想的な製品のバリューチェーンはもっと速く反復させることができるし、それぞれの活動を並行して進められることがある。

　従来のビジネス戦略の原則がデジタル製品の戦略にそのまま移植できない理由の一部がこれだ。デジタル製品を作るときには、急速に発展するオンライン市場、顧客価値、バリューチェーンについていくために、新たな研究、設計、マーケティングが絶えず必要になる。製品を作り続けていくためには、それらが欠かせないのだ。

　そのため、デジタル製品、すなわちユーザーがインターネットで見つけて日々使うソフトウェア、アプリ、その他のものを設計するときには、新たな難問に立ち向かわなければならない。すでに述べたように、製品を使ってみようという気持ちにさせるためには、製品は顧客にとって価値のあるものでなければならないのである。また、企業が自らを維持するために、企業にとっても価値のあるものでなければならない。しかし、現在のインターネットには、製品を使うという特権のために対価を支払わなくてもよいデジタル製品が溢れかえっている。ビジネスモデルが企業の持続可能性を助けるものだとすれば、無料の製品が溢れているオンライン市場で何ができるのだろうか。

　鍵を握っているのは価値の革新だ。W・チャン・キム（W. Chan Kim）とレネ・モボルニュ（Renée Mauborgne）は、著書『ブルー・オーシャン戦略』[※1]で、価値の革新とは、「差別化とコスト削減を同時に追求して、購買者と企業の両方のために価値の急上昇を生み出すこと」だと説明している。つまり、価値の革新は、企業が新しさと使いやすさ、そして価格をすべてうまく実現できたときに発生するのだ（**図2-5**参照）。企業は、顧客とステークホルダーのために、価値が高く価格が低

※1　W. Chan Kim、Renée Mauborgne『Blue Ocean Strategy』（Harvard Business School Press、2005年）。邦訳は『ブルー・オーシャン戦略 —— 競争のない世界を創造する』（ランダムハウス講談社、2005年）

い製品を作るために、差別化とコスト優位性の両方を追求する。Wazeがどのようにして持続可能なビジネスモデルを見つけたかを考えてみよう。自社に収益をもたらしたクラウドソーシングによるデータをGoogleなどの他社と共有したのである。しかし、データを手に入れるためには、顧客に新しいタイプの価値を提供して大衆に受け入れられることを実現しなければならなかった。そして、その価値は、UXとビジネスモデルを通じて実現した破壊的イノベーションを活用することによって生み出された。

図2-5 価値の革新＝差別化と低コストの同時追求

破壊的イノベーションは、クレイトン・クリステンセン（Clayton M. Christensen）が1990年代半ばに考え出した用語である。彼は、著書『イノベーションのジレンマ』[1]でハイテク企業のバリューチェーンを分析し、ただの持続的イノベーションと破壊的イノベーションの違いを定義した。持続的イノベーションとは、業界リーダーが既存の顧客のために何か今までよりもよいことをするという身近なイノベーションである[2]。それに対し、破壊的イノベーションとは、企業の最良の顧客でも使いこなせず、そのため企業がサポートする気になる価値水準と比べて利鞘が極端に小さい製品である。しかし、破壊的イノベーションがその地位を確立した競合他社の盲点を突けるのも、そこである。クリステンセンは、破壊的イノベー

※1　Clayton M. Christensen『The Innovator's Dilemma』(Harvard Business School Press、1997年)。邦訳は『イノベーションのジレンマ ── 技術革新が巨大企業を滅ぼすとき』(翔泳社、2001年)
※2　「Clayton M. Christensen, The Thought Leader Interview」(STRATEGY+BUSINESS、2001年10月1日) http://www.strategy-business.com/article/14501?pg=all

ションは、通常「製品やサービスが最初は市場の底辺で単純な利用を通じて根を張り、そこからは止まることなく市場を駆け上がり、最終的に今までの地位を確立していたライバルに取って代わるプロセスだ」と言っている[1]。

イノベーティブとは、市場を揺さぶるくらいに新しく、独自性があり重要だという意味であり、話題はまた『ブルー・オーシャン戦略―競争のない世界を創造する』に戻る。著者たちは、同書で100年以上、30業種にわたって150の戦略的な動きを研究した結果を解説している。そして、フォードのTモデル、シルク・ドゥ・ソレイユ、iPodが成功した経緯を示した上で、成功したのはレッドオーシャン市場ではなく、ブルーオーシャン市場に参入したからだと説明している。同じような製品を持つ競合他社がいることを海にたとえて、レッドオーシャンと呼ばれる。レッドオーシャンには、価格を引き下げ、最終的に製品をコモディティ（日常品）に変えてしまうことにより、同じ顧客を奪い合う競合他社というサメがいっぱい泳いでいる血の海だ。それに対し、ブルーオーシャンは、争う相手がいない穏やかな青い海である。獲物を自由に自分のものにすることができる。

企業の世界でライバルを叩き潰そうという衝動が起きるのは、軍事戦略に根ざしている。戦争では、戦いは特定の領土をめぐって行われる。片方が持っている領土をもう片方が望めば（それが石油、土地、書棚のスペース、視聴者の視線のいずれであれ）、戦いは血なまぐさくなる。しかし、ブルーオーシャンでは、チャンスは古くからの境界に制約されない。まだルールとして確立していないものを打ち破るだけのことだ。あるいは、自分でゲームのルールを考え出して、ライバルのない新しい市場とユーザーが歩き回れる新しい領土を作ることさえできる。

デジタル製品の世界にブルーオーシャン戦略を持ち込むと、どうなるかを考えてみる。そのとき、未知の市場空間には普通よりも大きなチャンスがあることを認めなければならない。ブルーオーシャン市場を享受している企業として文句なしに挙げられるのは、Airbnbだろう。Airbnbは、米国ロサンゼルスの木の上の小屋からフランスのお城まで、あらゆる物件を宿泊のための一覧に登録し、一覧か

---

[1] 「Disruptive Innovation」(Clayton Christensen) http://www.claytonchristensen.com/key-concepts/#sthash.47B9F4IW.dpuf

ら気に入ったものを選び、宿泊の予約をする「コミュニティ市場」だ。驚くべきは、このバリュープロポジションが旅行、賃借業界のルールを根底から破壊し尽くしたことである（図2-6参照）。Airbnbのバリュープロポジションは、やみつきになるもので、一度試した顧客は、もう従来の方法で滞在場所の予約や物件の賃貸をする気にはなれなくなってしまう。

図2-6　ニュースで取り上げられたAirbnb[※1]

　Airbnbは、革新的UXデザインと興味をかきたてるバリュープロポジションを組み合わせてこの価値の革新を実現した。そして、先程も触れたように、本物の価値の革新は、UXとビジネスモデルが重なり合ったところに生まれる。しかも、Airbnbの場合は、ブルーオーシャンで両者を重ね合わせた。というのも、Airbnbは古いルールを破り、新しいルールを作ったからだ。

　Airbnbが出てくる前は、物件の賃貸の主要な手段は、たとえばCraigslist[※2]だったが、これは一般に非常に面倒な方法だった。それは、Craigslistにユーザーのプロフィールがなかったからだ。そのため、ホスト（貸し手）とゲスト（借り手）について確認する手立てがまったくなかった。しかし、それまではそれが標準的な方法だったのだ。Airbnbは、Amazon、Yelp[※3]、eBay[※4]などと同じように、自由市

[※1]　「ニューヨーク市当局：Airbnbは依然として違法、部屋の提供者は罰金2,400ドル」（C|Net、2013年5月20日付）。http://www.cnet.com/news/ny-official-airbnb-stay-illegal-host-fined-2400/

[※2]　Craigslist：Craig Newmark氏が手作業で始めたオンラインの売ります／買います掲示板。http://www.craigslist.org/

[※3]　Yelp：口コミによるレストラン評価サービス（日本でいうところの「食べログ」）。http://www.craigslist.org/

[※4]　eBay：一般オークションサイト（日本でいうところの「ヤフオク！」）。http://www.ebay.com/

2.3　基本要素2：価値の革新　　31

場のなかに、品質や信用に高い価値が置かれているユーザー体験の分野に新しい
カテゴリを作り出した。AirbnbのUXは、個々のゲストとホストが善良な顧客で
あることを保証するというアイデアを核として組み立てられている。ユーザーに、
メンタルモデルの変更を要求したのである。ユーザーが見ず知らずの他人に部屋
を貸したり、見ず知らずの他人の家に滞在したりして、双方が満足を得るために
は、今まで明文化されていなかった社会的なエチケットを前面に押し出さなけれ
ばならなかったのだ。

　たとえば、私は先日家族とともにサンフランシスコで週末を過ごして帰ってき
たところだ。この旅行では、1,200ドル以上（評価3.5のレベルで2部屋に2泊）か
かるホテルを予約せずに、Airbnbで半額の部屋を確保した。しかし、それはた
だ節約できたというだけではない。豪華で広々としたベッドルームがふたつある
家で、地元の酒場やおいしいレストランにも近い。Airbnbに支払った6%の手数
料[※1]は無視できる程度のものだった。面白いことに、このサンフランシスコの家
の持ち主である企業の顧問弁護士は、自分の家族とともにパリに行って留守だっ
た。彼女もAirbnbで滞在しており、その料金は、私たちとの取引からの収入（550
ドル強）の一部で支払うことができた。みんながみんな喜んだのである。もちろん、
客を失ったホテルは別だが。

　Airbnbのビジネス戦略は、自宅を賃貸用として登録する人々と、滞在のため
に部屋を予約する人々という2種類の人々がいる、二面的な市場の両者に満足を
与えることである。使いやすいカレンダー、地図機能、そして何よりも重要なス
ムーズな決済システムといった機能を通じて、VRBO[※2]、Homeaway[※3]、Craigslistな
どの競合サイトが今まで提供したことのない大きな価値を提供している。要する
に、Airbnbは、薄気味悪い人と取引するリスクを最小限に抑え、公正な市場価格
を実現した上で、ほかのどこよりも使いやすいプラットフォームを提供したので
ある。これらすべての積み重ねで、オンライン、オフラインのあらゆる顧客、ス

※1　監訳注：ゲストがAirBnbに支払うサービス料は、小計にもとづいて6%から18%まで変動
　　する
※2　VRBO：バケーション用の民泊予約サイト。https://www.vrbo.com/
※3　Homeaway：アジアを中心に民泊紹介サイト。https://www.homeaway.com/

32　　2章　UX戦略の4つの基本要素

テークホルダーが認める価値の革新となり、それが業界の破壊を引き起こしたのだ。Airbnbがはっきりとした勝利をつかんでいるのはそのためである。

　ブルーオーシャン市場でコスト優位性と差別化を兼ね備えた価値の革新を通じて、それまでの常識を大規模に破壊してみせたプロダクトはほかにもたくさんある。彼らは、UX戦略を通じて、人々の暮らしを楽なものに変え、新しい方法で顧客を集め、古いメンタルモデルを粉々に破壊した。Airbnb、Kickstarter[1]、Eventbrite[2]などの会社は、それぞれ家の一時賃貸、ベンチャービジネスの資金集め、イベントの開催の方法を完全にひっくり返した。実は、UX戦略について知りたくてうずうずしている人々がいるはずだという自分の仮説を検証するために、私はEventbriteを利用している。Eventbriteのインターフェイスを使ってひとり40ドルで60席のセミナーを登録すると、すぐに売り切れになった。宣伝用プラットフォームとしてEventbriteがなければ、ジェイミー・レヴィの著書の執筆はなかっただろう。Eventbriteは、有料イベントが開催でき、Meetup[3]などのほかのサービスが実現できなかった価値の革新を実現してくれたのである。

2.4　基本要素3：検証のためのユーザー調査

　製品が失敗する大きな理由のひとつは、その製品の価値がわかっていないことである。顧客にとって価値があるものは何かを検証するのではなく、価値があると思い込んでしまうという点で、ステークホルダーは夢想家だ。映画『フィールド・オブ・ドリームス』のケヴィン・コスナー（Kevin Costner）のように、アントレプレナーたちは「作れば、ユーザーが来る」と思っているのである。しかし、本当はあらゆる製品はユーザーが来ないというリスクを持っている。本書の冒頭に出てきた失敗したソフトウェアエンジニアのことを思い出そう。顧客が望むこととして彼が想定していたことは誤りであることが明らかになった。彼の志は正しかった。彼のアイデアはタイミングが良く、目新しく、とても革新的であり、ユ

※1　Kickstarter：少額の資金投資を集めるクラウドファンディングサイト。https://www.kickstarter.com/

※2　Eventbrite：イベントチケット発行サービス。https://www.eventbrite.com/

※3　Meetup：イベント開催サービス。無料イベントのみ利用できる。http://www.meetup.com/

ニークで持続性のあるビジネスモデルさえあった。しかし、ユーザーはやって来なかった。私のチームが出て行ってターゲットユーザーに話を聞くと、ユーザーはこのような位置付けの製品に金を使う気はないことがわかった。

ユーザー調査は、バリュープロポジションが正しく軌道に乗っているかどうかを確かめる手段である。手法はたくさんある。エスノグラフィ（民族誌）にもとづいたフィールド調査、コンテキスト調査、フォーカスグループ調査、日記調査、カードソート法、アイトラッキング調査、ペルソナ作成などだ。古くから使われているこれらの方法については、ここでは話したくない。話したいのは、**リーンスタートアップ**のことについてだ。

こんなことを認めるのはまったく奇妙なことだが、2011年にエリック・リース（Eric Ries）の『リーンスタートアップ』[1]（これは必読書である）が大ヒットするまで、アントレプレナー（起業家）たちは「事業立ち上げの早い段階にたびたび」顧客と対面することを自分の仕事だとは思っていなかった。リーンスタートアップの実証的で動きが早く透過性の高い性質は、スティーブ・ブランクの顧客開発方法論[2]のアイデアや高度に理論化された**デザインシンキング**のアプローチと同じ方向を向いたものだ。確かに、企業にはUXデザイナーがいて、エンジニア中心のデザインではなく「ユーザー中心」のデザインを行っていたはずだが、リーンスタートアップによって、検証のためのユーザー調査は、製品開発を先に進めるか否かの決定的な判断材料になったのである。リーンスタートアップは、ユーザー調査を計測可能なものにすることを求めている。

そこで、3つめの基本要素となる検証を受けるためのユーザー調査である。「検証」は、リーンスタートアップのビジネスアプローチを美味しくしている隠し味だ。検証とは、特定の顧客層があなたの製品に価値を見出していることを確かめることである。検証がなければ、顧客があなたの製品の使い道を見つけるだろうと思い込んでいるだけに過ぎない。検証のためのユーザー調査は、単に潜在ユーザーを観察し、感情移入するだけのところから一歩先に進んでいる。それは、ユー

※1　Eric Ries『Lean Startup』（HarperBusiness、（2011年）。邦訳は『リーンスタートアップ——ムダのない起業プロセスでイノベーションを生みだす』（日経BP社、2012年）

※2　Steve Blank『The Four Steps to the Epiphany』（K&S Ranch Press、2005年）

ザーとのやり取りから直接的なフィードバックをもらうことに重点を置いている現実の確認を基礎とするプロセスだからで、あなたの製品のビジョンが、希望のある夢なのか、悪夢に終わるかもしれないのかをチームが見極めるために役立つのだ。

エリック・リースは、**MVP**（Minimal Viable Product：必要最低限の機能を持つ製品）という用語を広めた。これは、単純にバリュープロポジションの核の部分だけを作って潜在ユーザーがあなたの製品を欲しがるどうかを調べることだ。この方法は、従来の製品開発とは大きく異なる。従来は、プロトタイプを作るということは、投資してくれるかもしれない人々に未来の製品を見せる体験を模倣するという場合が多かった。しかし、早い段階で顧客にバリュープロポジションを支持してもらえれば、製品のリスクを下げることができる。そして、ユーザーが見たものを評価しなければ、別の顧客層に方向転換するか、そのバリュープロポジションが解決できる別の課題にピボット（方向転換）する必要がある。

MVPのような反復的な作業をするためには、チームは課題解決の方法を検討する前に調査を行って仮説を検証しておく必要がある。これは、チームが単に一般的なペルソナではなく、**正しい**顧客をターゲットとしていることを確かめるために役立つ（これは、1章のスタートアップ企業が失敗したことだ）。手を差し伸べる必要のある、はっきりとしたペインポイント（痛みを生ずるような課題点）が確認できたら、続けて機能を追加し、同じ調査方法でそれらの機能をテストすることができる。これがリーンスタートアップの**構築～計測～学習**のフィードバックループと呼ばれるものだ。調査を使って判断を検証し、製品の目的がエンドユーザーのニーズに沿ったものになるようにするのである。

検証のためのユーザー調査は、できる限り多くの製品チームメンバーが関わるようにすべき、共同作業のプロセスである。共同作業は、バリュープロポジションとその後のピボットについての合意を組織的に形成するためにも役立つ。しかし、私たちはみな異なる環境で、さまざまな地位の幅広い個性を持つ人々とともに仕事をしているので、このようなことを言っても無謀に感じるかもしれない。既存企業では、個人的な課題や好みにもとづいて製品の要件に対してさまざまな言い分を持つ多数のステークホルダーがいるのが普通だ。それに対し、代理店で

2.4　基本要素3：検証のためのユーザー調査　　35

働くときには、製品の要件は自分が参加していない要件収集段階で、まるで石の
ように固められてしまっている。設計段階で私が検証のためのユーザー調査やテ
ストのためにMVPの作成を提案すると、代理店スタイルでは直観に反する感じに
なり、非難されてしまう。財務担当の重役が、UX担当者から聞き出したいことは
プロジェクトの費用を下げることができましたという報告だけではないだろう。

　このおなじみの立場に追い込まれたことに気付いたら、まさにそれは社内アン
トレプレナーにならなければならないときだ。社内アントレプレナーとは、大規
模な組織のなかで働きながら、アントレプレナーのようにふるまうことだ。断固
としたリスクの享受とイノベーションを通じて製品の運命を掌中に握るという決
意が必要だ。1、2週間の猶予をもらい、すぐに検証のためのユーザー調査を実施
しよう。「ノー」の返答が返ってきたり、怖くて尋ねられないようなら、勤務時間
外に仕事を始めるべきだ。最悪の場合、自分自身の作業に問題を発見し、自分自
身の作業プロセスを改善するための方法を探さなければならなくなることもある
が。

　以上をまとめると、ターゲットとする顧客たちと直接会うことは問答無用で絶
対に必要だ。仕事の中心となっているアイデアが愚かで無価値なら、できる限り
速くそれを知らなければならない。実験すること、失敗することに対して謙虚に
なる必要がある。確かに、私たちは賭けをしている。当たる確率は低い。しかし、
最終的にはこのアプローチはもっともコストを抑えて効率的な方法だ。

2.5　基本要素4：革新的UXデザイン

　パトリック・ブラスコービッツ（Patrick Vlaskovits）とブラント・クーパー（Brant
Cooper）は『リーン・アントレプレナー』[1]で「一番良い方法に従っているのなら、
イノベーションをしているわけではない」と言っている。これはずいぶん挑発的な
もの言いだ。確立されたインタラクションのデザインパターンは、首尾一貫した
ユーザーエクスペリエンスを作るために役立っているはずである。しかし、革新

※1　Patrick Vlaskovits、Brant Cooper『Lean Entrepreneur』（Wiley、2013年）。邦訳は『リーン・
　　アントレプレナー』（翔泳社、2014年）

的UXを作るためには、実験を通じて規則のひとつやふたつ破ったとしても問題はない。

「ユーザーエクスペリエンス（UX）」は、課題や目標を達成しようとしてデジタル製品のインターフェイスを使ったときに人間がどのように感じるかである。確かに、ドアノブはインターフェイスだと言うことができ、そのインターフェイスを使うとデジタルハイウェイから出て100％物理社会の世界に入っていける。しかし、現実には、「ユーザーエクスペリエンス」という用語はデジタル製品を使おうとしたときに気分よく過ごせるかどうかという意味で使われている。

伝統的に（わずか20年しか経っていない分野であえてこの言葉を使うとして）、UXデザインとは、サイトマップ、ワイヤフレーム、プロセスやタスクフロー、機能仕様など、開発やデザインの成果物を連想させる言葉だ。一般企業や広告代理店の採用担当者たちは、インタラクションデザイナー、情報アーキテクト、UXデザイナーなど、この種の成果物を作る仕事の肩書きとしてUXデザインという言葉を使っている。大企業や広告代理店はこのような定義を使っており、実際にUXデザインがどのように行われているかをよく表している。しかし、その結果この「伝統的」な仕組みでは、UXデザイナー、そしてUXデザインが、顧客開拓やビジネスモデルの創出ではなく、ユーザーのエンゲージメント[※1]やデザインの問題にばかり集中してしまっている。

自分たちのUXに関する判断が顧客の獲得にどれくらいつながっているかが大きな問題なのに、多くのプロダクト製作者はそれがわかっていない。商品売買のためのウェブサイトや、単純な登録作業のことを考えてみればわかる。あるUXデザインは、勝手に入ってこれないような障害を作ることに重点が置かれているが、それではかつて製品に親しみを持ってくれたことを検証済みの見込み客を本物の顧客に転換させることを妨げる危険がある。これについては9章でさらに詳しく取り上げる。インターフェイスとユーザー操作の流れは、ユーザーが期待する反応を示す方向に組み立てられていなければならない。すべての目的は顧客に親しみを持ってもらうことだ。

※1　エンゲージメント：顧客に愛着心を持ってもらうマーケティング用語

初心者のUXデザイナーと革新的UXを生み出すデザイナーの差はここにある。革新的UXデザイナーは、次のような形で製品の価値の革新を前進させられることを知っている。

- 革新的UXデザイナーは、アイデアの最初の段階からステークホルダーやチームメンバーと共同で仕事を進める。そして、構造化されたデザインのための検証実験を主導する。実験は、顧客がランディングページを開いた瞬間から、バリュープロポジションが顧客にどれだけうまく伝わるかに観点を置いたものでなければならない。計測できる結果を使えば、勘ではなく現実の証拠にもとづいてデザインについての意思決定を下せるようになる。
- 革新的UXデザイナーは、製品にとって決定的な瞬間や重要な機能を判断する上で力になる。6章では、製品の有用性を最大化することに集中して、価値の革新を見つけるために役立つ戦術を詳しく説明する。重要なエクスペリエンスを単純でエレガントに織り上げる、ストーリーボードなどのテクニックを掘り下げる。また、競合他社、競合していないほかの製品などから機能を借用し、ところどころ真似して新しい方法でそれらを組み合わせる方法も見ていく。
- 革新的UXデザイナーは、活用できるチャンスを知るために既存の市場のUXのあらゆることを学ぶ。そのことは人々の暮らしが効率よくなるようなものを提供し、製品の価値を大きく引き上げる方法を見つける上で役に立つ。
- 革新的UXデザイナーは、製品の最大の有用性と解決が必要な問題を発見し確認するために、ユーザーになる可能性がある人々や既存のヘビーユーザーと直接対話する。
- 革新的UXデザイナーは、違和感のない体験を実現するために、オンライン、オフラインのあらゆるタッチポイント（接点）を活用してUXを考え尽くす。インターネットで使い始め、実際は現実社会で利用しその後ユーザーにインターネットに戻ってきてもらって評価を書いてもらう。AirbnbやUberのような製品では、これが特に重要だ。

単に革新的UXデザインに向かう道を頭のなかで考えているだけではだめだ。ほ

かの3つの基本要素からUXが命を与えられ、ほかの3つの基本要素に影響を及ぼしたときでなければメンタルモデルは壊れない。その壊れ方は、感情がほとばしるようなものなのだ。

　本書全体を通じて、革新的UXを持つ製品のケーススタディをいくつか行う。これらは、幸運や「天才的デザイン」によって「自然発生した」UXデザインなどではない。これらが革新的UXになったのは、基本的要素が表面化したからだ。実践と注意深さがなければ、触れる部分、触れない部分の集合としての製品を理解するようにはなれない。例として挙げられるのは、次の会社だ。

Airbnb

　旅行業界で革新的な力を発揮している宿泊斡旋サービス（**図2-7**）。

Uber

　タクシー業界に対して革新的な力を発揮している自動車共有アプリ（**図2-8**）。

Waze

　地点Aから地点Bに車で移動する方法を知らせる革新的な勢いのある地図アプリ（**図2-9**）。

Tinder

　OkCupidやeHarmonyなど、従来のマッチングサイトに脅威を与えている人と人のマッチングアプリ（**図2-10**）。

2.5　**基本要素4：革新的UXデザイン**　　39

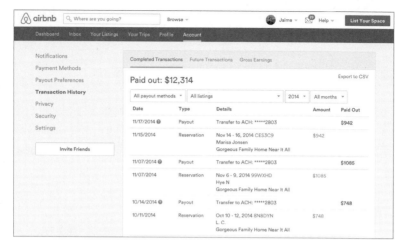

図2-7 Airbnbの革新的UX

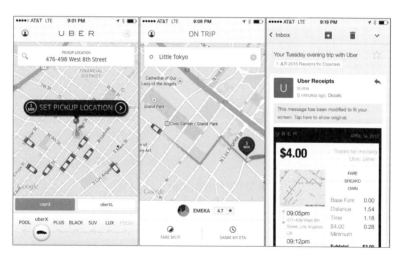

図2-8 Uberの革新的UX

図 2-9 Wazeの革新的UX

図 2-10 Tinderの革新的UX

これらの製品は、どれも石のように固まっているビジネスプランや2週間足らずのUX発見段階を実行して今の姿になっているのではなく、数か月、場合によっては数年の実験、失敗、改善作業の末に今の姿を獲得している。驚嘆すべきインターフェイスは、構造化され戦略的な紆余曲折から生まれた思考が花開いたものなのだ。これらの企業の創設者とチームメンバーたちは、製品のビジネスモデルの構成要素を組み立てている間、このようにしてリスクを引き受け続けていたのである。そうして彼らは自分たちの価値の革新に磨きをかけ、熱心な顧客を獲得した。彼らが今現在ブルーオーシャンで自由に泳げるような競争優位を保っているのはそのためだ。

UX戦略ではないものトップ10

1. 新製品のための抜群のアイデア！

2. 機能の長々としたリスト！

3. あらゆるシナリオの可能性をを検討し徹底的な調査を経た作戦で、まさに実装する準備が整った状態になっているもの。100%確実に問題をつぶしてあるので、顧客からのフィードバックは必要ない！

4. 資金を獲得したほかのスタートアップ企業が使ったばかりの流行のフレーズ（たとえば、P2Pシェアリングエコノミー）をカッコよく並べたもの

5. 気持ちを高揚させようとする文句（「チームで市場制覇に挑戦だ」みたいなもの）

6. 「私たちの製品は、ソーシャルリーン革新の有名ビジョナリーの天才的な発想から生まれたものです」のような、何らかの専門家による偉そうな声明

7. 検証されていない不完全な思い込みを含む仮説 ──「すべての女性はピンクが好きだ」など

8. 製品の中心となる価値からずれ、企業に実現できる能力がない、壮大すぎるビジョン（たとえば、特許出願中の新しい予知夢を使った手法など）

9. 素晴らしい保証のように聞こえる曖昧な請け合い ── 「あなたもソーシャルリーン革新を達成できる」
10. （何があっても、じっと動かない）北極星

2.6　まとめ

　UX戦略とは、思考方法のことである。UX戦略は、完璧な計画を隙なく実行するための手段ではない。今あるものを調査し、チャンスを分析し、構造化された実験を遂行し、失敗、学習し、人々が本当に望むような価値あるものを作り出すまで、思考を反復する能力である。UX戦略を生もうとしている間は、リスクを引き受け、失敗を受け入れる必要がある。UX戦略がチームを正しい方向に導いていることを検証するために、小さくて構造化された実験を行えば、賢く失敗する方法が学べるだろう。

3章

バリュープロポジションの検証

「ビジネスとは何かを知るためには、ビジネスの
目的から考えなければならない。ビジネスの目
的は、ビジネス自体の外側にある。実際、ビジ
ネス企業体は社会のいち組織であるからには、
ビジネスの目的は社会に求めなければいけない。
ビジネスの目的の有効な定義はひとつだけであ
る。顧客を作り出すことである[1]」

—— ピーター・ドラッガー（経営学者）、1973

---

[1] Peter Drucker『Management : Tasks, Responsibilities, Practices』(HarperBusiness、1973年)。
邦訳は『マネジメント1 —— 務め・責任・実践』(日経BP社、2008年)

まず最初に、ただ製品ビジョンを定義したりはしない。まず、どんな課題を解決するのか、どんな顧客がその課題の解決をもっとも必要としているのかをはっきりさせる必要がある。明らかにしなければならないことは多く、ひとつでも間違えると、ビジョンは妄想に変わってしまう。地に足が着いた状態を保つためには、基本性質1のビジネス戦略と基本性質3の検証のためのユーザー調査を掘り下げて検討する必要がある（図3-1参照。さらに、UX戦略の4つの基本要素を思い出さなければならない場合は、2章を見ていただきたい）。本章では、バリュープロポジションの作り方を学ぶ。バリュープロポジションとは、それが魔法のように素晴らしいことだと、顧客が感じられるようにしなければならない。次に、その仮説が正しいかどうかを実証する実験を通じ、バリュープロポジションを検証する方法を深く理解する。

図3-1 基本要素1と基本要素3：ビジネス戦略と検証のためのユーザー調査

3.1　大作映画級のバリュープロポジション

　私は中学2年生の頃、よく胃が痛いふりをした。すると、母は仕事場に私を連れて行ってくれるのだった。母はバーバンク映画スタジオの弁護士の秘書で、舞台裏を歩きまわったり、セットの陰に隠れたり、クルーの人々がテレビ番組や映画を撮影しているところを見るのが好きだった。あるときは、映画のセットで俳優リカルド・モンタルバン（Ricardo Montalbán）に会うことさえできた。1978年の若かった私には、映画やテレビよりもかっこいい仕事は想像できなかった。だ

からこそ、2012年の大人になった私は、同じ撮影所のバンガロー小屋で大作映画のプロデューサーが私とのミーティングを設定したときにはとても興奮した。彼は、自分の製品アイデアに「脈がある」かどうかを私に相談したいというのである。

（台本風に）フェードイン：
バンガローの外 ── 朝
ロングショットからバンガローの窓をパン

画面切り替え

バンガローのなか ── 朝
プロダクションの助手がUX戦略家、ジェイミーを部屋に案内する。映画プロデューサーのポールは、デスクの椅子に座っている。彼は立ち上がり、彼女に挨拶をする。ふたりは握手してそれぞれの席に座る。助手は部屋を出て行く。

ポール：	eコマースサイトのアイデアがあるんですが、あなたのお力を借りたいと思いまして。
ジェイミー：	お話をお聞かせください。
ポール：	クローゼット（衣装箪笥）の中身を揃えるのに力を貸してもらいたい、というか手を貸してもらわないと困る、忙しい男性を対象としたAmazonのほしい物リストのようなアイデアです。
ジェイミー：	その「忙しい男性」について詳しくお話ししていただけますか？

ポールはジェイミーに「忙しい男性」を説明しようと、熱が入ってくる。身振り手振りを交えて前のめりになっている。

ポール：	人生はすべて仕事だというような男性です。彼はお金は持っていますが、それを使う時間がない。高級品が欲しいのだが、買い物に行くのはイヤなんです。お店の人に同じことを何度も伝えなければならないのはうんざりだけど、VIP待遇はしてもらいたい。

ジェイミーは膝に手を置きながら前傾姿勢になる。彼女はひと呼吸おいてから口を開く。

3.1　大作映画級のバリュープロポジション　**47**

ジェイミー：	それはずいぶんはっきりとしたイメージですね。しかし、多くの忙しい男性にとってそれが課題だと思われますか？ はたして彼らは、その課題を解決してもらいたいのでしょうか。
ポール：	もちろんです！ 私がまさにそうなんですから！

ロサンゼルスでは、映画のアイデアを語るハリウッドタイプと、インターネット製品のアイデアを語る技術系のアントレプレナー（起業家）タイプにはすぐに会える。両者はとてもよく似ていて笑ってしまうほどだ。どちらもオリジナリティがあり、やみつきになるものを作って大儲けしたいと思っている。どちらも、アイデアを現実のものにするためには、大量の現金を調達してくる必要がある。しかし、そのためには、いいお話を「紡ぎ出して」、そのアイデアを待ち望んでいるお客さんがいることをステークホルダーや投資してくれそうな人々に納得してもらわなければならない。

ほとんどの投資家たちは、市場にはいつもくだらないもの（ゴミ映画とゴミアプリ）が氾濫しているので、そううまくいくわけではないことを知っている。しかし、本当にすごいものがあれば、とても大きな見返りがあるのも事実だ。それはお金だけではない。「ヒット」があれば、コンテンツや製品のクリエーターとしての地位が得られる。私たちは、人々が便利で意味のあるものだと認めてくれるようなものを作りたいと思っている。自分のお母さんでも気に入るようなものだ。

しかし、映画の製作とデジタル製品の製作にはひとつ大きな違いがある。映画の場合、大物俳優のキャスティング、人気作の続編かどうか、綿密に作られたプロットや描写など、戦略をいかに立てたとしても、映画製作のプロセスのなかには、実証によるフィードバックによってリスクを軽減するチャンスはほとんどない。確かに、映画製作者もターゲット市場に対して初期のテスト映像を試写することはできるが、一般に、その時点まで来てしまうと、再撮影はコスト的にあり得ない選択肢になっている。それに対し、デジタル製品の場合は、映画よりもずっと早い段階でターゲットとする人々を対象として自分のコンセプトを「試験販売」することができる。チームが地に足をつけて仕事しているかをチェックし、全員

が正しい道のりを歩むようにすることもできる。巨額のギャンブルのスリルを楽しみたいのでない限り、映画業界の中に住み着く必要はない。

ここで学んだこと

- あなたのステークホルダー（またはあなた）が本当に自分の製品を欲しいと思ったからといって、ほかの人々もそう思うとは限らない。ほとんどのスタートアップ企業は、市場がかならずしもその製品を必要としないために失敗する。
- 経験にもとづく証拠を示してステークホルダーとチームに現実を知らせる必要がある。思い込みを正しい事実に変えなければならない。
- ステークホルダーやチームが言うことを額面通りに受け取ってはならない。顧客になりそうな人々が望むことを知るためには、そのような人々を実際に連れてくることだ。

3.2　バリュープロポジションとは何か

　一般的に、バリュープロポジションは文章の形を取り、映画プロデューサーのクライアントがそうだったように、通常は口から最初に出てきた文言がバリュープロポジションになっている。覚えやすく、説得力があり、繰り返し言うことのできる独立したフレーズに凝縮した簡潔な説明をイメージするとよい。第1の目的は、顧客があなたの製品に期待できる利益を伝えることだ。いくつかの有名なプロダクトのバリュープロポジションの文例を見てみよう。

- Airbnbは、インターネットを介して世界中のユニークな宿泊スペースを登録、発見、予約できるコミュニティ市場です。
- Snapchatは、写真、ビデオ、テキスト、画像を制限時間内だけ、もっともスピーディに友人と共有できる方法です。

3.2　バリュープロポジションとは何か　　49

- Wazeは、世界中の運転手たちがリアルタイムで道路の状況を共有し、運転中に「共通の利益」に奉仕することによって成り立っているソーシャルな交通、ナビゲーションアプリです。

プロダクト製作者は、どんな環境で働いている場合でも、絶えずバリュープロポジションを提案されたり提案したりしている。Airbnb、Snapchat、Wazeが誰でも知っている名前になる以前、これらの製品の開発チームが資金獲得に至るまで、投資家たちの前で何度となくバリュープロポジションの文言を唱えなければならなかったかを想像してみよう。

何が言いたいかというと、「まるで『アバター』が『ダイ・ハード』と一緒になったみたいな映画だ」と、口に出して言うことがとても大事だということだ。しかし、そんな映画のようなものを作るのはとても大変だろうと思っていないだろうか。実は、そんなことはない。たとえば、更新ボタンを押すと同時にランダムでバリュープロポジションを生成するhttp://itsthisforthat.comというウェブサイトさえある。**図3-2**は、私が生成したものを示している。

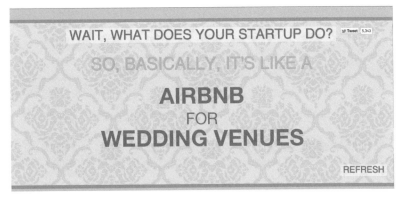

図3-2　「Airbnb for Wedding Venues（「結婚式」のための「Airbnb」）」と書かれた自動生成されたバリュープロポジション

このサイトのバリュープロポジションの公式を分解してみよう。

＜顧客のタイプまたはニーズ＞のための**＜有名なプラットフォームやアプリの名前＞**、つまり「**あれ**」のための「**これ**」という形式だ。

「これ」は、基本的に製品の魅力を表している。マッチングアプリのTinder[1]の「これ」は、スワイプ操作で魅力的だと思った人にそのことをすぐに知らせられることだ。Wazeの「これ」は、あなたのまわりのほかの人々がWazeアプリを開いていると、渋滞を回避するためのリアルタイムデータが送られてきて近道がわかることだ。「これ」はメンタルモデルである。人々が製品とのインタラクションのダイナミクスをどのように理解しているかであり、彼らの製品の使い方にそれがどう影響しているかだ。

「あれ」は、特定の顧客層か顧客のニーズ、ゴールであり、その両方を示している場合もある。Tinderの「あれ」は、時間をかけてプロフィールを入力しなくても簡単に「お付き合い」する方法を探している人々だ。Wazeの「あれ」は、普通の道から外れてもいいので、渋滞に引っかかるのはいやだと思っているドライバーだ。「あれ」は、誰が「これ」を欲しがっている、あるいは必要としているのか、それはなぜかという手がかりを与えてくれる。この公式は、課題解決の方法を手っ取り早く表現する方法になっているのだ。

しかし、バリュープロポジションは、現実の課題を解決するのでなければ価値がない。ここで言う課題は、膝を擦りむいた程度の軽微なものではない。足の骨を折ったというくらいの大変な課題のことだ。今すぐにやらなければならないことがあるのに、特定の人々がやるのを嫌がってしまうような課題のことである。この種の課題を解決してくれる方法は、多くの人々に安心や喜びを与える。ソフトウェアの構築には時間と金がかかるので、課題解決の方法を構築しようとする前に、課題や人々についてわかることはすべて知る必要がある。つまり、直観だけで新しい革新的な製品を作り始めてしまうのは、とてもリスクがあるということだ。

なぜだろうか。もしあなたが間違っていたらどうなるだろうか。

もしあなたの上司が間違っていたら？

もしクライアントが間違っていたら？

もし成功を収めた映画プロデューサーでも、間違っていたら？

※1　Tinder：https://www.gotinder.com/

3.2　バリュープロポジションとは何か　　51

もし0.05秒で自動生成したこのバリュープロポジションが間違っていたら？

答えは簡単である。大きな直観にもとづいて行動した人が間違っていて、お金がなくなるまで開発チームがその間違いに気付かなければ、関係者全員が本物のバリュープロポジションにもとづく何かを作っていないということだ。関係者全員が予算と人員の浪費にだけ成功してしまったということだ。まだこの段階では製品ビジョンが未熟な段階なので、本物の顧客がその課題解決の方法を本当に望んでいるという確証がなければ、どんなアイデアにもあまり執着し過ぎないように心がけたい。

3.2.1　空想の世界の中にいるのが嫌なら

次の5つのステップに従おう。各ステップについては、詳しく解説していく。

ステップ1：主な顧客層を見定める。

ステップ2：顧客層の（最大の）課題を突き止める。

ステップ3：想定にもとづいて暫定的なペルソナを作る。

ステップ4：ソリューションの最初のバリュープロポジションが正しいかどうかをはっきりさせるために顧客発見プロセスを実施する。

ステップ5：学んだことにもとづいてバリュープロポジションを評価し直す。

（洗い直しをしてぴったりはまる製品や課題解決の方法が見つかるまで以上を繰り返す）

これは簡単なことだ。プロセスを実証的に進めるだけでよいのだ。

ステップ1：主な顧客層を見定める

あなたとチームは革新的な製品を作り出そうとしているので、顧客がゼロの状態からスタートする。そのため、顧客はすべての人々だと考えるなら、顧客が決まっている場合よりもじっくりと考えなければならない。そうしなければ、顧客獲得のために苦しい戦いを強いられる。すべての人々に自分のアプリを使ってもらおうとするのと、本当に登録する必要がある人々を捕まえようとするのとで

52　3章　バリュープロポジションの検証

は、どちらが楽だろうか。ヒットした多くのデジタル製品は、後者を選んでいる。Facebookは、立ち上げの時点では、世界全体ではなく、ハーバード大学の学生専用だった。Airbnbは、人が多く集まる2008年の民主党全国大会で製品をテストし、Tinderでさえ、最初のお試しプロジェクトでは、開発者と同じ南カリフォルニア大学の学生だけを対象としていた[1]。

顧客は、同じニーズまたは悩みを抱える人々のグループ、集まりである。中心となる顧客の課題となる悩みは、激しいものでなければならない。というのも、争いのない市場でお馴染みの方法から違う方法に人々の考えを変えようとすると、大きなリスクを抱えることになるからだ。顧客層の例としては、アメリカ人の学生と友達になるために苦労しているロサンゼルスのインターナショナルカレッジの学生、一緒に演奏したい大都市のミュージシャン志望者、忙しくて子どものスケジュールを管理できない郊外の母親などが挙げられる。これらの分類は、人口統計学的な属性と心理学的な属性の組み合わせによって識別できるが、もっとも大切なのは、英単語10語以下でターゲットとする人々を説明することだ。

では、先程のコンピュータが生成したバリュープロポジションに戻り、もっともわかりやすい中心となる顧客はどういう人々かを想像してみよう。予算内で結婚式のプランを立てなければならない人は一体誰だろうか。ええと……。**図3-3**のような、これから結婚しようという人だろうか？ 正解です。ではその答えに合わせて先に進もう。

※1　Tinder：https://www.gotinder.com/

3.2　バリュープロポジションとは何か　53

図3-3 提案用スライドの典型的な先頭ページのモックアップ

ステップ2：顧客層の（最大の）課題を突き止める

　課題は、特定の顧客層が抱えている特定の課題でなければならない。しかし、あなたとチームは、思い込みにもとづいて仕事をしていることを認識している必要がある。その思い込みは、製品を作るための最初の現実との対面である。ユーザーとユーザーのニーズ、その解決方法について、実はこういうことではないかと考えることをまとめる。思い浮かんだことに正直になり、人々がその通りに、つまり人々が当然と思うように受け止めればよい。言い換えれば、『がんばれ！ベアーズ』[※1]の偉大なバターメイカー監督がチームの皆に言ったように、「君たちが'ASSUME'（思い込む）ということは、'U'（君）と'ME'（私）から'ASS'（バカ）を作るということだ」

　本章の冒頭で、映画プロデューサーのポールは、自分の顧客の課題はわかって

※1　『がんばれ！ベアーズ』：1976年に公開された映画（原題は『The Bad News Bears』）。アメリカ西海岸の町を舞台に、弱小野球チームの奮戦を描くコメディ作品で、続編2作品のほか、テレビドラマ化もされた。テレビドラマ版は、日本でも1979年から1980年にかけて放送された

54　3章　バリュープロポジションの検証

いる、それは自分の課題だからだと言った。彼は、お金を持っているけれども、ショッピングに出かける時間のない男性である。そのため、すべての忙しい男性は、高級な専用クローゼットを築き上げるために、オンラインショッピングが必要だというのである。すべてのバリュープロポジションでこの論理が通用するなら、この自動生成のバリュープロポジションを見て、「自分の結婚式のプランを立てたとき、予算が限られていたので、一番の課題は、ロサンゼルスで自分の予算でも使える結婚式場を探すことでした」と言って済ませるだろう。実際、私の場合はそうだったのだが、すべての節約が必要なすべての新婦がそうだろうか。

ここで、顧客とその課題についての仮説を文章にまとめて書き出しておこう。この場合は、次のような感じになる。

> ロサンゼルスに住んでいる、これから花嫁になる人々は、予算の範囲内で使える結婚式場を見つけるために苦労している。

これが真実だと証明されるなら、

> 結婚式場を探している人のためのAirbnb

というバリュープロポジションには重要なニーズがあることになる。では、次のステップは、この必要とされているソリューションのための機能一覧を考えていくことになるのだろうか。いや、それはまだだ。

1章の失敗したソフトウェアエンジニアのことを思い出そう。彼は、自分のスタートアップ企業を立ち上げ、すぐにソリューションの構築に取りかかってしまった。彼は自分のような顧客（恋人が薬物依存症）なら、治療センターとの価格交渉ができるデジタルプラットフォームに興味を持つだろうと思い込んだ。さらに、自分のような顧客はたくさんいるだろう、少なくともビジネスモデルを維持できる程度にはいるだろうと思い込んでしまった。しかし、これらの思い込みは、単なる思い込みに過ぎなかった。彼は、私のチームが検証し、ユーザー調査をするまで、自分の製品が成功しなかった理由をはっきりと理解できなかった。調査ではじめて、彼の誤りを暴き出したのだ。まずまずの予算を持っている人々を含め、実際の顧客

3.2　バリュープロポジションとは何か　　55

は、ホテルの部屋の予約と同じように、インターネットで治療センターを予約したりはしないのだ。彼は、顧客になると思われた人々から直接その答えを聞いた。それは、彼が最初は信じたくなかったことだ。治療センターの予約は、すべてオンラインで済ませてしまうには感情的にはあまりにも難しい決定だったのである。

　プロからの忠告を示しておこう。

　　　人々がその製品を望んでいるという、はっきりとした証拠がない限り、
　　　バリュープロポジションから直接製品のUXを作ってはならない。

　あなたが課題解決をする人なら（UXデザイナー、プロダクト製作者、アントレプレナーは本能的にそうだ）、このプロセスは最初は逆方向に進んでいるように感じられるだろう。それは、本当に逆向きだからだ。私たちは、顧客とその課題についての思い込みが正しいかをチェックするために、ソリューションをリバースエンジニアリング[※1]している。このアプローチは、大成功を収めたものも含め、何十ものプロダクトを作ってきた人々にとって、特に重要なものである。あなた自身の誇大妄想を信じてはならない。すべての製品やプロジェクトに対して、初めての実験のように接することが大切だ。

　序文でも触れたように、私は20年以上に渡って非常勤で大学で教えている。私は毎回同じように自分の授業を進めている。第1週目には、学生たちは、テクノロジーを使って解決してみたくなるような課題についてじっくり考えなければならない。彼らは毎週授業の最終プロジェクトに向かってスキルを積み上げていく。最終プロジェクトとは、本書で読者に説明している方法と同じ方法を使って、テストした本物の製品を提出することだ。2014年の春学期には、学生のビタとエナに「Airbnb for Weddings」（結婚式のためのAirbnb）のバリュープロポジションを使ってUX戦略の修行をしてもらった。これから彼らが体験した方法と結果を見ていただいて、バリュープロポジションを実際に作り、可能性があるかどうかを判断するためにはどうすればよいかを示していこう。まず最初の課題では、暫定

※1　リバースエンジニアリング：元あるものを逆に解析してどのような仕組みでどう作られているのか知ろうとすること

的なペルソナが与えられた。

ステップ3：想定にもとづいて暫定的なペルソナを作る

　ペルソナは、ステークホルダーや製品チームにエンドユーザーのニーズ、ゴール、動機がどのようなものかといった共感を与えるために役に立つ手法だ。そうすれば、彼らはペルソナが無いときよりも「ユーザーフレンドリー」な製品を作れるだろう。しかし、暫定的なペルソナというコンセプトは、敵対する両方の側の人々からうるさい議論を引き起こしてきた歴史がある。そこで、今このコンセプトを使っている理由を説明するために、ちょっとした課題に取り組んでいただこう。

　ソフトウェアデザインの黎明期の時代には、製品を開発、プログラミングしたエンジニアは、ごく普通に製品のインターフェイスデザインもしていた。その場合、これらの製品のインターフェイスが「ユーザーフレンドリー」になっていることはまずない。それは、製品のエンドユーザーによる検証を受けていないからだ。出荷日付に間に合わせるために大慌てで貼り合わせて作った感じのインターフェイスがあまりにも多かった。

　アメリカ西海岸では広く知られているソフトウェアデザイナー、プログラマーのアラン・クーパー（Alan Cooper）[1]は、この課題を非常によく理解していた。1988年にクーパーは、その後Visual Basicと呼ばれることになるプログラミング言語を作った。これは、Windows用アプリケーションを作りたいと思っているソフトウェア会社に向けたオープンな市場を開拓した革新的なプログラミング言語だった[2]。1995年には、彼はペルソナという概念を発明し、彼の目標主導型設計という手法をソフトウェアチームで取り入れるための本を書いた。ペルソナは、製品のステークホルダーたちに、ユーザーフレンドリーなインターフェイスを作ろうという課題意識を与える上でもきわめて重要な役割を果たした。しかし、このようなペルソナを実現するためには、数か月かけて「エスノグラフィック（民族誌

※1　Alan Cooper：http://en.wikipedia.org/wiki/Alan_Cooper
※2　Alan Cooper『About Face』（Wiley、1995年）。邦訳は『ユーザーインターフェイスデザイン —— Windows 95時代のソフトウェアデザインを考える』（翔泳社、1996年）

3.2　バリュープロポジションとは何か　　57

学的）」調査を実施し、個々のエンドユーザーのしっかりとしたモデルを作らなければならない。

　2002年までに、ペルソナはデザイナーの道具箱にはたいてい用意されている一般的なツールになったが、その本来の目的とは無関係に使われることが多くなった。代わりにRazorfishやSapientといった大きな代理店は、クライアントへの調査業務の収益を上げるために利用していた。本来の目的とは異なるペルソナは、何のマーケティングデータとも関係のないこまごまとした固定観念をぎっしり詰め込んだお粗末な風刺画になっていた。実は、2章で触れたOprah.comのデザイン変更のために使った3つのペルソナはまさにそういうものだった。発見作業の要約文書のために作られたペルソナは、Oprahがさまざまな人種の支持者を大量に抱えていたというだけの理由で、それぞれ異なるマイノリティの人物として描かれていた。実際は、人種に関することは製品のUXとはほとんど無関係だった。アフリカ系アメリカ人のOprahファンは、はたしてヨーロッパ系のOprahファンと異なるインターフェイスや機能セットを必要とするようなことがあっただろうか。その点からすると、このペルソナは、基本的なところでUX戦略のプロセスを伝えることができていなかった。クーパーが「ペルソナはひな型であって固定観念ではない。ペルソナは正確なデザインの対象として扱われ、開発チームとのコミュニケーションの道具としても使われる。そのためデザイナーは人口統計学的な特徴を考慮するときに、細心の注意を払わなければならない」と言っている通りだ。

　2007年に『About Face 3』が出版されるまでに、クーパーは「厳密なペルソナを作れない場合：暫定ペルソナ」という新しい節を追加している[1][2]。このコンセプトは、時間、予算、会社の支援がないプロダクト製作者が詳細な質的データを集めるために必要なフィールドワークを実施するために作られたものだ。これは、デザイナーとデザイナー以外の人々が素早くものを作るための単純で協力して物事を進めるグループ作業である。実際、プロダクトデザイナーで作家でもあるジェフ・ゴーセルフ（Jeff Gothelf）も、顧客発見活動を行う前に顧客についての考え方

※1　Alan Cooper『About Face 3』（Wiley、2007年）。邦訳は『About Face 3 インタラクションデザインの極意』（アスキー・メディアワークス、2008年）
※2　監訳注：『About Face 4』が2014年にWileyから出版されている

をチーム内でまとめるために、暫定ペルソナを**リーンUX** [※1] の考えで導入している。本書でペルソナが役に立つのもここだ。暫定ペルソナは、仮説的な顧客を描写し、チーム内の考え方をまとめるためのコミュニケーションツールになる。そして、誰もが検証プロセスの出発点に立つことができる。暫定ペルソナは、「予備」ペルソナ、「低予算」ペルソナと考えることができるため、ペルソナをまったく持たないよりははるかにましである（UXの責任者を長く務めるピーター・マーホールズ（Peter Merholz）がペルソナの代替である「プロフィール」という手法について10章で紹介するので、それも参照していただきたい）。

暫定ペルソナの作成とその分析

暫定ペルソナは、主な顧客層について想定し、思い込んでいることを集めて記載する。そのため、すべての情報は仮説的な顧客に関するものになり、バリュープロポジションと関連性のあるものになる。人口統計学的な詳細やユーザーの目的などの具体的な描写は、製品にとって本質的な意味を持つのでない限り不要だ。それよりもペルソナは、あなたが顧客にとって重要だと想定していること、顧客たちの現在の課題に対する対処方法を重点的に表すものにしたい。

暫定ペルソナは、次の4つの部分から構成されている。

名前とスナップ写真／似顔絵

顧客の名前は何というのか、見かけはどんな感じなのか。特定の性別、特定の人口統計学的特徴を持つ人々を想定するなら、それにふさわしい写真を探そう。今回の場合、20代後半から30代前半の女性なので、1980年代初期に人気のあった赤ちゃんの名前を検索するとよい。似顔絵を描くのがうまいなら、自分で彼女の絵を描こう。条件に合う誰かの写真を持っているなら、それを貼り付ければいい。そういう写真がなければ、Google画像検索や写真共有サイトFlickrでちょうどよい写真を探そう。

[※1]　Gothelf Jeff、Josh Seiden『Lean UX』（O'Reilly、2013年）。邦訳は『リーンUX』（オライリー・ジャパン、2014年）

プロフィール

どんな要素が顧客の個人的な動機になっているのだろうか。説明の内容は、心理学的な、または人口統計学的な詳細を集めた固定概念ではなく、製品のアイデアに関係のある顧客の複合的なひな型でなければならない。たとえば、車に関する課題を解決しようとしているならば、顧客の車に関する趣味趣向だけを考えればよい。

行動様式

行動様式の部分には複数の答え方がある。ひとつ目は、顧客が現在、課題をどのように解決しようとしているのかだ。インターネット上の次善の方法か、現実世界の方法か、両方を混ぜ合わせたハイブリッド的な方法か。顧客は、課題解決のためにインターネットを使えるくらいの技術的知識を持っているのか。課題解決のためにソーシャルネットワークを使っているか。あるいは、あなたの課題解決の方法と関連性のある、同じようなデジタル製品を使っている顧客が一般的に示す行動があるのか。ふたつ目は、個人の個性が行動にどんな影響を与えるかだ。たとえば、プロとして成功していると、そのために課題解決がうまくなるのか。顧客は信じやすいか、懐疑的か。

ニーズとゴール

ニーズとゴールの部分は、顧客の動機となるものは何か、特定の行動を取らせる原因となるものは何かである。たとえば、現在の課題解決の方法に欠けているものは何か。顧客の現在の行動様式では満足させられないニーズ、ゴールは何か。直面している取引を破談させる要因は何か。妥協点は何か。

　暫定ペルソナは、主な顧客層の雰囲気を把握するための思考ツールとして使うだけなので、レイアウトとコンテンツは単純なまま管理したい。これから示す仮説ペルソナでは、ビタとエナは、各要素のために2マス×2マスの表を使っている。主な顧客のイメージを左上に貼り付け、ほかの3つの要素については、箇条書き

で5、6個の項目を書き込む。書き込んでみると彼らが顧客に対して持っている想定は、比較的簡単に示せることがわかるだろう。暫定ペルソナについては外部から見てわかることだけを書くようにする。

　図3-4は、ビタが最初の宿題として作ってきた「結婚式のためのAirbnb」の暫定ペルソナである。

図3-4　ビタが作った、もうじき結婚する予定のある女性の暫定ペルソナ

図3-5は、エナが作った暫定ペルソナである。

　ふたつのペルソナでもっとも印象的なのは、同じバリュープロポジションなのに、学生たちがかなり大きく異なる顧客像をイメージしていることだ。学生たちは、それぞれ主な顧客のことをかなり異なるタイプの花嫁だと想定している。ビタは、20代後半から30代前半のジェニファーという名前の職業を持つ女性だと想定している。彼女はまずまずの報酬を得ており、価値を重視する志向だ。それに対し、エナが想定した顧客は、ジェニファーよりも若い20代のステファニーだ。この若い花嫁は、安定した職業を持ち、地位も確立しているジェニファーとはまったく異なる生活をしている。その分、ふたりの花嫁の違いがくっきりしている。たとえば、若いステファニーにとって価格は大きな課題だが、彼女は出席者に素

3.2　バリュープロポジションとは何か　　61

敵な時間を過ごしてほしいと思っている。彼女はいくつかの事柄については妥協しても良いと思っており、豪華な食事や結婚式の規模の大きさにはこだわらない。しかし、ジェニファーは有能で、課題を解決する力がある。すべてを完璧にしたいという強い希望を持っている。彼女は、時間を節約しつつも高い価値が得られる方法を必要としている。

ステファニー：近く結婚する節約志向の女性（作成者：エナ）

プロフィール
- 20代半ば
- ロサンゼルスでルームメイトとともに住む
- どこかの有名ではない大学を出ている
- クリエイティブな分野のフリーランサー
- 切り詰めて生活している

行動様式
- 結婚式のさまざまなオプションをしっかり調査する時間の余裕がある
- スプレッドシートを使って会場／担当社を管理している
- インターネットをよく知っていてソーシャルメディアを活用している
- 友人にアドバイスを求める
- ブログを読んで最新トレンド、新しい節約方法、素敵な場所、買い物、レビューの情報を得ている

ニーズとゴール
- 小規模な野外の結婚式を望んでいる
- 経済的に無理をせず予算の範囲内に抑えたい
- 食事はおいしいものがよいが、豪華でなくてよい
- 比較のために意味のある情報を必要としている
- 友人や家族に素敵な時間を過ごしてほしい

図3-5 エナが作った、もうじき結婚する予定のある、女性の暫定ペルソナ

どちらのペルソナが正しいのだろうか。今の時点では、それは問題にはならない。ビタもエナもいずれにしても自分のイメージを言っているだけなので、暫定ペルソナに組み込んだ要素は思い込みの産物に過ぎない。おそらく、最終的な製品では、彼女たちは両方のペルソナのニーズに取り入れることができるだろう。しかし、それまでは、ペルソナに含まれているすべてのことは真か偽かが証明されるまでは想定、イメージ、思い込みに過ぎない。しかし、どちらの方がより「正しい」かどうかに関わらず、暫定ペルソナを作ることによって、ビタとエナの仮説的な顧客のイメージは、より鮮明になった。次に行うことは、現実に暮らしている顧客を見つけ出し、花嫁たちが実際にどう考えているのかを理解することだ。

ステップ4：ソリューションの最初のバリュープロポジションが正しいかどうかをはっきりさせるために顧客発見プロセスを実施する

顧客発見

　シリコンバレーのアントレプレナーとして古くから知られるスティーブ・ブランク（Steve Blank）は、2005年に『アントレプレナーの教科書』[※1]を出版した。ブランクの方法論は4つの段階を軸としているが、ここでは読者のUX戦略の一部として第1段階の顧客発見についてじっくりと紹介したい。

　顧客発見のプロセスは、識別可能なユーザーのグループが抱えている既知の課題をある手法が解決できるかどうかを発見、検証、確認するプロセスである。基本的にはユーザー調査を実施する。しかし、単に人々を観察し、感情移入し、判断をするようなことは避けたい。「オフィスや、教室から出て」、顧客にチェックしてもらうことが、リーンスタートアップのアプローチ（そして私たちの基本要素3）の基本だ。目標は、ユーザーが解決を必要としている個別具体的な課題を明らかにすることなのだから、人々の話に積極的に耳を傾けることが大切だ。

　耳を傾けることは、当然するべきことのように聞こえるかもしれないが、私が仕事をしたスタートアップ企業や既存企業のステークホルダーの多数は、ほとんど顧客と話をしない。実際、リーンスタートアップ以前の企業の標準的な行動は、顧客と対話せずにただ製品を構築するというものだった。映画プロデューサーのポールと同じように、ステークホルダーや製品チームは、自分が課題を抱えていたり課題と関わっていたりするなら、自分は課題を理解できていると思い込んでいる。しかし、ステークホルダーたちが顧客と対話しない本当の理由は、恐いからだと思う。製品のアイデアを持っている人は、誰にも見せない脚本をせっせと書いている映画脚本の作家のようなものだ。彼らは、**本物の顧客**がどう思うのかが恐い。誰だって、自分の赤ん坊のことを醜いとは言われたくないものだ。

　理想を言えば、顧客発見のプロセスは、製品チームからできる限り多くのメンバーが実社会に出ていく共同作業にしたいところだ。製品の展望を正確にどのよ

※1　Steve Blank『The Four Steps to the Epiphany』（K&S Ranch Press、2005年）。邦訳は『アントレプレナーの教科書』（翔泳社、2009年）

うなものか、組織的に合意形成するためにも、共同作業は役に立つ。しかし、同僚が顧客調査をしたがらないなら、自分だけでも実施しよう。上司、クライアント、その他「ノー」と言いそうな人々の許可を待たずに、隠密のうちに顧客調査を行うのである。大切なのは、実際に顧客調査を**してみる**ことだ。調査から帰ってきたら、発見したことを物語風にまとめてチームと共有する。そういう話を誰も聞きたがらないのなら、そのプロジェクトをまだ続けていくのか、現在のチームと続けるのか、現在の勤務先や契約先で続けるのかをそのときに決めればいい。しかし、そのプロジェクトの仕事を続けなければならなくなったときのために、少なくとも**外に出かけていって**、製品を改良できるような証拠を発見しておくことだ。つまりは、自分の運命は自分で決めようということだ。

　プロダクトの製作者たちが、自分のアイデアに関して極端に保守的になる理由についてはすでに少し触れた。彼らはアイデアに大量のエネルギーと愛を注ぎ込んでいる。UXデザイナーなら、その気持ちがどういうことかよくご存知だろう。ポールのようなクライアントは、自分が作りたい製品のアイデアを持ってやってくる。彼らは、自分の製品を顧客が欲しがっていると思い込んでいる。しかし、すでに述べたように、UX戦略家は、その思い込みが正しいものかどうかを知らなければならない。読者は本書で学んでいるのだから、本物の顧客が望んでいる課題解決の方法を適切に検証していない場合には特に、アイデアにあまりのめり込まないようにすべきだ。

　幸い、ビタとエナは、私がインターネットで拾ってきたバリュープロポジションに感情的にのめり込んではいない。単に、最初の想定が正しいかどうかをチェックすればよいだけだ。そして、彼女たちはまさにその通りのチェックを行った。彼女たちは、建物（オフィスや教室）から外に出て、顧客インタビューに臨んだのだ。

課題についての顧客インタビュー

　顧客発見段階のインタビューの目的は、実際の人々と話をすることだ。私の学生たちはすでにペルソナを作っているので、そのペルソナと合致する人々と話をする必要がある。

「2.4 基本要素3：検証のためのユーザー調査」のことを思い出そう。あなたは、リーンスタートアップの方法を使おうとしている。そのため、調査は意味があり効果的で速やかに終わるものでなければならない。できる限り早く、構築～計測～学習ループ（**図3-6**参照）に入りたい。このループは、アイデアを最小限の形で構築したものからスタートする。この構築物は、顧客が言っていることを計測できる何らかのデータを生み出す。それにもとづき、構築物を改良するためにはどうすればよいかというフィードバックから学ぶのだ。そして、今のようにバリュープロポジションが未完成の段階では、建物の外に出かけていって暫定ペルソナを検証することが重要なのだ。

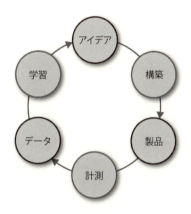

図3-6　エリック・リースの『リーンスタートアップ』に書かれている「構築～計測～学習」のフィードバックループ

　まず、自分が提案した顧客と直接会える場所を近所で2、3か所見つけておく必要がある。机の陰に隠れていては見つからない。顧客が行っている活動の種類に集中して、顧客を見つけられそうな場所を創造的に考えてみよう。現実の世界で該当する人たちを見つけられない場合には、インターネットで探す必要がある（詳しくは8章を参照）。

　ビタの場合、暫定ペルソナは中流家庭より上に属し、価値を重視する、近く結婚する女性である。ビタは、自分のペルソナに合致する人々に会えそうだと考えたロサンゼルスのショッピングモールに行くことにした。最初に行ったのは、ロ

サンゼルスの西にあるウェストサイドパビリオンだ。このモールには、赤ん坊を抱いた母親がショッピングをする幼児服のGymboreeやbabyGapなど、子供服の店が多数ある。これは、私が考えていたのとは確かに違う層である。私としては、ビタはウェディングドレスを探しに来た女性を見つけようとするだろうと思っていたのである。

　ビタは、母親になったばかりの女性たちなら、家庭を築く前にたぶん結婚式をしているだろうし、結婚式の計画の仕方についての考えを教えてくれるだろうと考えた。ここのショッピングモールに来る母親の子供たちはまだとても小さいので、結婚式を挙げたのも最近のことだろう。ビタはプロらしく適切な服を着て出かけた。彼女は質問が書かれたノートパソコンを持ち、相手となる母親には必ずにっこり微笑んで、赤ちゃんたちがベビーカーで眠っているときを見計らってタイミング的に適切なときにだけ近付いていった。彼女のシナリオは次のようなものだ。

こんにちは、ビタという者です。
私はあるインターネットスタートアップ企業のために製品アイデアの調査をしています。
ちょっとお時間をいただいて、結婚式の計画に関する質問に答えていただけますか？

　顧客インタビューは、実際には**質問票**と**インタビュー**のふたつの部分から構成されている。質問票は、調査の対象になり得る人をチェックするための質問リストである。アプローチしたすべての人が実際に顧客候補だとは限らないので、自分のペルソナに合う人かどうかを確認するためにチェック用の質問が必要になる。質問票は、最終的に仮説を検証する対象となる「コントロールグループ」を見つけ出すための質問だ。

　その時使う質問票は、不適切な人々を素早く弾き出すために役立つ質問でなければならない。参加者にとって不快ではないものの、回答次第で不適切な人を見

分けられる質問にするのである。この質問は、逆に考えるとわかりやすいかもしれない。このミニ調査に適した参加者から聞きたい答えは何だろうか。適切な人々と話していることを本当に確認するためには、質問票の質問を繰り返す過程で修正が必要になることがある。人々と話して「現実の世界で」実際に起きたことにもとづいて、その場で質問に修正を加えてターゲットを広げたり狭めたりすることはかまわない。

では、ビタに戻ろう。声をかけた女性が話してくれそうなので、ビタはすぐに質問票の質問に移った。

第1段階：質問票の質問

1. 結婚されたのはここ数年以内ですか？
   - はい（質問2に続く）
   - いいえ（インタビューを気持ちよく終わらせる）

2. 結婚式を挙げた場所は、ここロサンゼルスですか？
   - はい（インタビューする）
   - いいえ（インタビューを気持ちよく終わらせる）

ビタのペルソナから考えれば、彼女の質問票の目標は、インタビューの相手が最近ロサンゼルスで結婚式のプランを立てたかどうかを見極めることだ。結婚式で何が起きたかについて最近の記憶を持つ参加者を必要としているのである。そして、参加者は晴れ日の多い南カリフォルニアで結婚した人でなければ困る。その地域で結婚式を挙げたなら、公園、ビーチ、感じのよい庭などのアウトドアの会場を使っただろう。これは細かいことだが、「結婚式のためのAirbnb」というバリュープロポジションの可能性を検証するためにはとても重要なことだ。というのも、ビタは、海岸が見渡せる誰かの家の感じのいい裏庭などの場所があれば、このバリュープロポジションに合致しそうな人の結婚式会場に対する悩みを解決できるだろうと考えたからである。

3.2　バリュープロポジションとは何か　　67

第2段階：インタビュー

声をかけた女性が質問票のテストに合格したら、ビタは実際のインタビューに移った。

プロダクト製作者やアントレプレナーは、ここで自分のバリュープロポジションの素晴らしさを自慢気に話したがるものだ。しかし、見ず知らずの人々にアイデアをしゃべり出したら、彼らはあなたからさっさと逃げるために、うんうんとうなずくことになるだろう。これでは、あなたが必要とし、望んでいる検証にはならない。顧客発見プロセスは、話を聞くことで、売り込むことではないのだ。では、ビタがどんなインタビューをしたかを見てみよう。

---

1. **あなたはどのようにして結婚式の計画を立てましたか？**
   - 式と披露宴、両方の場所を尋ねる。
   - インターネット、口コミなど、ツールや手段を尋ねる。
2. **会場費用に予算を決めていましたか？**
   予算を決めていた場合、予算の範囲内で見つけられましたか？（見つけられなかった場合は、どれくらい超過しましたか？）
3. **披露宴には何人くらい招待しようと思っていましたか？**（たとえば、50人から200人）
4. **会場を見つけるために苦労したことは何ですか？**（たとえば、海岸沿いみたいな理想の場所を見つけるために……などと言って発言を促す）
5. **苦労したことは、どのようにして解決しましたか？ 結局妥協が必要になりましたか？**

これらの質問は、実際に私たちの課題解決に向かっていくための足場を築いているにすぎない。参加者がその足場に乗ったところで、ビタは核心を突く質問をする。

68 　3章　バリュープロポジションの検証

> 本当にどうもありがとうございます。とても素晴らしいお答えをいただきました。最後にあとふたつだけお聞かせ願えますか？

6. Airbnbというサイトのことを聞いたり、実際に使ってみたりしたことはありますか？
   - はい（質問7に続く）
   - いいえ（宿泊物件の短期的な賃貸サービスというAirbnbのバリュープロポジションを簡単に説明した上で質問7に続く）
7. 結婚式専用で借りられる、ロサンゼルスにある広い庭付きの豪邸を見てまわれるAirbnbのようなウェブサイトがあったら、あなたはどう思われますか？

　この一番大事な質問で、インタビューを終える。ここで仮説的なバリュープロポジションを実際に提出してみたわけだ。繰り返しになるが、あなたの目的は聞くことで、売り込むことではない。ビタの質問がYES／NOで応えるだけではないことに注目していただきたい。課題解決の方法を決めて、参加者が好きか嫌いかのどちらかに偏らないように注意しつつ、どんな反応が返ってくるかを見ている。核心を突く質問をするときには、相手の返答の本質をつかみ、必要なら関連する質問を補おう。それで終わりだ。相手にしっかりとお礼を言って、日常の生活に戻ってもらおう。質問票から核心の質問まで完全に揃ったインタビュー項目を10個集められるよう努力するといい。

二面的な市場

　ここで主要な顧客は誰かということについて真剣に現実をチェックしておこう。本書は、21世紀の一般消費者向けデジタル製品を対象としているので、顧

客になりそうなあらゆる人々について考えておく必要がある。彼らは実際に使用料を払う顧客の場合もあるし、無料で製品を使う顧客の場合もある。すでにお気付きのように、私は「ユーザー」と「顧客」を同じ意味で使っている。なぜなら、FacebookやYouTubeのように、製品に使用料を払わないユーザーでも、顧客であることに違いはないからだ。FacebookやYouTubeは、料金を支払う顧客（広告主）に製品に関わりたいと思ってもらうために、こういった無料の顧客から支持を集める必要がある。そのため、実際にUXの検証が必要な顧客層はひとつだけになる。いくつか例を示そう。

- Netflixのような動画配信サイトは、映画を見る人を必要とする。
- New York Timesなどのオンライン新聞は、ニュースの読者を必要とする。
- Citibankなどの銀行サイトは、銀行口座を持つ顧客を必要とする。

しかし、製品が価値を持つためには、**2種類**のユーザー種別が必要な場合はどうだろうか。二面的な市場は、インターネットを広めた要因でもある。この種の製品は、ふたつの異なるユーザーエクスペリエンスを必要とするので（個々の顧客層ごとにひとつずつ）、UX戦略にきわめて大きな影響を及ぼす。eBayには、買い手と売り手がいる。Airbnbには、ホストとゲストがいる。Eventbriteには、イベント主催者とイベント参加者がいる。これらのデジタル製品は、それぞれの機能群を通じてふたつの顧客層に異常なほどうまく価値を提供している。そして、結婚式のAirbnbでも同じように考える必要がある。

本物のAirbnbは、一方の顧客たち（ホスト）がもう一方のタイプの顧客たち（ゲスト）に宿泊先の物件を賃貸する仲介のためのデジタルプラットフォームだ。仲介に成功すると、Airbnbは両者から取引の数％を手数料として受け取る。ビタとエナのバリュープロポジションは、Airbnbのシェアリングエコノミー（共有型経済）にもとづく革新的なビジネスモデルを参考にしている。花嫁たちが手頃な結婚式場を見つけるという課題を解決するには、彼女たちを市場のもう片方の顧客とマッチングさせなければならない。つまり、自宅を結婚式のために貸し出す人々だ。

エナは、顧客発見プロセスの過程でこのことに気付いた。そこで、彼女は一歩

引いてもう一方の顧客層の、暫定ペルソナを作った。**図3-7**はそれを示している。

ジョンとスーザン：結婚式場として自宅を開放する準備のある人々（作成者：エナ）

プロフィール
- 40代後半と50代前半の夫婦
- ロサンゼルスの高級住宅街に住む
- 高等教育を受けている
- 家庭全体で1,000万〜2,000万円代の給与をもらっている
- 大学生の子どもがいる

行動様式
- インターネットの使い方を知っている
- Airbnbを使って世界旅行に出かけたことがある
- AirbnbやHomeAwayに自宅を登録したことがある
- 立派な自宅をシェアし、そのことを喜んでもらうことが好きだ
- 柔軟性があり、ためらわずに新しいものを試してみる

ニーズとゴール
- 収入を補う方法をさらに必要としている
- 自宅を賃貸するために、信頼できるサービスを必要としている
- 広々とした自宅を納得のいく用途のために活用したい
- ゲストが信頼できる人々だということを確かめる必要がある
- 賃貸の手間自体が簡単でなければならない

図3-7　エナが作った、結婚式場提供者の暫定ペルソナ

　彼女のバリュープロポジションが機能するためには、こういった顧客層も存在しなければならない。リゾート地のマリブに素敵な家を持っていて、その自宅を活用するという革新的な方法を躊躇なく試す気のあるジョンやスーザンのような人々が必要だ。エナがペルソナを通じて想定するのは、ホストはおそらく花嫁になる女性よりも年上で、自宅を貸したらめちゃめちゃにならないかと、とても気にしている。

　私はエナにこの暫定ペルソナをどのようにして検証するつもりかを尋ねてみた。このタイプの人々をどこで見つけてくるのか。海岸線の豪邸の大きなドアをノックするつもりか。それでは気が遠くなる話だ。マリブの高級日用品店で買い物をしている人々に、自宅を貸すつもりはないかと尋ねてみるのか。私が気になったのは、彼女が簡単に検証できないペルソナを探し求めるはめになることだ。そこで、彼女にはもう少し顧客発見のための活動をするようにと言って送り出した。

　次の週、エナは**図3-8**のような素晴らしい検証結果を持ってきた。まもなく花嫁になるふりをして、本物のAirbnbで本物のホストに接触したのである。彼女は、

結婚式のために自宅を貸し出すつもりがあるか尋ねた。いくらぐらいの料金になるかまで尋ねてみた。すると、すでにこういった交渉を行っている人々がいることがわかった。

こんにちは、エナさん。
お問い合わせありがとう。私たちは、あなたとあなたの招待客に喜んで自宅をお貸ししますよ。基本料金はひと晩 1,500 ドルで（泊まれる客は6人まで）、出席者ひとりにつき 40 ドル頂きます。たとえば、50人出席するなら、追加料金は 2,000 ドルです。それに清掃料金として 500 ドルです。
あなたはカリフォルニア出身でたぶんマリブのことはよくご存知だと思いますが、念のためにお知らせしておくと、私たちの家はプライベートビーチのラコスタビーチ沿いにあります。プライベートビーチなので一般客はいません。結婚式の会場としては、うってつけだと思います。お返事をお待ちしています。
ケイトより

図3-8 エナが自宅を結婚式に貸し出してほしいと問い合わせたところ、前向きな返答をしてきた Airbnb のホストの例

Airbnb のホストたちは、すでに Airbnb のシステムを超えた使い方をしていた。彼らは Airbnb のビジネスモデルや UX とはまったく別に結婚式用のパッケージ料金を用意していた。そして、エナに来た返事を見ると、ホストたちが結婚式の問い合わせに慣れていることがよくわかる。では、この情報はエナのバリュープロポジションにどんな影響を与えたのだろうか。早速見てみよう。

ステップ5：学んだことにもとづいてバリュープロポジションを評価し直す（そして製品が市場に適合するまで作業を繰り返す）

今までのことからおわかりいただけるように、検証のためのユーザー調査は、かならずしも実施するために時間やコストがかかるものではない。ビタの場合、かかったコストは、想定が正しいかどうかを検証するために土曜日を丸1日潰しただけだ。彼女は、調査の結果を**図3-9**のようにまとめてきた。

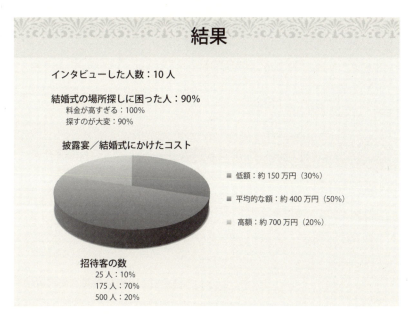

図3-9　ビタの顧客発見プロセスのまとめ

　確かに、彼女が調査したのは、質問票のふるいを通過した10人だけだが、そのうち9人が結婚式の手頃な場所を見つけるためにとても苦労したと言っている。バリュープロポジションの仮説的な課題は、明らかに現実的なものだった。さらに、彼女はそれらの人々が結婚式に使った金額と招待した人数も知ることができた。この新たに得た知識により、彼女のバリュープロポジションに対する考え方は影響を受けた。会場の規模の条件は、最初に想定していたよりも実際には重要なのである。その影響で、ロサンゼルスに彼女のペルソナのニーズに合った広さの家があるのか疑問に感じるようになった。そうしてバリュープロポジションの現実性をチェックできたのである。

　対照的に、エナの顧客発見プロセスからは、「結婚式のためのAirbnb」を提供する課題解決の方法がすでに存在することがわかった。それは、Airbnbそのものである。さらに、Airbnbの設計は、ホストや花嫁になろうとしている人々の目的、課題、視点に対応できていないこともわかった。たとえば、現在はAirbnbでプライベートパーティができる家を探すことはできない。1回にひとつずつの家を調

べ、エナのように個人的にオーナーと連絡を取らなければならない。しかし、人々（家を貸すホストも花嫁になる人々も）は、現在は応急的な課題解決の方法としてAirbnbを使っている。それは、もっと良い方法がほかにないからだ。あなたの「価値の革新」の創造性が流れを生み出し始めるのは、このような証拠にぶつかったときだ。

　フィードバックが得られたので、次の3つの案のどれかを選ばなければならない。あなたとチームは、ビタやエナと同じように何らかの判断を下す必要がある。

- 顧客についての仮説を確認できなかった。そのため、本当の顧客と思われる人々の対象を変えてみる必要がある。ステップ1に戻る。
- 顧客が経験している残念な課題を確認できなかった。そのため、課題を考え直す必要がある。ステップ2に戻る。
- 顧客と課題についての仮説は両方とも確認でき、自分の考えた課題解決方法のバリュープロポジションに良い感触が得られている。4章に進む。

3.3　まとめ

　本章の冒頭では、Waze、Airbnb、Snapchatなど、急成長した企業の偉大なバリュープロポジションについて紹介した。それらのバリュープロポジションのなかには、製品が十分な牽引力を持つまでに、創設者たちが考えた最初のバリュープロポジションからは大きく異なるものもある。製品のバリュープロポジションは、顧客のニーズの理解とともに変化する。飽きるほど引用されているが、それでもあえてピーター・ドラッガーを引用するなら、「戦略を立てるには、自分たちの仕事は何か、それがどうあるべきかを知っていなければならない」[1]。

　暫定ペルソナなどの古くからのユーザー調査ツールと顧客発見テクニックを混ぜ合わせることにより、製品が軌道に乗っているかどうかを費用をかけずに判定できるようになった。ユーザーが怖かったとしても、調査に慣れていなくても、

---

[1]　Peter Drucker『Management：Tasks, Responsibilities, Practices』（HarperBusiness、1973年）。邦訳は『マネジメント1 —— 務め・責任・実践』（日経BP社、2008年）

74　3章　バリュープロポジションの検証

要件仕様書にがんじがらめになっていても、迫りくる締め切りと戦っていても、ビジョンが書かれた2行の文を見つめているだけでも、製品開発過程の出発点に立ったときには、必ずユーザーと接触すべきだ。どんな場合でも、「'U'（君）と'ME'（私）から'ASS'（バカ）を作る」よりも、ユーザーと接触する方がずっと良いのだ。

4章
競合調査

君は正しかった
俺は間違った方に行ったよ
俺たちは谷底にいたといっても小さな谷だ
今はとても深い谷の底にいる
ほら例のあそこだよ

── ソニック・ユース（パンクバンド）、1984

何かに触れようとしているという確かな指針が得られたので、「なぜまだこの課題解決の方法を実現するサービスが作られていないのか」を考える必要がある。あらゆることがすでにやりつくされたとは言いにくいが、**ほとんどすべてのことは試みられている**。何しろもう20年以上も、企業や個人がインターネットで供給され消費される製品をデザインし続けているのだ。競争優位を見極めるためには、実際に成功したものと失敗したものを知っていることがきわめて重要になる。そこで、本章と次章では、基本要素1のビジネス戦略（**図4-1**）を深く掘り下げていく。

図4-1　基本要素1：ビジネス戦略

4.1　教訓を手痛い形で学ぶ

しっかりとした市場調査を実施することは、たまねぎの皮を剥いていくのとよく似ている。剥けば剥くほどわかることが増える。そして、自分の製品が実際にはユニークなものではないことがわかって涙がこぼれることもあるかもしれない。しかし、すぐにでも競争相手を打ち負かすために必要なことを知りたくないだろうか？　自分が知らないことを知らないままでいれば、手痛い形でそれを学ばされるリスクにさらされる。

たとえば、私の愛する父のことを取り上げてみよう。彼は、38歳だった1976年に勇気を奮って正社員の仕事を辞めた。カリフォルニアでは人気のあるレストランチェーンでその地域のマネジメント担当の管理者になっていた。彼は、会計学の学位を取ってカリフォルニア大学ロサンゼルス校を卒業して以来、他人のた

めに働いてきたが、どうしてもアントレプレナー（起業家）になりたいと思っていた。仲のよい友人は、ロサンゼルス近辺でホットドッグスタンドを数店舗開いてうまくやっていた。そこで父は、今まで築いてきた経営管理の経験を活かせば自分も成功できるのではないかという自信を持っていた。

　彼はすぐに北ハリウッドの洗車場の隣に、売りに出ているホットドッグスタンドがあるのを見つけた。営業の様子を少し観察したところ、人々が洗車待ちをしている間もほとんどホットドッグスタンドに入ってないことに気付いた。店は荒れており、店主は客に関心がないように見えた。私の父は、スタンドを生まれ変わらせて利益の出るビジネスができると考え、すぐにそのホットドッグスタンドを買ったのだ。

　図4-2は、父が店全体を塗り替え、メニューも新しくし、ホットドッグスタンドが「新店舗」になったという大きな看板を掲げたときの様子を示している。

図4-2　自身のホットドッグスタンドの前に立つ、アラン・レヴィのポラロイド写真（1978年）

　しかし、開店日に売れたホットドッグは10個にも満たなかった。さらに悪いことに、カウンタ全体にゴキブリが潜んでおり、お客さんが立ち上がって店からいなくなるたびにゴキブリを潰そうと躍起になっていた。弟と私（当時10歳と12歳）は、週末になるとホットドッグスタンドでぶらぶらしていたが、父の新しい仕事がうまくいっていないことは私たちにもわかった。結局、父はどんなに頑張って

も事態を好転させることはできないと悟った。父の経営管理の専門的能力は、日々のビジネスを動かすために必要な精神的なスタミナと身体的な強さには役立たなかった。そこで、父は店を競売に出すことにした。

ある朝、父の「ホットドッグスタンド売ります」の広告に反応する人が出てきた。彼は正午頃にホットドッグスタンドに現れ、自己紹介をした。彼はホットドッグを買い、テーブルについて、ランチタイムの様子を観察した。最初の1時間に、近所の老人ホームに住むという老婦人がやってきて、ホットドッグを買った。一口食べると、彼女は返金を要求した。彼女は、「味が変よ」と言った。

男性は翌日もやってきて、もう1度ランチタイムの様子を観察した。父は、彼が帰る前に、どう思ったかを尋ねた。

男性は、ひどい東ヨーロッパなまりのアクセントで答えた。「正直に言うと、最悪だな」

父は、その感想に何日も落ち込んでしまった。父は自分の運命を受け入れ、かなり損な価格でホットドッグスタンドを売った。これは、私たち家族にとっても本当に厳しい経験だった。しかし、この経験によって父（と子どもである私たち）は大きな教訓を学んだ。

ここで学んだこと

- 新しいビジネスを始めるときには、その前にビジネスの仕組みについてできる限りのことを学んでおくこと。熱狂するあまり、論理的思考をおろそかにしてはならない。
- 競合を調査すること。正しいのはどこで、間違っているのはどこか。顧客があなたのところに来るべき理由は何か。
- どうすれば軌道に乗せられるかが、どうしても思い付かなければ負けを認めよう。失敗することは問題ではない。しかし、前に進もう。でなければ方向転換だ。

4.2 競合分析表の使い方

あなたとチームは、自分たちの製品が新しい市場を作っているのだと思っているかもしれないが、どうすればそれを確かめることができるだろうか。実はあなたは既存の市場に参入しようとしているのかもしれない。そこで、あなたのターゲットとなる顧客が抱えるニーズに対して、現在のデジタルソリューション全体がどのように応えているのかを研究しておきたいところだ。

競争力を持つためには、何が世に出ていて何が成功し、何が成功していないかを知っておく必要がある。市場調査を通じて競合の状況を知ることがビジネス戦略のきわめて重要な要素になっているのはそのためだ。競合の、良いUXと悪いUXを直接知るようにしよう。徹底的に調査すれば、メンタルモデルについて現在の最新の状況や古びてきた兆候について貴重な発見が得られることがある。また競合の、その優れたデザインの実践方法、製品を使ってくれそうな顧客層の種別についてチームが学ぶためにも役立つ。しかし、点を結んで線を引くためには、まず点を集める必要がある。

私の経験では、包括的な競合分析をもっとも効率よく進めるには、すべてのデータを表にまとめるとよい。これは相互比較を進めるために、当然利用する方法だ。表を使うと、調査のためにあちこちのサイトを見ながら方法論的にデータを集め、情報を見落とさないようにすることができる。表を使うと、比較しなければならないすべてのことを忘れずに管理しやすくなる。表が完成したときには、膨大な定量的、定性的データや多くの視点にもとづく適切な解釈によって自分の立ち位置を合理的に説明できるようになる。

私は、多くの人々（チームメンバーやステークホルダー）が簡単にアクセスできる無料のクラウドツールの方がよいと思っているので、Excelではなく Google スプレッドシートを使っている。全員が常に最新の調査にアクセスできることが重要だ。重要な会議のときに資料を忘れてぼんやりしている人間を出さないようにするために、私はこの方法を使っている。

図4-3は、競合調査専用に Google スプレッドシートを使って作った表の例である。多忙な男性のためのショッピングサイトに関連して実施した調査を使い、説明とサンプルデータを示そう（序章で触れたように、本書にはUX戦略ツールキッ

競合	ウェブサイトまたはアプリのURL	ユーザー名とパスワード	サイトの目的	設立年
直接的競合				
Trunk Club	http://www.trunkclub.com/	ユーザー名：jim@castersblues.com パスワード：Learning000	専用の仮想個人スタイリストがメンズアパレルを買って送ってくる。Trunk Clubは、ショッピングを一切せずにすばらしいデザイナー製品を見つけるために役に立つ。独占契約のデザイナーによる衣装一式を直接選ぶこともできる。どちらも配送料は無料。	2009年
Bombfell	http://www.bombfell.com/	ユーザー名：jim@castersblues.com パスワード：Learning000	月極契約で衣装を送ってくる。スタイリストがユーザーのために選んだ衣装を入手できるので、男らしい活動のために時間を使える。	2012年
JackThreads	http://www.jackthreads.com/	ユーザー名：jim@castersblues.com パスワード：Learning000	オンラインフラッシュセールスのショッピングコミュニティで、最先端の都会派ファッションブランドのアパレル、靴、アクセサリを販売している。	2008年

図4-3　競合調査表の例

トが含まれている。このツールキットは、読者がご自身のチームで自由に使っていただいてかまわない。また、競合分析表の詳細は、次の表を参照していただきたい)。

最終的な目標は、競争優位を生み出す課題解決の方法を考え出すことだ。このツールを手始めに市場調査を行うと、競合が提供するユーザー体験の隙間や不一致に注意しながら関係者全員が市場の全体像を見渡すように仕向けられる。あらゆる細部に落とし穴が潜むというが、そのような細部にこそ基本要素2の価値の革新を生み出す余地がある(この点についての詳細は6章を参照)。

情報の記入がしっかりとした調査なら、しっかりとした分析結果が出力になり得る。これは当然のことのように感じられるが、市場をざっと見渡しただけで、急いで意思決定を下してしまう企業が多いことには驚かされる。私たちは、UX戦略家として、市場調査の結果をフィルタリングして一口サイズの行動に結びつく結論にまとめ、全員が聡明で分析的な判断を下せるようにしなければならない。この部分はこのあとゆっくり説明しよう。この冒険を最後までやり遂げれば、哲学者フランシス・ベーコンが言ったように「知識は力なり」だと納得するだろう。

4.3 競合の意味を理解する

競合を分析するための市場調査の基礎から話を始めよう。まず、市場の境界について一致した見解を作ろう。人差し指で空中に大きな円を描く。次に定期的、あるいは恒常的にインターネットにアクセスする人々がその円のなかに含まれているところを想像する。円の外側にいるのはそれ以外の人々だ。外の人々を除外し、円のなかの人々のことだけを考えよう。

デジタル製品の製作者にとって、サービスを提供したり支配したりする市場はインターネットだ。インターネットは市場であるばかりでなく、流通網でもある。あなたとチームは、ほかのどのメディアにも増して、このデジタルハイウェイのために製品を作り、インターネットに作った製品を届け、インターネットを操って、より多くのユーザーを獲得する。テレビやラジオなどの既存メディアよりもインターネットの方がはるかに強力なのはそのためだ。

この市場がもうひとつ特殊な点は、既存の顧客と将来の顧客がすべて含まれて

いることである。既存顧客は、サービスのために料金を支払っていてもいなくても対象となる。製品をデジタルデバイスで操作し、使いこなせるなら、年齢層は限定しない。あなたの製品と似ている製品、似て非なる製品までも含めて、このインターネットの世界で製品を提供している会社は、すべての会社があなたの競合である。それらの企業は、20億人以上の人々からなる市場におけるあなたのシェアをかすめ取っていく可能性があるのだ。

　しかしその一方、20億人以上の人々が、すべてあなたの顧客になるわけではない（もしそう思うなら、今すぐ3章を読み直していただきたい）。最初からすべての人が顧客ではないことを理解していれば、競合を絞りやすくなる。

4.3.1　競合のタイプ

　競合とは、実はあなたと同じ目標を持っており、あなたの製品チームが望んでいるのと同じ結果を求めて戦っている個人、チーム、会社である。新しい市場を作ろうとしている場合には、本物の意味での「直接的競合」は、いないかもしれない。もしくは、あなたの製品が作ろうとしている市場がすでに存在しているが、あなたはまだそれを知らない場合もあり得る。

　直接的競合は、現在または未来の顧客にあなたと同じ、または非常に近いバリュープロポジションを提供している企業だ。そのため、あなたが求めている顧客は、現に存在しており、自分の問題を解決するために、あなたの製品ではなく直接的競合の製品を使ってインターネット上で時間と費用を費やしているということになる。

　3章で紹介した映画プロデューサーのポールのために行った調査では、直接的競合のなかでもっとも大きなものは、Trunk Club[1]というサイトだった（**図4-4**参照）。

※1　Trunk Club：http://www.trunkclub.com/

84　4章　競合調査

図4-4　直接的競合のウェブサイト：Trunk Club

　Trunk Clubは映画プロデューサーのポールが考える仮説的ユーザーが抱える問題にしっかり対処しており、ポールがターゲットとしている顧客層にとっては非常に優れたソリューションだ。たとえば、多忙な男性は、煩わしい営業の人々を相手にしたくないと考えている。そのような多忙な男性がVIPな響きのする「クラブ」に登録したら、自宅のプライベートな空間で試せる高級な衣装が送られてくる。これは、ポールが2章で上げたすべての要点にヒットしているように感じられる。Trunk Clubが直接的競合だというのはそのためだ。

　間接的競合は、異なる顧客層に対してよく似たバリュープロポジションを提供する。あるいは、まったく同じ顧客層をターゲットとしてまったく同じとは言えないバリュープロポジションを提供する。たとえば、間接的競合の主要サービスはあなたのバリュープロポジションとは異なるかもしれないが、副次的なサービスはまったく同じという場合もある。あるいは、顧客層が、私たちのまもなくリリースする素晴らしい製品となるはずのサービスと同じ課題を解決するために、間接的競合のインターフェイスのいち部分を使っている場合も含まれる。

　多忙な男性のショッピングサイトについて私が調査したところでは、オンライ

ンショッピングサイトのGilt[※1]（**図4-5**参照）が間接的競合だということがわかった。

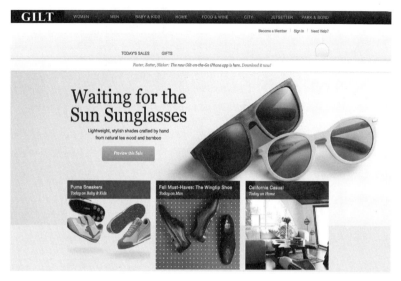

図4-5 間接的競合のウェブサイト：Gilt

　Giltが間接的競合だというのは、多忙な男性という顧客層の問題を部分的に解決しているからだ。Giltを使っている多忙な男性は、煩わしい営業を避けられる。しかし、Giltが用いているビジネスモデルは時間限定セールという手法だ。これは、ひとつひとつの製品が、ちょうど24時間などごく短期間だけ売りに出されるものである。そのため、Giltはターゲットとする顧客層に対して非常に大きな割引価格を提供することができる。しかし、ポールが意図している顧客層は、柔軟性や時間を犠牲にしてまでそのようなものがほしいとは思わない人々だ。時間制限があり、厳選された商品が紹介されるが、ポールが考えている顧客が個性的なワードローブの夢を実現することはない。そのため、多忙な男性たちは、Giltによってファッションへの欲求という大きな課題の一部を解決できるが、それは多忙な男性の理想的な課題解決の方法というわけではない。

※1　Gilt：http://www.gilt.com/

しかし、競合が直接的なものであれ間接的なものであれ、インターネットは競争の激しい市場である。たとえどんな競合でも、あなたの製品の成功に影響を及ぼすため、必ずすべての競合のことを考慮すべきだ。実際には、人々はプロダクト製作者が予想しなかったような方法で製品、または製品を組み合わせて利用することがよくある（エナが「結婚式のためのAirbnb」というニーズを調査した時にすでに結婚式場として貸すためにAirbnbを使い慣れたホストがいたことを思い出そう）。あらゆることを調査すべきだ。あなたとチームが市場内の競合に対して優位を持つためにはあらゆる調査が必要なのである。

4.3.2　競合を見つけて競合一覧を書くための方法

直接的、間接的競合が誰なのかを知るための方法はいくつもある。実際、あなたは競合分析のためにパソコンに向かう前に、競合について学び始めることが多い。顧客発見などの調査を行うと、ユーザーは自分が使っている製品の名前を簡単に教えてくれることがある。ステークホルダーへのインタビューでは、クライアント、投資家、その他の製品の利用者は、自分たちが一目置き、真似したいと思っている製品の名前をぽろっと口にするだろう。でなければ、あなたのチームが提案しようとしている製品とよく似た製品で、耳にしたことがあるものを取り上げるかもしれない。競合の名前をどこかに書き留めて、覚えておくことが大切なのはそのためだ。メール、ワープロ、メモアプリなどのどこかに一覧を作っておこう。表計算ツールのどこかに名前を書き留めておくのでもよい。近いうちに必要になるので、どこかにいつでも書き込める一覧を作っておくことだ。

もちろん、インターネットで現在の市場を観察しているうちに、いくつかの製品を見つけることもある。効果的な市場調査を行うためのウェブ調査ツールは数百種もある。当然ながら、一般的な調査のためにもっとも広く使われている検索エンジンはGoogleだ。高度な検索フィルタは非常に強力なツールでもある。しかし、結果結果を比較するために、MicrosoftのBingを検索エンジンとするYahoo!を使ってもかまわない。準備が整ったところで、多忙な男性のためのショッピングサイトについての競合一覧の作り方を説明し、この方法をもっと深く掘り下げよう。

競合の検索

まず、直接の競合、つまりあなたのバリュープロポジションと真正面から競合する直接的競合を探そう。映画プロデューサーのポールの描いた目標は、多忙で裕福で高級品を買いたいと思う男性のためのプラットフォームだった。そのため、多忙な男性がそのような商品を検索するために使うキーワードを突き止める必要がある。このシナリオでは、リバースエンジニアリング[※1]が役に立つ。つまり、ポールの考える顧客が商品を検索するときにどうするかを考える。考えられる例は、たとえば次のようなものだ。

- メンズ　eコマースサイト
- メンズ　ショッピングサイト
- トップブランド
- ワードローブ　オンライン
- パーソナルスタイリスト

理想を言えば、結果を見るときにできる限り速く正確に情報を読み取りたいと考えている。ネット検索の専門家とアマチュアの違いは、製品が基準に合うものかどうかをいかに素速く判断できるかだ。優れた検索結果は、競合かもしれないウェブサイトが載っているページ以上の情報を引き出せることが多い。ブログなどのニッチメディアに導かれ、専門家による競合の「トップ10」、「ベスト10」記事が見つかるようなこともある。これらのメディアは、競合を見つけるための優れた出発点でもある。スタートアップ企業に関する最大の情報源であるCrunchbaseを使う方法もある。Google AdWordsのキーワードプランナーの「キーワード候補」ボタン（**図4-6**参照）のような高度な検索ツールを使うこともできる。このボタンをクリックすると、**図4-7**のようなウィンドウが開かれる。競合かもしれない会社のランディングページをクリックしてみるのもよい。その会社の「〜について」ページを読み、製品をざっと眺めよう。何らかの形で、あなたのバリュープロポ

※1　リバースエンジニアリング：元あるものを逆に解析してどのような仕組みでどう作られているのか知ろうとすること

ジションと一致するところがあるだろうか。あったなら、その会社を競合として一覧に追加しよう。なければ、急いで「Back」ボタンをクリックする。そうして、競合の洗い出しを繰り返せるのだ。

図4-6 Google Adwordsの「キーワード候補」機能。「More like this」ボタンをクリックすると、**図4-7**に示すような結果が表示される

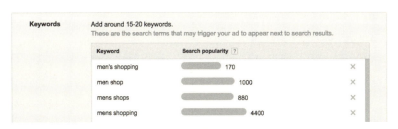

図4-7 「キーワード候補」機能を使うと、もっともよく使われる関連キーワードが表示される

競合を2、3社検討してみただけでは、業界について大した情報は得られない。本当のブルーオーシャンを見つけ出し、市場にほんのひと握りの競合しかいないという場合を除き、直接的競合の上位5社を突き止め、少なくとも3社の間接的競合を見つけておきたい。それが無理なら地位を確立した老舗の競合と、最近参入した新興の競合に一覧を分けるとよいだろう。新興の製品が、地位を確立した競合による効率の良い方法よりも、私たちの製品がどれくらい革新的かを俯瞰的に見られるようにする。

すぐに使えるヒント

● 引用符を使ってキーワードの並び順を並べ替えて検索してみよう。
● 面倒がってはならない。機械的にすべてのリンクを見て、情報の見落としがないようにしよう。
● 検索結果の最初のページを見ただけで済ませてはならない。少なくとも5ページ（上位50件）を見て、どんなお宝が眠っているかを確かめよう。

4.3.3　表へのデータ記入

　直接的競合、間接的競合の表を作ったので、他のデータを集め始めることができる。今すぐコンピュータに触れる読者は、UX戦略ツールキットにアクセスし、競合分析表を開こう[1]。**図4-8**に示すように、読者が使える空のテンプレートも用意してある。まず、縦軸のもっとも左の列に競合一覧を入力しよう。

競合	ウェブサイト またはアプリのURL	ユーザー名とパスワード	サイトの目的	設立年
直接的競合				
競合する会社名 1				
競合する会社名 2				
競合する会社名 3				
競合する会社名 4				
間接的競合				
間接的に競合する会社名 1				
間接的に競合する会社名 2				
間接的に競合する会社名 3				
間接的に競合する会社名 4				

図4-8　競合分析表のテンプレート

　直接的競合は、間接的競合とは分けておく。次に、**図4-9**に示すように、ウェブサイトかアプリのURLを書き込む（たとえば、Google PlayやAppleのApp Storeなど）。URLを書き込む理由はチームとあなたの参照用で、簡単にデータをダブルチェックし、詳細を確認できるようにするためだ。この一覧は最終的には再編集が必要になる。その作業の方法は、調査結果を集め、分析できる状態になってから5章で説明する。それまでは、調査結果を正しく記録することに専念しよう。

---

[1]　UX戦略ツールキットへのアクセスは、P.xiiを参照

競合	ウェブサイト またはアプリのURL
直接的競合	
Trunk Club	http://www.trunkclub.com/
Bombfell	http://www.bombfell.com/
JackThreads	http://www.jackthreads.com/
間接的競合	
Fab	http://fab.com/
Gilt	http://www.gilt.com

図4-9 縦軸に沿って競合の一覧を記入する

　それではいったんここで深呼吸をしよう。ここからは調査を行って結果を記録する、疲れる仕事に飛び込まなければならない。できる限り素早く漏れなくデータを把握できるように、気持ちを整えよう。そして、壁を作らず自由な気持ちを保つようにしなければならない。持つべき視点は、製品が本当に競合かどうかの判断だけだ。

　けれども、調査には時間がかかることがある。不思議の国のアリスに出てくるウサギの穴に入るときには、息つぎを忘れないことだ。初めて作業するときは、1時間以内に各行のできる限り多くの項目を埋めるようにする。その時、30分にタイマーをセットし、中間点でいちど作業を止めて現実に戻ってくるようにしよう。重要なことだけに絞り込むことが大切だ。ここでは「小は大を兼ねる」。調査結果は、簡潔でありながら要点を的確に示すように記録しよう。あなたやチームの誰かがスプレッドシートを読み返さなければならなくなったときに、関係のない余分な情報を読まずに済ませられるようにするのだ。

　公開されているサンプルを見たら、行が各競合を表すのに対し、列はそれらの競合の属性を表していることがわかるだろう（**図4-10**参照）。一番右の列は分析のための欄であり、今は無視していい。この列の使い方については、調査結果をすべて集めたあと、5章で説明する。

4.3　競合の意味を理解する　　91

競合	ウェブサイト またはアプリストアのURL	ユーザー名とパスワード	サイトの目的	設立年	資金調達ラウンド
収益ストリーム	月次トラフィック	SKU／リスト数（推計）	主要カテゴリ	ソーシャルネット ワーク	コンテンツの種類
ソーシャルネット ワーク	コンテンツの種類	パーソナライゼーション	コミュニティ／UGC機能		競争優位
ヒューリスティック評価	顧客のレビュー	一般的なメモ	チームまたは自分に対する 質問／メモ		分析

図4-10 属性は横に（横軸）広がっている。

　市場の範囲やUXの属性にもとづいて個々の競合を評価し、各行を埋めていく。この後の節では、各列で記録しなければならない属性を説明していこう。すべてのデジタル製品に、すべての属性が存在するわけでもなく、すべての属性に重要な意味があるわけではない。製品と無関係な属性は、省略するか削除しよう。逆に、このスプレッドシートには含まれていないが、検討する必要のある属性もあるかもしれない。新しい列を追加したり不要な列を置き換えたりは自由にしていただいていい。大切なのは、UXの長所、短所を明確に評価することだ。

ウェブサイトまたはアプリのURL

　ここには、顧客が製品にアクセスするために使う主要なURLを書き込む。パソコン専用サービスの場合には、**図4-11**に示すように、ここにはウェブサイトのアドレス（URL）を記入する。マルチプラットフォーム製品の場合、ウェブサイトのURL、アプリサイトのプレビューページへのリンクなどを入れる。記入する情報は、それぞれのチームメンバーがどのデバイスを使っているかに関わらず、チームで平易に参照できるようにしておきたい。アプリをダウンロードしなければどんな感じなのかがわからないということでは困る。次に示すのは、iPhone版、Android版のWazeアプリへのリンクである。

iPhone

> https://itunes.apple.com/jp/app/waze-social-gps-traffic/id323229106?mt=8

Android

> https://play.google.com/store/apps/details?id=com.waze&hl=jp

中心となる製品が基本的にモバイルアプリで、ウェブ版はマーケティングや

サポートだけのためだけに使われている場合（たとえばTinderのウェブサイト http://www.gotinder.com がそうだ）、モバイルアプリの情報が記載されていれば充分で、両方のプラットフォームを記入することにこだわる必要はない。

図4-11　ウェブサイトもしくはアプリのURL欄の記入例

競合のウェブサイトとモバイルアプリの両方が製品のユーザー体験にとって重要な意味を持つと考える場合、特にそれらのユーザー体験や機能一覧がまったく異なる場合（たとえば、Airbnbのデスクトップ版と、手軽に使うためのモバイル版）には、そのふたつを競合一覧の別の行に分割することをおすすめする。そうすれば、両プラットフォームを別々に評価することができる。

ユーザー名とパスワード

競合を打ち負かすためには、彼らが何をしているのかを正確に知る必要がある。単に見ただけでは分からないことを知っておきたい。多くの場合、自分自身がユーザーになって競合の使い心地やセールスファネル[※1]を通じて学ぶ以外の方法はない。つまり、アカウントを作ったりアプリをダウンロードしたりするのである。図4-12は、この情報を管理する項目を示している。

図4-12　ユーザー名とパスワード欄の記入例

※1　セールスファネル：営業活動の各段階を漏斗（ファネル）に例えたもの。興味・理解・納得・判断・購入の段階に次々と先が絞られていく様子を示す

アクセスのための情報を記録しておくと、あなたとチームの時間が節約できるという利点がある。いちいちアカウントを作ってそれらしいプロフィールを登録する必要がなくなる。これは、二面的な市場（たとえば、買い手と売り手）を調査するときには特に役に立つ。しかし、これらのアカウントを新しく作るときには、愚かなことをしてはならない。ユーザー名、パスワード、個人情報の選択には細心の注意を払う必要がある。

プロならではのコツをいくつか挙げておこう。

- 調査するすべての製品で同じユーザー名、パスワードを使うようにしよう。そうすれば、覚えるのも、チームに伝えるのもずっと楽になる。製品のなかにはパスワードに大文字や数字を入れることを必須としているものがあるので、それに合ったパスワードを作ることだ。

- 誕生日のような個人情報、自分自身の本来使っているパスワード、下品な言葉などを使ってはならない。これらの情報は、クライアントや同僚と共有する場合があるからだ。

- 個人用、仕事用のFacebook（またはその他のSNS）アカウントを使ってログオン（ソーシャルログイン）してはいけない。

- ソーシャルネットワークでプロフィールを作る場合、自分の個人用、仕事用のメールアドレスを使ってはいけない。まず、Gmail や Yahoo! Mail に第2アカウントを作り、その仮のメールアカウントを使って仮のプロフィールを作る。

- 調査の対象がショッピングサイトなら、何かを買ってみよう。有料アプリと無料アプリがある場合は、有料版を買って使おう。ここでケチってはならない。だいたいプリペイドカードを使って数百円程度支払う程度である。チーム全体で1個のユーザーアカウントを確保して、そこから競合について学べれば、数百円の投資の価値は十分ある。

なぜそこまで隠密に行動するのか？

調査のためにあなた個人を識別できるユーザーアカウントを使わない方がよい理由はふたつある。

理由1： 治療センター探しのスタートアップの仕事をしたとき、同じバリュープロポジションをしている競合を探さなければならなかった。そのための方法のひとつは、TwitterなどのSNSアカウントを使って、麻薬患者のリハビリや治療センターについてアドバイスをして欲しいというツイートを流すことだった。しかし、その調査のために自分自身の個人アカウントを使ってしまうと、同僚たちからの私に対するプロフェッショナルとしての守秘に傷がつく危険性がある。友人や家族に、私個人が治療方法を探していると思われるのも困る。

理由2： スタートアップ企業の集まる世界は恐ろしい。競合がベータテスト中なら、その競合の方もあなたが競合であることを知っている場合がある。あなたのアカウントに気付いたり、あなたが競合を調べている活動が判明すると、あなたのアクセスは遮断される危険がある。

サイトの目的

サイトの目的とは、サイトがなぜ存在するのか、基本的には製品やバリュープロポジションをおおまかに説明したものになる。競合がユーザーや出資者にこのサービスをどのように説明するか考えよう。**図4-13**が示すように、説明は、主要な顧客と製品が提供するソリューションを簡単に説明する1、2個の文に絞るべきだ。

4.3　競合の意味を理解する　95

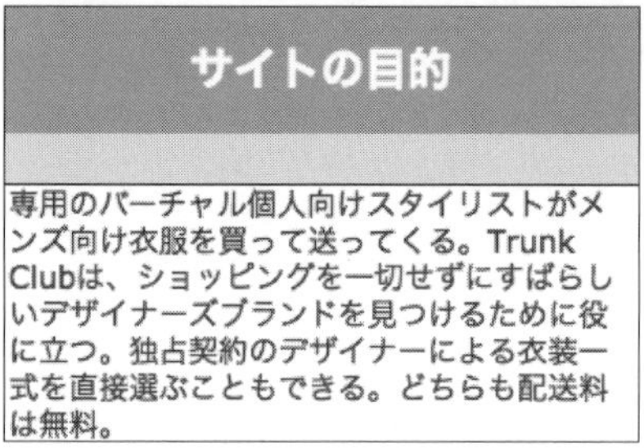

サイトの目的
専用のバーチャル個人向けスタイリストがメンズ向け衣服を買って送ってくる。Trunk Clubは、ショッピングを一切せずにすばらしいデザイナーズブランドを見つけるために役に立つ。独占契約のデザイナーによる衣装一式を直接選ぶこともできる。どちらも配送料は無料。

図4-13 サイトの目的欄の記入例

この種の情報は、次のような場所を見るとわかることが多い。

「弊社について」、「当サイトについて」

競合サイトによっては、この部分にバリュープロポジションを書いていることが多い。

Crunchbase

「Overview（概要）」と「Company Detail（会社詳細）」には、会社の説明が書かれている。

App Store または Google Play

一般に、探している情報は「説明」の冒頭2行に書かれている。

Facebook、Pinterest、Twitter、YouTube などの SNS のプロフィール

プロフィール文にも、バリュープロポジションについて記載が含まれていることが多い。

オンライン年次報告書

株式を公開しているすべての企業は、年次報告書を発表しなければならない。その冒頭には会社についての説明が含まれていることが多い。競合の名前に「年次報告書」や「決算報告書」を付けて Google で検索すれば見つかる。

96   4章   競合調査

設立年

　この会社の設立年、または製品の発売年（**図4-14**）はいつか。この情報は、バリュープロポジションを見つけたのと同じ場所でわかるはずだ。「弊社について」の項目や、Crunchbaseなどからである。この情報は、市場に新しく参入してきた製品やサービスなのか、古くから残っている製品やサービスがわかり、分析時に役に立つ。

図4-14　設立年欄の記入例

資金調達ラウンド

　資金調達ラウンドは、商店や企業が、営業、拡張、投資計画、買収、その他の事業目的で資金調達するそれぞれ個別の段階のことである（**図4-15参照**）[※1]。この情報も、当然ながら、Crunchbaseや競合のウェブサイトなどで見つかる。資金調達している競合は競争優位であることを示しているので、この情報は重要だ。

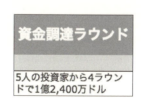

図4-15　資金調達ラウンド欄の記入例

収益源

　収益源は、製品がどのようにしてお金を生み出しているかを示す。**図4-16**のように、取引手数料、広告、月間使用量、SaaS (Software as a Service) 利用料、ユー

※1　監訳注：資金調達の段階によって、投資の規模が異なる。http://en.wikipedia.org/wiki/Securities_offering

ザーデータや解析データの他社への販売などがある。たとえばOkCupid[※1]は、ユーザーにとっては無料のマッチングサイト（恋人紹介サイト）だ。同社は、プレミアム機能と広告を通じて収益を得ている。Facebookは、第1の収益モデルとしてデータ解析を利用しており、疑うことを知らないユーザーから集めたマーケティング情報を他社に販売している。eBayの成功は、ユーザーが他人との間で簡単に売買した際の手数料に完全に依存している。Adobeは、クラウドベースのサービスに対して月ごとにSaaS利用料を徴収している。

　製品がどのようにして収益を得るかは、UX戦略に直接結びついている。収益モデルがしっかりしていてこそ、製品はユーザーやステークホルダーにとって価値のあるものになる。成功している競合の収益モデルは、それがそのまま成功の原因になっている。特定の競合製品がどのようにして収益を得ているかがはっきりとわからない場合には、ウェブサイトでもっと時間を使って調べるべきだ。企業が長期的に生き残ろうと思うなら、誰かに何かを対象とした料金を請求する必要がある。ウェブサイトに広告は載っているだろうか。その場合「広告募集」のリンクをクリックすれば、その会社が広告収入をどのように位置づけているかがわかる。利用者が得られる権利に対してどのように料金を徴収しているだろうか。株式公開されている企業の場合は、年次報告書や決算報告書を見るようにしたほうがいい。

図4-16　収益源欄の記入例

月次トラフィック

　これは実際には計測でき、数量化できる属性である。たとえばcomScoreにアクセスすれば、ほかのウェブサイトのデータトラフィック（**図4-17**参照）やサイ

※1　OkCupid：https://www.okcupid.com/

ト上で費やされている時間（分単位）などが非常に正確にわかる。さらに、月々のトラフィックをモニタリングしている無料サイトも多数ある。通常は、調査対象のサイトのドメイン名を入力するだけで、欲しいアクセス情報が得られる。compete.com[1]、Quantcast[2]、Alexa[3]などをチェックしてみよう。これらのサイトでは、無料のアクセス情報を取得することができる。複数の情報源のデータを比較すれば、トラフィックデータの平均を推測することも可能だ。正確ではないかもしれないがトラフィックの情報がまったくないことに比べれば、この方がはるかに良い。iPhone関連のダウンロード数と統計情報については、App Annie[4]、AppFigures[5]、Mopapp[6]、Distimo[7]などの優れたサイトがある[8]。

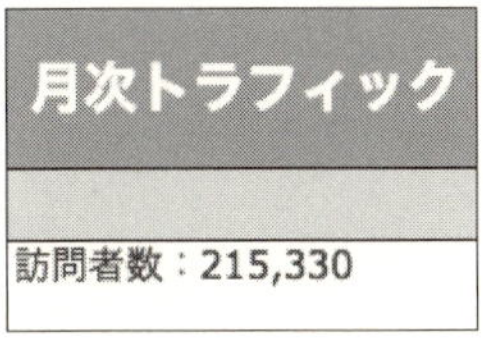

月次トラフィック

訪問者数：215,330

図4-17 月次トラフィック欄の記入例

※1 compete.com：自分のサイトと競合サイトのユーザー数や流入元／流入先などを比較できる分析サービス。https://www.compete.com/

※2 Quantcast：米国内のサイトのアクセス情報を調査しており、米国内のユーザー属性が詳細に見られる。https://www.quantcast.com/

※3 Alexa：全世界のサイトのアクセス状況を調査し、トラフィックやユーザー属性を提供している。http://www.alexa.com/

※4 App Annie：アプリの利用状況データを分析するプラットフォームを提供している。https://www.appannie.com/

※5 AppFigures：アプリの解析やストアに投稿されたレビューの翻訳、時間単位のレポートなどを提供している。https://appfigures.com/

※6 Mopapp：アプリの売上データの記録や結果の比較、分析データを閲覧できる。http://www.mopapp.com/

※7 Distimo：アプリの売上データ、ダウンロード数の推定値が把握できる。http://www.distimo.com/

※8 監訳注：Androidに関しては、Google Playのアプリページにおおよそのダウンロード数が明記されている

4.3　競合の意味を理解する　　99

SKU（在庫管理単位）／商品数

　これらの情報は確認が難しいことが多いので、付帯情報として記載しておく。ここには、商品の点数や一覧表の数を記入する。Zappos[1]のようなeコマースサイトでは、在庫管理単位（SKU：Stock Keeping Unit。**図4-18**参照）を記入する。SKUは、サイトで販売されているひとつひとつのアイテム数を表す。たとえば、Zapposでは、メンズシューズのカテゴリの一番上のリンクをクリックするだけで、執筆時現在、販売されているメンズシューズが13,828点以上あることがわかる。この数値は、同じカテゴリの商品を販売しているほかのサイトと比較する観点として使える。動画共有サイト、コンテンツ作成サイトなら、そのサイトにいくつの動画や記事があるかを記入する。具体的にやり取りする商品のないサービス型のプラットフォームの場合でも、どれくらいの取引量があるかを知りたい。検索にもとづくおおよその推計でも、ないよりは良い。

　この属性で困ったことは、クリックすればすぐにこの情報が出てくるような魔法のボタンがないことだ。多くの場合は、どれだけの商品を表示できるのかを簡単に調べられないように「無限スクロール」などのデザインテクニックが使われている。多数の結果が返ってきそうな一般的な単語で検索をしてみよう。ファッションサイトでは、「靴」、「シャツ」などの単語を試すといい。目標は、正確な数そのものではなく比較できるデータを把握することだ。たとえば、複数の競合製品のなかで、ある商品（たとえば腕時計）の検索結果はいくつあるか。競合サイトの商品数が多いか少ないかをはっきりと知りたいのだ。ユーザーに提示しているだけの数の商品を本当に提供できているだろうか。

　ソーシャルネットワークを活用して、どれくらい多くのユーザーがどの程度頻繁にその商品について投稿しているかを調べてみよう。さまざまな単語の組み合わせによって結果は異なるかもしれない。私たちが探しているのは、計算によって推定できる、推計できる情報だ。この列の表題は、データの内容をより正確に反映したものに自由に変えていい。

※1　Zappos：オンラインの靴販売サイト。商品の返品がしやすいことが特長。http://www.zappos.com/

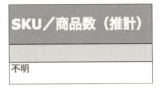

図4-18　SKU（在庫管理単位）／商品数欄の記入例

主要カテゴリ

　たとえばHonda.comのようにサイトで製品を販売したり、Oprah.comのようにコンテンツを提供したりしている場合には、それらがどのように分類されているかを理解する必要がある。レディース、メンズ、キッズなどカテゴリ一覧が短い場合は、**図4-19**のようにそれをそのままコピーする。AmazonやeBayのようにリストが長い場合や複雑な場合は、そのサイトはおそらく多角展開指向なのだろう。多角展開は、さまざまな分野の製品、サービスを網羅的に提供して、広い範囲の顧客ニーズに答えようとするものだ。多角展開を調査している場合には、もっとも活発なカテゴリは何かを確認するべきだ。ホームページで紹介されている主力商品が何かを見てみよう。そのサイトは「人気商品」とか「ベストセラー」などと記載して何を売り込んでいるだろうか。いずれにしても、そのサイトの商品の種別を書き込もう。その際、「弊社について」とか「ヘルプ」といった、コンテンツや製品とは関係のないものを入れないようにしなければならない。

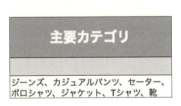

図4-19　主要カテゴリ欄の記入例

ソーシャルネットワーク

　競合のブランドもTwitter、Facebookその他のSNSに進出しているだろうか。競合が中心的に使っているのはどのソーシャルプラットフォームだろうか。近年はほとんどの製品がこれらのソーシャルプラットフォームを取り込んでいるが、

完全に活用するところまでは至っていない。個々の競合がどのソーシャルメディアを活用しようとしているのかは、把握しておかなければならない。**図4-20**は、活用しているソーシャルプラットフォームを示している。これらの情報は、単純にTwitter、Facebook、Instagram、Pinterest、その他のソーシャルプラットフォームで製品名を検索するか、競合のサイトをチェックすれば、ほとんどの場合手に入る情報だ。

図4-20　ソーシャルネットワークの記入例

コンテンツの種類

　この列には、**図4-21**のように、競合のサイトにどんなタイプのコンテンツがあるかを記入する。コンテンツの大部分は、文章、写真、動画のどれかである。サイトには、どれくらいのコンテンツがあり、どのように表現されているか。コンテンツはうまく整理されているか。簡単に印刷したり読んだりできるか。製品詳細ページに表示される情報は、どれくらい詳細でわかりやすくなっているか。

図4-21　コンテンツの種類欄の記入例

パーソナライゼーション

　パーソナライゼーション（**図4-22**）は、顧客にアプリやサイトにより親しんでもらうためにもっとも重要な機能のひとつだ。パーソナライゼーションは、付加価値のある経験を提供しなければならない。Airbnb、Amazon、eBayでは、ログインしなくても基本的な検索を行えるようになっている。しかし、表示にもとづい

て操作（たとえば、お気に入りへの保存や実際に購入）したいときには、すぐにログインが必要になる。人々が自分の体験をパーソナライズすることに時間を使うようになればなるほど、人々はそのサービスに深入りするようになる。たとえばFacebookやAmazonの各機能を思い浮かべてみよう。パーソナライゼーション機能には、お気に入り、ウォッチ一覧、ユーザープロフィール、ほしい物一覧、カスタムコンテンツ、インターフェイスの設定、メッセージの送受信、商品が保存されるショッピングカートなどがある。さらに競合のニュースレター配信にも忘れず登録しておこう。

　パーソナライゼーション機能をチェックするもうひとつの方法は、各競合サービスの「マイアカウント」のページを見てみることだ。サイトやアプリで、特に役に立つこと、バリュープロポジションの実現に役立つこととして、何ができるかを見てみよう。顧客は、体験をどのようにしてカスタマイズすることができるのか。その体験はクセになるか。つまり、ユーザーが本当にその製品に「べったりと密着していたい」と思うくらい魅力的か。ちゃんとユーザー名を表示するか、ユーザーが最後に見たアイテムを覚えていて表示してくれるか。ユーザーの好みのアイテム一覧を作れるか。すべての競合を見ているうちに、どのパーソナライゼーション機能が重要で、何が重要でないかは、すぐに明らかになるだろう。

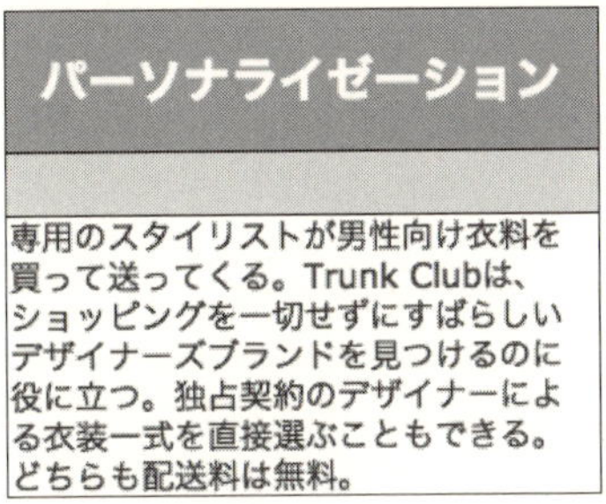

図4-22　パーソナライゼーション機能欄の記入例

コミュニティ／ UGC（ユーザー生成コンテンツ）機能

　ユーザー生成コンテンツ（UGC：User Generated Contents）と呼ばれるコンテンツは、その名の通りユーザーによって作成されるコンテンツである。Yelp、

4.3　競合の意味を理解する　　103

Wase、eBay、Airbnbなどは、ユーザー生成コンテンツがなければ、まったく役に立たないだろう。それに対し、リーバイス[※1]、ABC[※2]などのブランドは、ほとんどが専門家による編集の手が入ったエディトリアルコンテンツになっている。エディトリアルコンテンツは、サイト構築の仕事をしている人々、プロとしてサイトに協力している人々が作っているコンテンツである。この列には、**図4-23**に示すように、ユーザー生成コンテンツとエディトリアルコンテンツの量の割合を推測して記入する。コンテンツの大部分を作ったのが誰かがわかるようにしたい。

掲示板、コンテンツ（レビュー、記事など）の投稿機能、ユーザーが書き込める機能などを探そう。そして、どの機能が特に重要かを明確にし、製品のほかの顧客に対してUGCがどんな価値を提供しているのかを示す具体的な例を紹介する。

コミュニティ／UGC機能
ユーザー生成コンテンツなし、友人勧誘機能あり

図4-23　コミュニティ／UGC機能欄の記入例

競争優位

発想の転換が大切だ。差別化とは、製品が提供している競合には無い独自機能のことである。そのような機能は、製品に競争優位を与える（**図4-24**参照）。製品をよいものにする、なんらかの属性の組み合わせでもよい。属性のなかには、オンラインでの体験に特有なものもあれば、現実社会に特有な体験もある。

たとえば、Zapposは、素晴らしい顧客体験で名前を知られるようになった。Zapposは、ウェブ操作のすばらしさと返品のしやすさで有名である。Vineにおける最初の差別化要素は、画面の任意の位置をタッチするだけでビデオを録画できる簡単さだった。Vineの現在の差別化要素は、Twitterの所有する大規模なソー

※1　リーバイス：各国に展開する世界的ジーンズメーカー。http://global.levi.com/
※2　ABC：アメリカの民間放送ネットワークであるAmerican Broadcasting Company（ABC）のニュース番組製作子会社。http://abcnews.go.com/

シャルネットワークと連携していることだ。旅行サイトKayak[1]は、Priceline[2]の登場よりもずっと前から検索結果を絞り込んで表示する機能を持っていた。スライダーというもっとも単純な操作でこの絞り込みを楽しくし、ユーザー体験をさらに改良している。

各製品について、差別化要素の上位3個を割り出し、表の列に記入する。この製品で初めて導入され、それが理由で成功した機能はどれか、それらの機能は簡単に再現できるか、絞り込みと多数の選択肢のどちらの方が良いか、オンラインでの体験特有の属性情報は何なのか自問自答しよう。

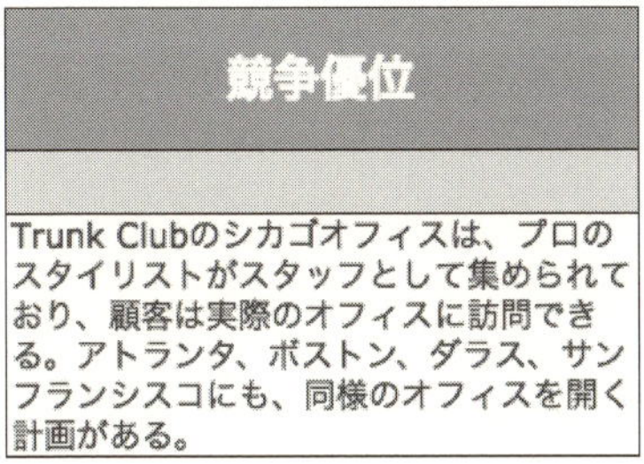

競争優位

Trunk Clubのシカゴオフィスは、プロのスタイリストがスタッフとして集められており、顧客は実際のオフィスに訪問できる。アトランタ、ボストン、ダラス、サンフランシスコにも、同様のオフィスを開く計画がある。

図4-24 競争優位欄の記入例

ヒューリスティック評価

ヒューリスティック（発見的）とは、実験と試行錯誤のことを分かりやすく示した言葉だ。ここで求められていることを簡単に言い換えると、製品を直接使って個人的にどう感じたか、どう思うかを書くことだ。

基本的に、サイトの使い心地がどうかを素早く判断することが求められる。おそらく徹底的に調べる時間はないはずなので、**図4-25**に示すように、手早く評価を下したうえで、AからFまでの全体評価を与えよう。適切な言葉を導く手段として、次の質問を使うといい。

● ユーザーが主たる目標を簡単に達成できるような操作性になっていたか。直

※1　Kayak：http://www.kayak.com/
※2　Priceline：https://www.priceline.com/

4.3　競合の意味を理解する　　105

観的か。

- ナビゲーション、ページや画面のレイアウト、ビジュアルデザインは首尾一貫しているか。
- 提供されているコンテンツ、サービスは簡単に見つかり、検索でき、あちこち見て回れるか。
- ユーザーが満足するフィードバック（たとえば適切なエラーメッセージ）が返されるか。オンラインヘルプ、問い合わせ先などはあるか。

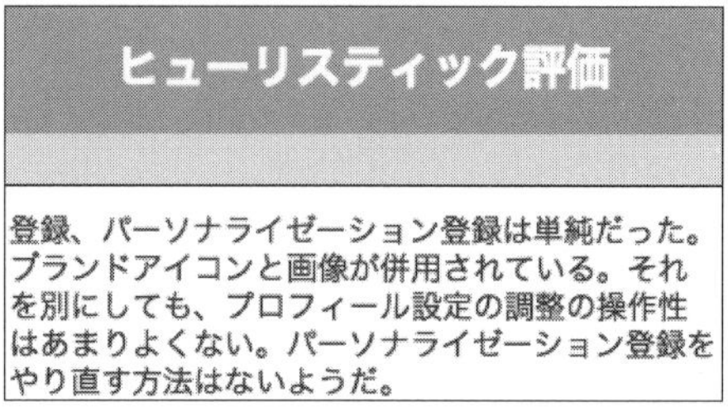

ヒューリスティック評価

登録、パーソナライゼーション登録は単純だった。ブランドアイコンと画像が併用されている。それを別にしても、プロフィール設定の調整の操作性はあまりよくない。パーソナライゼーション登録をやり直す方法はないようだ。

図4-25 ヒューリスティック評価欄の記入例

顧客のレビュー

ここには、製品ウェブサイトの外で見つけた多数（数百、数千）の顧客レビューの要約を記入する。モバイルアプリの場合、アプリのダウンロードページに評価が掲載されている。ウェブサイトの場合、ユーザーが一般の人々にトラブルシューティングのアドバイスを提供するQuora[1]などの掲示板に行くとその評価が見つかることがある。最近、顧客が製品に対して繰り返し批判していることを探すとよい。それらは、あなたのチームが改善できる課題になるかもしれない。

一般的なメモ

この欄には、ほかの欄にはそぐわない雑多な情報を書き込む。自分の製品に関連したあらゆる情報を書き込む欄としても使える。また、必要に応じて項目の名前は自由に変えても構わない。

※1　Quora：https://www.quora.com/

チームまたは自分に対する質問やメモ

　この表は共同で作っていくドキュメントだということを忘れないようにしよう。ほかの人々があなたの調査を読み、そこから価値のある情報を教えてくれる場合がある。そういった時、この欄には「このサイトはChromeでは動かないようだ。私の問題かもしれないけど」「ねえ、スティーブ。このサイトで靴を一足買ってくれない。そうすると、取引全体の仕組みがわかると思うんだけど」といったようなことを書く。

　思い出せるように雑多なメモを残したい場合もあるだろう。すべての競合サイトを通じて検討する必要がある調査項目の一時的な置き場としてこの列を使ってもいい。

分析

　ほかの競合の調査も含め、すべての調査が終わるまではここには何も書かない。分析の方法は5章で説明する。

　最後に一言。製品チームやステークホルダーは、調査作業をひと通り終えると、もう市場から目を離してしまうことが多い。しかし、インターネットは高速に変化するので、それは大間違いだ。状況は非常に早く変わる。競争社会はいつも変化しているので、競合調査に終わりはない。ひとつの競合が落ちぶれていっても、ふたつの新しい競合がのし上がってくる。モグラ叩きのようなものだ。たとえば、2012年に多忙な男性のためのショッピングサイトについて競合調査を行ったが、今の状況を見れば、その頃とは大きく変わっていることは間違いない。あなたとチームは、いつでも動けるように構えて機敏に行動し、競合のアイデアについて最新の情報をつかみ、それがあなたの製品の展望にどんな影響を与えるかをすぐに判断しなければならない。

UXに対象を絞り込んだ市場調査

UXリーダーやUXチームメンバーが皆を指揮して市場調査を行うことには、さまざまなメリットがある。

デザインの拡張

革新的UXデザイン（これについてはあとで詳しく取り上げる）と平均的なUXデザインには、ニュアンスの違いしかないことが多い。よりよいビジュアルデザインは、わずかに色合いが異なる。よりよい楽曲は、完璧なビートで演奏される音程が含まれている。UXを研究すると、インターフェイスか画面フローに微妙な拡張を加えただけで、予想外の機能（あるいはユーザーが能力を発揮するための機能）が微妙なニュアンスのなかにはっきりと見つかることがある。たとえば、必要なタイミングでたった1度だけ表示されるプロンプトだ。「保存中…保存完了」というメッセージは、私が好きなニュアンスを具現化した例のひとつである。

単純さ

UXデザイナーは、クリック数とタスクを実行する人にとって、いかに簡単かについて常に考えている。彼らは、インタラクションデザインの通常のパターンを変えて改善のチャンスを見つけ出すことがよくある。Tinderの例を思い出してみよう。単純な左スワイプと右スワイプが重要な二者択一の決定方法になっている。

コスト

ひとりのUXデザイナーに調査と製品の構築の両方を任せた方が早い。そのUXデザイナーは、競合を解析することによって、インタラクションデザインの、どのベストプラクティス（たとえば「拡張検索機能」）がもっとも良い機能なのかを判断できる。各サイトの分類やコンテンツを調査することにより、そのテーマについてのエキスパートになれる。

108　4章　競合調査

チーム編成

UXリーダーやUX戦略家を初心者レベルの調査員と組ませるチャンスが得られる。初心者メンバーが実際の調査を担当し、リーダーが分析を行えば、リーダーは効率よく働ける。そして、UXチーム全体がすべての競合のデザインをよく知ることができる。

UXイノベーション

UXデザインは、ほとんどの場合いつでも改善できる。私たちが機能を理解するために時間をかけるだけの価値のあるソリューションを提供すれば、ユーザーはより高度な操作であったとしても慣れていく。インターネットは、あらゆる年齢層の人々の日常生活に溶け込むにつれて、従来よりも強力、高速、複雑になり、広く浸透していく。

4.4 まとめ

ユニークなものを作ろうと思うなら、競合を無視することはできない。本章では、市場について学ぶための競合調査の方法を説明した。直接的競合と間接的競合の見分け方を覚えた。あなたの製品が参入していく市場がどんな種類かを理解するために、常日頃からウェブ検索を続け、定量的、定性的データを収集した。いよいよ表のデータを分析し、UXに生命を吹き込む有意義な情報を抽出すべきときがきた。そう言うと複雑に聞こえるかもしれないが、慌てる必要はない。次の5章に進もう。

5章

競合分析

分析とは、科学的、非科学的な方法を巧みに応用して、データや情報を解釈し、意思決定を下す人々のために、洞察力のある情報の発見や行動に移すための助言を作り出す過程である。

── バベット・ベンスーサン、クレイグ・フライシャー、2007年[1]

---

[1] Babette E. Bensoussan、Craig S. Fleisher『Business and Competitive Analysis』(Pearson Education、2007年)

市場を徹底的に調査して集めたばかりの情報の細部に実は落とし穴が隠れている。本章では、競合分析表の分析欄を書くための基礎を解説する。本章を読み終わる頃には、表のなかにある生データの山を、簡単に行動につなげることのできる学習成果に変えることができ、そのような優れたテクニックがいくつも身についているはずだ。ここでの目標は、製品の生き残りを第一に考える立場から、どうやって先に進むのかをアドバイスできるようになることだ。言い換えれば、基本要素1：ビジネス戦略である（**図5-1**）。

図5-1　基本要素1：ビジネス戦略

5.1　大作映画級のバリュープロポジション：第2部

　3章で途中まで話したドラマに戻ろう。我らがUX戦略家、ジェイミーは、ハリウッドにある撮影所の小屋の中で、一流映画プロデューサーのポールと裕福で多忙な男性のためのショッピングサイトというアイデアについて話をしていた。ちょうどポールがこのバリュープロポジションなら彼自身の個人的な問題も解決してくれると話していたところだ。

バンガローのなか —— 朝
カメラの画角にはジェイミーとポールが入っている。ポールは自信満々。ジェイミーはあれこれと聞きたいことがありそうだ。

| ジェイミー： | この分野に、すでに競合があるかどうかはご存知ですか？ すでに同じことをしている人はいませんか？ |

ポールは降参したように手を挙げる。彼は自分のアイデアに夢中になっている。

| ポール： | 妻と私でちょっと探してみましたが、このアイデアを潰すようなものは全然見つかりませんでしたよ。 |

次の画面に徐々に変化していく

バンガローのなか ── 朝

2週間後、ジェイミーが再びバンガローを訪れている。ポールは競合分析結果のレポートを見つめている。彼は当惑し、苛立っているように見える。

| ジェイミー： | 私の調査と分析からもおわかりいただけるように、市場には、あなたと同じアイデアのプロダクトをすでに出していて資金もたっぷり持っている競合がすでに数社あります。 |

| ポール： | ここに載っているような会社は聞いたこともないけどね。で、あなたは彼らと直接競合するのはリスクがあると考えているのですか？ |

| ジェイミー： | そうですね、私は、あなたがターゲットとしてお考えの顧客層についてもう少し調査すべきだと考えています。そして、競合が今、問題をどのように解決しているかも探ってみたいですね。 |

| ポール： | 私みたいにショッピングが面倒だという男がたくさんいることは、もうわかっているんですけどね。 |

| ジェイミー： | そういう人たちにインタビューをして、あなたのバリュープロポジションの派生案を試してみるというのはどうでしょう？ |

| ポール： | まずはウェブサイトを作り始めて、なりゆきを見てみたらいいんじゃないかと思いますけどね。 |

| ジェイミー： | 市場調査で見つかったすべてのサイトをもっと詳細に見て、仕組みを理解してみようとは思いませんか？ それとも奥様がもうご覧になっていますか？ eコマースのビジネスモデルの課題に挑戦するほかの方法についても別のご提案があるんですけど。 |

5.1　大作映画級のバリュープロポジション：第2部　　113

| ポール： | 最初のアイデアで十分行けると思うんだけどなあ。 |

シーン終了

　ポールは明らかに市場分析の結果に満足していなかった。しかし、この市場分析に満足した人が1人だけいる。ポールの奥さんだ。彼女はこのアイデアが金食い虫になるのではないかと本能的に感じていた。その不安の裏付けとなる強力な意見が得られて、彼女は喜んだ。結局、映画プロデューサーのポールはこのアイデアを捨てて映画製作の仕事に戻っていった。その後、ポールからは何の連絡もない。

ここで学んだこと

- ステークホルダーやクライアントの、競合に対する理解には常に疑いを持ち、彼らが何かを強く断言したとしても、実証的な調査で完璧な裏付けを取るようにしなければならない。
- 特に、最初の製品の目的やビジネスモデルにリスクがある場合には、分析にもとづいた代替策も勧めるようにすべきだ。つまり、あなたはクライアントの夢を、実現性のある戦略に変えるのを手伝うのだ。
- ときどき人はアイデアを凝り固まらせてしまい、どれだけ調査をしても彼らの気持ちを変えられない場合がある。そのようなときUX戦略家は、自分に職業倫理的な問いを投げかけなければならない。調査の結果から失敗することがわかっていても、この人物が製品を作るのを手伝うのか、仕事から下りるのかという問いだ。

114　5章　競合分析

5.2 分析とは何か

ものを分析するということは、大量の情報から、一口で食べられて実際に行動に移すことのできる、小さな情報を生み出すことである。分析では、さまざまな入力情報の間に関係性を発見し、なぜ特定のことが起きるのかについて推論を組み立てようとする。大きな問題を小さな問題に分割すれば、あなたとチームは大きな問題に挑戦しやすくなる。

情報を意味のある知恵に変える工程は、実際には、競合情報活動（competitive intelligence）と呼ばれる大きな工程のなかのひとつのステップである（**図5-2**参照）。ビジネス書を数多く執筆しているジム・アンダーウッド（Jim Underwood）は、次のように書いている。

「競合情報分析は、企業の市場環境、競合企業、その他企業の未来の成功に影響を及ぼす、さまざまな力についての情報を合法的かつ倫理的に収集、分析し、それらの情報に従うことだ」[※1]

アンダーウッドが言っているのは、偏りのない調査は、偏りのない判断につながるということだ。クライアントがコンサルタントを雇う理由のひとつはこれである。感情的な影響を受けた判断をしないよう、コンサルタントに力になってもらうのだ。

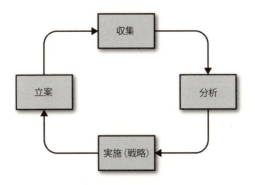

図5-2 競合情報分析は、4ステップのプロセスである

※1　Jim Underwood『Competitive Intelligence for Dummies』（John Wiley & Sons、2013年）

この分析的なアプローチは、リーンスタートアップの「構築〜計測〜学習」の繰り返しとも結びつく。分析は、製品に関する戦略的かつ戦術的なビジネス判断に継続的に役に立つはずだ。今日の真実は明日の真実ではない場合がある。自分のチームで革新的な製品を作るつもりなら、常にデータを集め、分析して、良い結果が得られるよう行動し続けなければいけない。競争力を維持するには、情報収集が大切なのだ。

　すでに競合のことは仔細に見てきているので、今度は、何がうまくいっているか、なぜうまくいくのか、製品にどんなチャンスがあるのかについて、知恵を働かせよう。競合のすべての機能をなにも考えずにそのままコピーした製品を作るのは避けたい。また、最終的な分析は、単なる競合との機能比較表では済ませたくない。たとえば、「すべての競合が登録ボタンをこのように使っている」とか、「すべての競合がこの機能を持っているので、私たちも持たなければならない」というようなものだ。私が尊敬するスティーブ・ブランク（Steve Blank）は、「競合分析による死」[※1]というブログ記事を書いている。そのなかで、「私の機能と彼らの機能の比較」というようなドキュメントは、遅かれ早かれ今乗っている船を沈めると言っている。できる限り多くの機能を単純に提供しようとすると、全体的なUXやビジネスモデルを見落とし、顧客たちが主要な目標を達成するために望み、必要としている本来の機能を作れなくなる。すべての要素を分析し、価値ある結果を生み出すような重要な機能、機会を選び出し、それをチームに勧めるのは、あなたの仕事だ。競合を無意味な存在にするために、現在の選択肢を根本的なところから改良する個性的な何かを提供しなければならない。そしてあなたは、複雑な表のなかに飛び込み、生のデータを分析することで、何かを明らかにするのだ。

5.2.1　競合分析と市場機会のための4つのステップ

　次の4ステップの手順に従おう。ここからはひとつひとつを詳しく説明する。

※1　「Death By Competitive Analysis」（Stive Blank、2011年3月1日）http://steveblank.com/2010/03/01/death-by-analysis/

1. 最大値と最小値をざっと調べたり、順に調べたりして印をつける
2. 比較のために形式的なグループを作る
3. 製品の調査項目と成功事例の評価基準により、個々の競合を分析する（これは表の最後の列に記入する）
4. 競合分析結果レポートを書く

こんなに簡単だ。筋道だった方法で手順を進めればいいのである。

これから上記の手順に従って市場調査の結果を、意味のある競合情報に変身させる。人手のかかる作業をすべて終えたら、集めた情報から論点をまとめ、顧客に勧める行動計画を盛り込んだ競合分析結果レポートを作る。

ステップ1：最大値と最小値をざっと調べたり、順に調べたりしてマーキングする

表の最終目標は、学んだことをもとに顧客に勧める行動プランの合理的根拠を説明する資料、レポート、プレゼンテーション資料を作ることだ。そのためには、システム思考によって情報と手順をまとめる必要がある（システム思考については、10章のミラーナ・ソボリ（Milana Sobol）へのインタビューを参照していただきたい）。では、表に書き込まれている生データの山を見るところから作業を始めよう。

データをざっと見たり順に詳しく調べたりする

表にすべてのデータを入力したら、分析する前にすべての行（競合）と列（調査項目）に改めて意識を巡らせると良いだろう。私はそのためにスキミングとスキャニングのふたつの速読テクニックを使っている。スキミングとは、テキストの上で素早く視線を動かして基本的な意味をざっと読み取ることであり、スキャニングとは特定の値を探して大量のデータに、順に素早く目を通すことだ。私はデータ分析の過程でスキミング、スキャニングをたびたび行うが、その方法はごまかしたり手を抜いたりするためのものではない。手元にある仕事がどれくらい単純なのか、それとも複雑なのかということを素早く見分けるためだ。スプレッドシートは5行5列の時も、12行24列の時もあって、まだ足りないデータが残っているのか。分析しようとしている素材の密度と網羅性を見積もり、分析にどれくらい

5.2　分析とは何か　　117

の時間がかかるかを判断する。この作業が大事なのは、分析にかけられる時間がおそらく限られるからだ。たった1行の分析のために、どつぼにハマリ、プロジェクトの貴重な時間を浪費するのを避けるためである。たとえば、分析すべき競合が20社あり、作業にかけられる時間が20時間しかなければ、競合1社の分析に使える時間は1時間だけだ。バランスの取れた、死角のない見識を得るためには、調査、分析の両方でかけられる時間を制限することが大切である。

　このとき不完全なものや、欠けているものがないか注意しよう。あなたであれ、ほかの誰かであれ、調査をした人が、ぜひとも検討しなければならない明らかな競合を見落としていないか。月次トラフィックやアプリのダウンロード数についての項目が空白になっていないか。これらの調査項目はとても重要であり、分析の時に作業を中断して再度調査し直すのであれば、注意を大きく削がれてしまう。

未加工のデータ要素の種類

　データ要素とは、個別の単位となる情報のことである。ひとつの事実、ひとつの観察結果がデータ要素になる。私たちの分析では、データ要素は何が成功していて何が失敗しているのかを解明するために役に立つことがある。表のなかで注意して見るべきデータ要素には、ふたつのタイプがある。定量的データと定性的データだ（**表**5-1）。

　定量的データとは、数値や統計データのことである。あるサイトにどれくらいのトラフィックがあるか。サイトで何件の取引が行われているか。サイトが揃えている商品数はいくつか。数値は、計測値、取引高、数の限られた選択肢などがある。定性的データとは異なり、これらの数値には適用できる論理や順序がある。たとえば、スターバックスのカフェラテの定量的データ要素としては、カップのサイズ、コーヒーの温度、価格、バリスタが商品をコーヒーを用意する時間などがある。

　定性的データは、いわゆる説明的であり主観的なものである。意見、反応、感情、美学、物理的形状など、たいへん興味をひく内容の要素となる。これらのデータ要素は計測したり順序をつけたりすることができない。スターバックスのカフェラテの定性的データ要素としては、味、香り、クリームの泡立ちの度合い、コー

ヒーを作っている環境の清潔さ、サービスの質などがある。

表5-1

定量的データ	定性的データ
数値（計測値、データ群）	説明
計測できる	観察できるが計測できない
長さ、面積、体積、速度、時間など	意見、反応、味、外見など
客観的	主観的
構造化されている	構造化されていない

　定量的データと定性的データの違いが一見しただけではわからない場合もある。そのため、注意を怠らないようにしなければならない。たとえば、恋人マッチングサイトにある「茶色い目の男性」は定性的属性だと思うかもしれない。しかし、それは突き詰めれば色の問題であり、人間の、男性の魅力の受け止め方と関係がある。しかし、そのサイトが登録時に男性ユーザーに自分の目の色を選択させるようになっており、選択肢がブラウン、ブルー、赤褐色、グレイ、グリーンしかない場合はどうだろうか。その場合、この値は計測できる情報といえる。この場合、目の色のデータ要素は客観的であり、定量化できる値だ。

マーキング

　意味のあるデータ要素、傾向、その他のパターンがわかりやすくなるように**図5-3**のように表をマーキングするのもひとつの方法だ。たとえば、もっとも意味のある情報を黄色でマーキングする（たとえば、ある機能を持つすべての競合をマーキングする）。よい属性（たとえば、月次トラフィック最高値）は緑でマーキングする。マーキングの方法を簡単なルールに保つことを忘れないようにし、効果的に色を使おう。この最初の段階で複雑なルールを作ってしまうと、分析に役立たなくなり、データを調べたり新しい生データを追加したりするために手伝ってくれたほかのチームメンバーを混乱させることになる。是非とも覚えておくべきことだけを強調するために、色付けは控え目にすべきだ。

5.2　分析とは何か　　119

521816 visitors	Mens' Shoes, Shirts, Pants, Jackets, Sweaters, Sweatshirts, Denim	Facebook, Twitter, Instagram	Magazine-like images, Zoom, Item descriptors and sizes/dimensions, Sizing charts
381536 visitors	Sales categories ranging from home products to clothing to jewelry to art work.	Facebook, Instagram, Twitter, Pinterest	Photos, Zoom, Item descriptors and sizes/dimensions, Sizing charts
1810842 visitors	Coveted fashion and luxury lifestyle brands at sample sale prices. Gilt Group includes sales for men, women, and home as well as Gilt City (geo-specific), Gilt Taste (food), and Jetsetter (travel).	Facebook, Instagram, Twitter, Pinterest	Photos, Zoom, Item descriptors and sizes/dimensions, Sizing charts

図5-3 意味のある調査項目をマーキングして強調する

ステップ2：比較のために形式的なグループを作る

データの概要が把握できたら、分析の作業の効率を上げるために、データの ちょっとした整理を行う。分析対象のサイト、アプリが共通に持つものを比較す るのである。りんごはりんご、オレンジはオレンジ、生鮮食料品配達のモバイル アプリは同じく生鮮食料品配達のモバイルアプリと比較する。そのため、リスト に含まれる競合を手作業で分類、フィルタリングして、比較できるサブグループ にまとめる必要がある。

形式的なグループ分けにより、共通する特徴を持つ競合は「種別ごと」にまとめ られる。すでにそのような種別は存在する。直接的競合と間接的な競合だ。この ふたつ以外にグループがない場合、最低でも行の並べ替えはしておきたい。変に 凝って複雑にする必要はない。たとえば、バリュープロポジションに対する脅威 の度合いがもっとも強いものから弱いものまで直接的競合をランキングするよう な簡単なものでよい。

次に示すのは、サブグループの例である（**表5-2**）。

表5-2

サブグループの例
デスクトップとモバイル
コンテンツの種類（たとえば、eコマース、パブリッシャー、集計）
多品種市場（Craigslist、Amazon、eBayあるいはTarget、Walmart）
特定の市場（ファッション、健康、銀行など）
ビジネスモデル

競合製品のリスト内での順序は、次のようにして決めてもいい。

- トラフィックがもっとも多いもの、またはダウンロード数がもっとも多いものから順に（私はいつも、もっとも人気の高い競合を一番上に並べるようにしている）。
- アルファベット順。
- 市場投入がもっとも新しいものから古いもの順に。
- 機能が多いものから順に。
- 商品数、記事、リストの数がもっとも多いものから順に（数の要素はトラフィックと密接に関係しているはずだ）。

どの要素がほかの製品に競争優位を与えているかをわかりやすく示すことが目標だということを忘れてはならない。共通点と差異を探している理由は、特定の製品がほかの製品よりも成功している理由をあなたとチームが正しく理解できるようにするためだ。

ステップ3：製品の調査項目と成功事例の評価基準により個々の競合を分析する

　ベンチマーク（評価基準）という単語は、将来も標尺を同じ位置に正確に置けるようにするために測量技師が石像構造物に彫り込んだ水平線のマークに由来している[1]。**図5-4**に示すように、マークは水平の線の下に彫り込まれた矢印によって示されている。

---

[1]　ベンチマーク：http://en.wikipedia.org/wiki/Benchmark_(surveying)、日本語版記事は https://ja.wikipedia.org/wiki/水準点

5.2　分析とは何か　　121

図5-4 ベンチマークの由来と言われているイギリス陸地測量部のカットマーク「BmEd」。（クリエイティブ・コモンズ・ライセンスにもとづき掲載）

　ビジネスの観点で評価することで、組織は他の組織がもつ独自性の重要な面を特定し、精査し、比較対象とすることができる。この分析は、コスト削減、セールスファネル（「4.3.3　表へのデータ記入」を参照）の最適化、製品の改良につながり、ターゲットの顧客により多くの価値を届けるために役立つ。データ分析では、マトリックスに含まれている製品のコレクション全体（サイトとアプリ）を属性ごとに相互比較して評価基準とする。

　スプレッドシートの各列は別々の属性を表し、ダウンロードされたアプリであれ、専用のコンテンツ種別であれ、個々の競合のデータ要素はすでに集めてある。これらの定量的、定性的データ要素があれば、計測、採点して成功事例と不完全な事例を見分けることができる。

　直接的競合の評価基準では、製品間で互角に競争している部分を見つけたい。これは、あなたのチームがバリュープロポジションを世の中に送り出すときに、未来の顧客があって当然のものとして想定している最低条件を探すということだ。顧客たちは、製品詳細ページに写真、動画、レビューがあるのを当然だと思っているか。もっとも人気の高いサイトは、もっとも多くの商品、もっとも広い選択肢を提供しているか。もっとも革新的なアプリ、もっともダウンロードされているアプリの開発会社は、資金をふんだんに持っているか。

　間接的競合の評価基準では、それらのデジタル製品が問題を解決するための

代替的な方法をどのように提供しているかを分析する。たとえば、多忙な男性の
ショッピングサイトの競合分析では、私は間接的競合の月次トラフィックの評価
を行った。Giltのウェブサイトの月次トラフィックは180万ユーザーだが、Giltの
直接的競合であるFabは、わずか38万のユーザーしかいなかった。私には、この
データ要素はとても重要に感じられた。それは、両者の月次トラフィックの差が
これほど大きい理由を改めて考えさせられたからだ。いったいGiltはどこが優れ
ていたのだろうか。

　探すべきものは、流行、定番、意外性、市場全体を見たときの総体的な感覚だ。
特定市場の多くのサイトで、共通のパターンが繰り返されていることに気付くこ
とが多いだろう。すべてのサイトがなぜ同じようにダメなのかと不思議に思うか
もしれない。あなたが革新的価値発見のために使っている、秘伝のソースになる
はずの、特別に役に立つ機能をすべて見落としていると思うかもしれない（この話
題の詳細については6章を参照）。ほとんどの場合、敗者はコンテンツ、流量、や
みつきになる感じ、パーソナライゼーション、操作や検索の体験に足りない部分
があるのか、原因をはっきりさせよう。競合を評価することによって、ほかの競
合製品が持つ最良のUX、ビジネスモデルを一新したり最適化したりすれば、価値
を作り出すチャンスが見つかる。こういった宝の山に化けそうな部分は、抜粋し
て競合分析結果レポートにもアドバイスとして明記しておきたい。

各競合の分析欄に書くこと

　今まで競合分析表の分析欄に書き込むのを待っていたのは、あなたのバリュー
プロポジションが直面する競合の全体像についてできる限り多くのデータを集め
なければならなかったからだ。けれどもやっとこの欄を書く準備が整った。

　この時点では、競合製品間の微妙な違いが見えてきているだろう。調査項目の
評価もできているだろう。どの競合が成功し、どの競合が失敗しているかも判断
できる。ナンバーワン、ナンバーツーの競合がどれか、市場内での競争ではほか
の製品に大きく遅れを取っているもの、見事な機能を持っている製品がどれなの
かも言えるはずだ。

5.2　分析とは何か　　123

そこで、あなたの分析結果を使って、短い欄内に各競合について、次の問いに対する答えをまとめよう。

- その製品は、あなたのバリュープロポジションにどのように対立しているか
- その製品が直接的競合なら、優れているのはどこか、特に劣っているのはどこか
- 間接的競合なら、その競合は類似するソリューションと競合しているのか、同じような顧客層を追いかけているのか
- ステークホルダーがこの項目だけを読んだとき、知っておくべき最大の要点は何か

図5-5、図5-6を見れば、多忙な男性のショッピングサイトの競合分析表で私がこれらの問いにどのように答えたかがわかる。

分析

Trunk Clubは直接的競合である。彼らのビジネスモデルは、在庫管理にもとづき、卸値で購入したものを市販価格で販売するというものだ。
シカゴにスタイリストを集めることにより、スタイリストのスキル、アドバイスの品質を効果的に管理できている。シカゴの試着室／ショールームは、顧客がそこに行けばスタイリストと直接会って話ができるという点でも注目すべきである。このビジネスモデルは人気を集められることが実証されており、アトランタ、ボストン、ダラス、サンフランシスコにも同様のオフィスを開くことを計画、検討している。アトランタとダラスは南部でシカゴに比肩する規模の交通の要所である。ボストンとサンフランシスコは、技術関連の事情通で、裕福で多忙な人々が増えている地域である。電話／電子メール／インスタントメッセージ／ビデオチャット／主要都市現地での個人コンサルティングのビジネスモデルは、真似することを検討すべきだ。

図5-5 直接的競合の分析例

分析

Giltは間接的競合である。最高級ブランドがどうしてもほしいというユーザーをターゲットとし、大幅なディスカウントによって手が届くようにしている。しかし、私たちが考えているターゲット層は、60％もの大幅ディスカウントを求めているわけではない。最近登場した「Pin it to Unlock」という機能は、研究しておいた方が良い。この機能は、次のような仕組みになっている。Pinterest上のGiltサイトの製品イメージが50回ピンされると、そのピンがGilt.com上の隠しセールへのリンクとなり、顧客は特別なアイテムを購入するチャンスを手に入れる。Giltには、一定数のアイテムを共有したり、一定数の友人を勧誘した顧客に早期割引を提供する機能があり、これも検討を要する。

図5-6 間接的競合の分析例

分析欄が競合をどう描いているのか注目していただきたい。チームメンバーやステークホルダーが未加工のデータにアクセスできたとしても、彼らは必ずしもすべての欄を見るとは限らないと考えよう。実際、この分析欄しか読まないかもしれない。しかし、たとえそうだとしても必要な事柄すべてを記入するのがあなたの仕事だ。分析欄は、彼らがスプレッドシート全体を読まなくても理解すべきことを、すべてまとめておくべき場所だ。

ステップ4：競合分析結果レポートを書く

仮説的推論は、観察から仮説を導き出す論理的な推論の一形態である。信頼できる観察データを説明し、関連する証拠を説明しようとする[1]。仮説的推論はアドバイスの論拠となり、アドバイスをすることは競合分析結果レポートを作成するための目的だ。分析結果レポートは、競合分析と今後の方向性についてのUX戦略家のアドバイスを読みやすくまとめたものだ。これは、UX戦略家が競合のひしめく世界に深く入り込んだ結果得られた最終判断である。直接的対話と同じくらいユーザーに親しみをもって、市場についての偏りのない最終的な見解を伝える手段である。このドキュメントは、クライアントがあなたの調査から持ち帰る唯一のものだ。

※1　仮説的推論：http://en.wikipedia.org/wiki/Abductive_reasoning、日本語版の記事はhttps://ja.wikipedia.org/wiki/アブダクション

5.2　分析とは何か　　125

しかし、分析結果レポートを書き始める前に、もう少し時間を取って表から離れよう。細部からズームアウトして、大きな構図についてよく考えるのだ。まず、市場についての次の問いに答えられるようになろう。

- どの競合が同じようなバリュープロポジション（つまり、高級ブランドを販売するオンラインショッピングサイト）のなかでもっとも近いところにいるか。その製品は失敗しているか。いくらか成功しているか。それはなぜか。それとも、彼らの製品は大成功を収めており、あなたの製品が入り込む余地はないか。
- あなたの顧客層（裕福な男性）に直接アピールしている競合はどこか。
- 顧客たちはそれらの競合をどのようにして見つけていると思うか（おそらくは有料で掲載された広告で見つけている）。
- どの製品がもっとも優れたユーザーエクスペリエンスとビジネスモデルを提供しているか。ユニークなことをしているのは誰か。企業にとってそれがうまく機能しているのはどれか。あなたのユーザーが気にいるような要素として競合は何を持っているか。

第2に、レポートのなかで、市場にあなたの製品が入り込む余地があるかどうかに触れる必要がある。どんなチャンスがあるか。どんな隙間を埋めることができるか。市場調査と分析によって、あなたとチームが起業のための宝くじを引き当てたことがわかった場合、あなたの製品は次のなかのひとつ、またはすべてを満たしているはずだ。

- 何か今までになかったユニークなものを市場に初めて持ち込もうとしている（Pinterestのように）。
- 従来よりも優れた使い方、時間やコストの節約方法などをユーザーに提供する（Amazon Primeは、配送のために時間を浪費しなくても済む）。
- ふたつの異なる顧客層のために同時に価値を提供している（Airbnbは、ホストとゲストの両方に価値を提供している。Eventbriteは、イベントの主催者と参加者の両方に価値を提供している）。

126　5章　競合分析

これはまさに、2章で取り上げたブルーオーシャンである。W・チャン・キム（W. Chan Kim）とレネ・モボルニュ（Renée Mauborgne）の『ブルー・オーシャン戦略―競争のない世界を創造する』[1]のテーマは、競争が元から無いため、競争そのものが問題にならない新しい市場のことだった。ブルーオーシャンには、まだ満たされていないニーズを持つ顧客がたくさんいる。それに対し、レッドオーシャンは、魚を求めて奪い合うサメが、うようよしている市場である。分析結果レポートを書くときには、製品がブルー、レッド、またはその間にあるパープルオーシャン（**図5-7**の絶景のような）のどれにいるのかを確実に言い当てることができなければならない。

図5-7　パープルオーシャン

※1　W. Chan Kim、Renée Mauborgne『Blue Ocean Strategy』（Harvard Business School Press、2005）。邦訳は『ブルー・オーシャン戦略―競争のない世界を創造する』（ランダムハウス講談社、2005年）

ブルーオーシャン、まはた少なくともパープルオーシャンを見つけたときには、圧倒的ユーザー体験かビジネスモデル、あるいはその両方があれば、製品アイデアの成功につながると言ってもよい。そのようなときには、私たちUX戦略家は、成否を判断して真価を発揮することができる。

つまり、あなたの目標は、勝利の余地があるかどうかを判断することであり、そのようなときには調査にもとづいてその可能性に言及しなければならない。ただし、分析結果レポートの作り方について、私は特定のガイドラインのようなものを持ち合わせてはいない。しかし、何年も分析結果レポートを見たり、提出したりした経験から、いくつか欠かせない部品があることには気付いている。ここからは、サンプルを使って、分析結果レポートがどのようなものなのか、感じをつかんでいただきたいと思う（10章でジェフ・カッツがクリエイティブブリーフィング[※1]について紹介していることからも学べる）。

分析結果レポート1章：イントロダクション／ゴール（はじめに／目的）

はじめの章では、分析結果レポートの目標を示し、偏りのないありのままの心で（a）レポートを読み、（b）評価するようにステークホルダーたちを導きたい。適切な内容にするために、このページは何度も書き換えなければならないことを覚悟しよう。このページは、こうあるべきと思うものをまとめてしまうことに、あまり恐れを抱かないようにしよう。ほかのページを書いてから戻ってきて、再度編集すればいいのだ。

このページに含めるべき要素をまとめておこう（**図5-8**も参照していただきたい）。

目的を書く

[あなたのチーム]は、[クライアントのバリュープロポジション]を実践しているほかの製品として、どのようなものがあるのかを明らかにした。[ひとつまたは複数の市場]で競合分析を行った。ここでクライアントのバリュープロポジションを明確に述べ、何に力を注いできたのか、混乱

※1　監訳注：指針となる事柄を短くまとめたミーティング用の資料のこと

128　5章　競合分析

競合分析分析結果レポート

直接的競合
Trunk Club
Bombfell
JackThreads
Modasuite
Smithfield Case
CakeStyle
STYLEMINT

間接的競合
SWAG Of The Month
Shopmox
Fab
Gilt

影響のある競合
Go Try It On
Inporia's Kaleidoscope
Chicisimo
Yardsale
Pose

JLRインタラクティブは、競合調査を実施し（付録の表を参照）、2012年7月の段階で関連市場で競合しているオンラインサイトとアプリを評価、比較しました。この資料の目的は、[クライアント名]の目的に合致し、MVP（必要最低限の機能を持つ製品）をリリースする「リーン」的アプローチを使ってですばやく勝利が得られるようなチャンスとギャップを見つけ出すことです。

評価した案は、多忙で高級指向の男性がほしがる商品という条件を、完全に満たす商品を探せる、高級でパーソナライズされたショッピングサービスの立ち上げです。[クライアント名]のソリューションは、このユーザー種別やライフスタイルについての情報を安心できる形で活用し、推薦商品を割り出し、最高の取引を実現し、彼らがファッション関係のショッピングの面倒さで頭痛に悩まされないようにするものです。

まず、私たちが注目したカテゴリを説明します。

パーソナライズされたショッピングサービス
パーソナライズされたショッピングサービスを提供するオンラインサイトです。

高級／流行のファッション発信
高級、人気ファッション製品の高級市場を提供しているオンラインサイトです。

クールな関連機能
コア機能群の一部として使えるかもしれない優れた機能を持っているサイト、アプリです。

図5-8　競合分析結果レポート資料の冒頭

が生まれないようにすることが大切だ。また、分析は時系列のなかのある一瞬の出来事であり、競合の状況は変化するとともに賞味期限切れになってしまう。そのため、分析を行った年月を必ず入れるようにする。

現在の市場の状況について、一般的な説明をする

「売買できるサイトは無数にある」、「市場は3つの大きなグループに分断している」といったことを述べればよい。表の奥底から競合の細かな情報を取り出してきて紹介したり、影響のあるビジネスモデルの概要を説明したりしてもよい。少なくとも、検討の対象としたすべての競合を直接的競合と間接的競合に分類して示す必要がある。

分析結果レポート2章：直接的競合

この章では、直接的競合のうち、少なくとも2、3社にスポットライトを当て、それらのバリュープロポジションが、なぜ重要なのかを説明する。それらは、分析結果レポートの末尾のアドバイスでも最適な見せ方で説明する（**図5-9**参照）。ホームページや取り上げる機能の画面ショットを入れるのを忘れてはならない。特にビジュアル的に訴求力の高いデザインになっている場合、UXがしっかりしている場合、ビジネスモデルの可能性に関してヒントになる場合には、画面ショットが重要だ。たとえば、インターネットには占星術のサイトが無数にある。それらのサイトは、どれも「あなたの星座はこちら」的な機能を持っているが、そのなかには、パーソナライゼーションやコンテンツが優れていて、ほかのものよりも強力な体験を提供できているものがきっとあるだろう。

競合企業に関して、それらの企業に競争優位を与えている機能は何かを具体的に触れていくのもよい（**図5-10**、**図5-11**参照）。UXのなかで、チームやステークホルダーとして強調したい部分には矢印を書き込むとよい。また、大きなシェアを持っている、想定している顧客に満足を与えている、製品がしっかりと作られている、すぐに規模を拡大できる豊富な資金を持っているなどの理由で、大きな脅威になる可能性のある競合についても強調する。さらに、取り入れるべきだと考えている機能やレイアウトを紹介する。そして、競合の弱点についても取り上げる。どんな機能を避けるべきか、UX的にひどい失敗をしているのはどの競合か、

130　**5章　競合分析**

直接的競合

Trunk Club
www.trunkclub.com

説明
Trunk Club は、高級志向の男性を対象としたパーソナルショッピングサービスです。スタイリストがユーザーの趣味嗜好に合った服を手作業で選択し、トランクに入れて出荷します。そのサービスのおかげで、自宅で人に見られずに試すことができます。

長所
シカゴにスタイリストが集められており、スタイリストのスキル、アドバイスの品質を効果的に管理できています。シカゴのフィッティングショールームは、ユーザーが実際に訪問し客にスタイリストと直接会って話ができます。

短所
選ばれる商品は高価なものばかりです。また、モバイルアプリはウェブ版に比べて機能が限定されています。

JackThreads
www.jackthreads.com

説明
JackThreads は、ユーザーの好みにもとづいてスタイルのアドバイスを自動化しており、最新の人気のあるファッションを陳列しています。

長所
JackThreads は、ユーザーが好みのカテゴリを選択し、好みのブランド、商品を追跡することによって、パーソナライズされたデータを収集しています。

短所
スタイルのよさよりも価格に重点を置いてアドバイスをすることが多過ぎます。モバイルアプリには、検索機能がありません。

Bombfell
www.bombfell.com

説明
Bombfell は月額契約でスタイリストがユーザーのために選んだ服を入手できます。

長所
Bombfell は、月額契約という利用頻度が予測しやすい形で営業しており、サービスの成長のために大量の在庫を翌日まで持ち越す必要がありません。登録の際はブランドのアイコンと画像選択で済ませることができ、ユーザーに対するプロフィール調査は簡単なものでしかありません。

短所
このサービスは、主として技術をよく知る裕福なハイエリアの男性を対象としてテストしているため、対象ユーザーがとても狭まっています。

図5-9　直接的競合についての概要資料

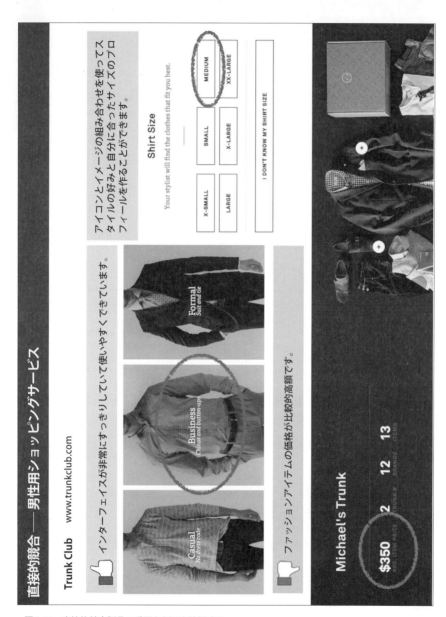

図5-10　直接的競合製品の重要な側面を強調する

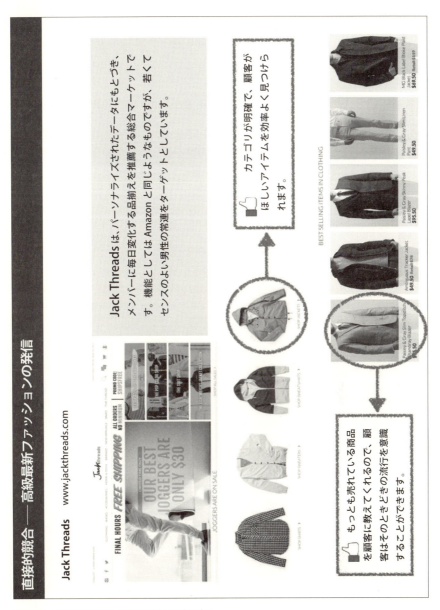

図5-11　直接的競合製品の重要な側面を強調する

5.2　分析とは何か　　133

競合のUXの弱点があなたの製品にとってチャンスになるかといったことだ。

分析結果レポート3章：間接的競合

　間接的競合については、あなたのバリュープロポジションに関連し、それらの競合が正しく行っていることを具体的に示す（**図5-12**参照）。直接的競合ではないので、マイナス面はあまり重要ではない。

　次のような分野で手がかりになることを探そう。

- 収益源
- 操作方法や取引の流れの前提条件
- 体験を単純化する機能
- 新しく面白いビジュアル効果やアニメーション
- よく考えられたメッセージや提供されているコンテンツの質

　あなたのチームが追求しているソリューションに、関連性のあるUXの側面を指摘するために矢印を使おう。矢印で指している理由と市場でのチャンスについて示している意味を説明しよう。分析結果レポートの最後のページになる前に、ステークホルダーとチームに理解してもらいたいことを矢印で強調し、要素をひとつの構造にまとめよう。

分析結果レポート4章：インフルエンサーの優れた機能

　この章では、競合にはならないかもしれない製品から学べる、優れた、あるいは重要なUXを向上させる機能や市場についての発見を書く（**図5-13**、**図5-14**参照）。私は、このタイプの製品を「インフルエンサー」[1]と呼んでいる。インフルエンサーはこれらがあなたの製品の競合にはならないが、あなたの製品の価値ある革新に対してヒントを提供してくれるからだ。インフルエンサーは、オンラインのプロダクトである必要さえない。あなたが実現しようとしている操作性、取引、機能などを持っていれば、それはインフルエンサーなのだ。

　インフルエンサーは、あなたの製品が探している差別化の鍵を握るような非常

※1　監訳注：「インフルエンサー」の本来の意味は、消費行動に影響を与える人物のこと

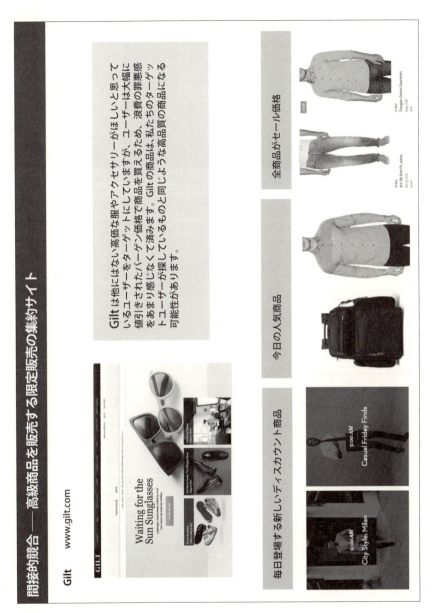

図5-12　間接的競合の資料

図5-13　モバイルアプリ画面の資料で取り上げたUXインフルエンサー

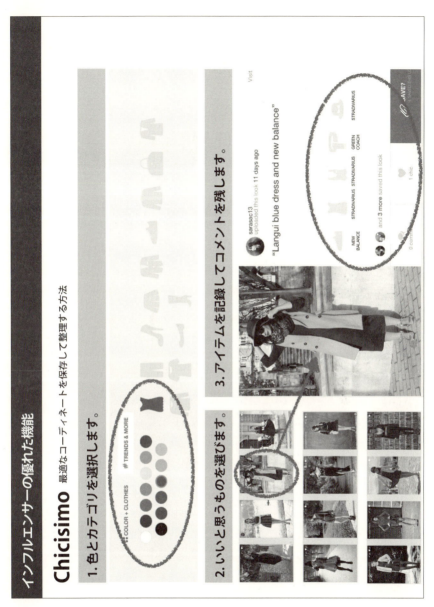

図5-14 UXインフルエンサーの資料

5.2 分析とは何か 137

に優れた機能を持っていることが多い。その良い例が、Airbnbが取り入れている
Yelpの地図機能である。YelpはAirbnbの直接的競合でも間接的競合でもないが、
地図をズームイン、ズームアウトして結果の表示範囲を広げたり狭めたりする操
作方法がAirbnbの宿泊場所の仲介サービスでも役に立つ。それが差別化の手段に
なるとAirbnbは考えたのだ。Yelpの許可をもらってAirbnbが取り入れたこの地
図機能は、今ではAirbnbの特徴的な機能となっている。

　調査、分析の過程で、すでにインフルエンサーを見つけ、メモしているかもし
れない。おそらく、あなたはため息をついて「私達の製品が[よその製品名]のよ
うだったらいいのに」と思ったことだろう。そう考える時はおそらく、その製品
はとても良いインフルエンサーだ。インフルエンサーが最初のバリュープロポジ
ションにヒントを与えている場合もある。たとえば、映画プロデューサーのポー
ルは、もともとAmazonの「ほしい物リスト」からヒントを得ている。Amazon自
体は彼のアイデアの直接的、間接的競合にはならないはずだが、AmazonのUXは、
彼の製品によい方向で影響を与え、競合に対する差別化に役立つはずだ。そこで、
分析結果レポートのこの部分で、直接的競合、間接的競合と同じような形でイン
フルエンサーも示しておくべきだ。

分析結果レポート5章：立場を明らかにしてアドバイスを書く

　ここがもっとも重要なセクションだ。権威を感じさせる強い調子で考えを表明
する必要がある。このまとめは、現在の競争の状況がどのようになっているかを
率直にバランスよく評価したものでなければならない（**図5-15**参照）。そうは言っ
ても、クライアントを八方塞がりの状態にしてしまうわけにはいかない。市場が
ブルーオーシャン、レッドオーシャン、パープルオーシャンのいずれであっても、
クライアントのもともとの目標が、製品にどんな意味があり、その目標のどんな
側面が実現可能かを考える必要がある。

　分析結果がバリュープロポジションを支持するものになる場合、あなたのアド
バイスは、ユーザーエクスペリエンスを通じて市場に進出する機会と想定外の事
柄を最大限に活用する具体的な方法を提案するものになるだろう。あなたのアド
バイスは、次の問いに答えるものになる。

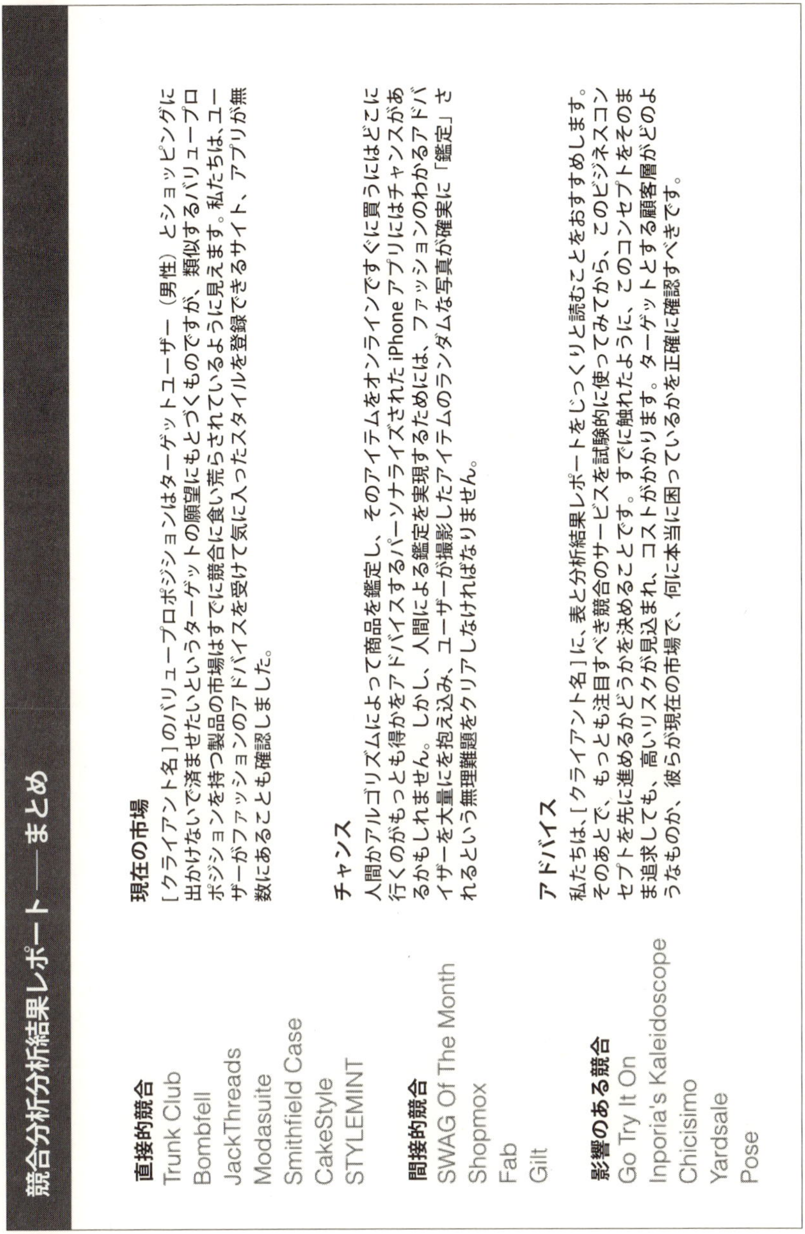

競合分析分析結果レポート —— まとめ

直接的競合
Trunk Club
Bombfell
JackThreads
Modasuite
Smithfield Case
CakeStyle
STYLEMINT

間接的競合
SWAG Of The Month
Shopmox
Fab
Gilt

影響のある競合
Go Try It On
Inporia's Kaleidoscope
Chicisimo
Yardsale
Pose

現在の市場

[クライアント名]のバリュープロポジションはターゲットユーザー（男性）とショッピングに出かけないで済ませたいというターゲットの願望にもとづくものですが、類似するバリュープロポジションを持つ製品の市場はすでに競合に食い荒らされているように見えます。私たちは、ユーザーがファッションのアドバイスを受けて気に入ったスタイルを登録できるサイト、アプリが無数にあることも確認しました。

チャンス

人間がアルゴリズムによって商品を鑑定し、そのアイテムをオンラインですぐに買うにはどこに行くのがもっとも得かをアドバイスするパーソナライズされたiPhoneアプリにはチャンスがあるかもしれません。しかし、人間による鑑定を実現するためには、ファッションのわかるアドバイザーを大量にそろえ込み、ユーザーが撮影したアイテムのランダムな写真が確実に「鑑定」されるという無理難題をクリアしなければなりません。

アドバイス

私たちは、[クライアント名]に、表と分析結果レポートをじっくりと読むことをおすすめします。そのあとで、もっとも注目すべき競合のサービスを試験的に使ってから、このビジネスコンセプトを先に進めるかどうかを決めることです。すでに触れたように、このコンセプトをそのまま追求しても、高いリスクが見込まれ、コストがかかります。ターゲットとする顧客層がどのようなものか、彼らが現在の市場で、何に本当に困っているかを正確に確認すべきです。

図5-15 競合分析結果レポートのまとめの資料

5.2 分析とは何か　139

- 操作や検索といった特定の機能を改良すると、現在手間がかかっている商品の発見や検索の作業を改善することができるか（6章参照）。
- どうすれば製品の体験をさらにパーソナライズすることができるか（6章、8章、9章参照）。
- アプリへの親和性を高めるために、あなたのチームはどのようにしてセールスファネル（「4.3.3　表へのデータ記入」参照）を作ったり、改良したりすることができるか（9章参照）。
- あなたのチームは人々をセールスファネルに誘導するために、SNSをどのように活用することができるか。

　分析によってバリュープロポジションが競合リスクに直面していることがわかった場合、ターゲットとする顧客層や課題を方向転換する必要がある。チームやステークホルダーには、別のバリュープロポジション、別のビジネスモデルを追求しようとアドバイスしなければならない。アドバイスは、次のようなシナリオに取り組むべきだと提案するものになる。

- この無駄に費用が高くつく試みを続けるのか、それともMVP（必要最低限の機能を持つ製品）で実験してアイデア実現のリスクを軽減する方法を探すか（7章、8章）。
- ステークホルダーのアイデアの良いところを活かす別の角度から考えられるか、それとも、ターゲットとなる顧客や課題を少しずらしてみるか（3章、8章）。
- バリュープロポジションが正しいという可能性が本当にあるかどうかを知るために、ゲリラユーザー調査（8章参照）やランディングページのA/Bテスト（9章参照）などの調査を追加で実施するか。

　アドバイスがプロジェクトをそのまま進めることを推奨するものでも、その逆のものでも、調査している製品の生き残りの可能性について、はっきりとした態度を示さなければならない。映画プロデューサーのポールの場合のように、あなたのアドバイスは、クライアントが耳をふさぎたくなる内容になることがある。

それは現実であり、本当にその通りになることもある。しかし、あなたが調査を実施し、データを分析したのは、製品の本当の可能性について学び、人々が時間とエネルギーをどのように使うかを実証をもって判断するためである。クライアントの最初のアイデアのままでは解決しなければならない課題がたくさんあることがわかったかもしれないし、もっと良い代替製品があることがわかる場合もあるだろう。データを分析し、しっかりとした証拠とともにこれらの診断を示すのは、UX戦略家の仕事である。

　今ここであなたは競合分析分析結果レポートを書き終えようとしている。あなたは絶対的な確信を持って製品が直面しようとしている市場の状況を理解している。つまりここは以下に示す分岐点なのだ。

- レッドオーシャンにいることがわかったら、「飽和状態になっている市場でさらに何かを作る理由はあるか」を考える必要がある。前の章に戻り、顧客層、顧客の課題、競合の状況を再評価しなければならないかもしれない。
- パープルオーシャンかブルーオーシャンにいることがわかったら、6章に進もう。あなたは、革新的な製品を作れる境界線に立っている。チャンスを最大限にふくらませるには何をすればよいかという問題さえ解決すればいい。

プレゼンテーションと持ち帰り資料

　クライアントは、表をちらりと見るだけで、UX戦略家が宿題をやってきたことを評価して終わらせてしまうことが少なくない。そこで、付録として表の資料を取り込み、必要なとき、役立てたいときにクライアントが未加工のデータを参照できるようにしよう。私がおすすめしたいのは、GoogleスプレッドシートのExcel形式ファイルをダウンロードすることだ。こうすれば、クライアントはオフラインでも表を見られるし、クラウドのリンクを紹介しなくてもほかの人に表を共有できる。データ収集と分析を継続し、クライアントと共同作業をしたい場合には、クラウドに置いてある表のURLリンクも書き込んでおくとよい。

5.2　分析とは何か　　141

5.3　まとめ

　競合を徹底的に分析するためには、組織的な体制で競合についての情報を集める必要がある。本章では、競合を分析をすることにより、何が成功して何が成功しないか、現在の流行についての洞察が得やすくなることがわかった。知らないことを知れば、他者の過ちを繰り返さず、よいアイデアをさらに改良するために役立つ。優れた分析からは、あなたの製品が進出すべき市場の課題や攻めるべき機会も見えてくる。

　6章では、今までに学んだことを使いこなし、差別化から新しい価値を生み出し、UXとビジネスモデルの革新を引き起こす方法を紹介する。

6章

バリューイノベーションの
ストーリーボードへの展開

今までの想定を超えた革新に到達することは、
バリューイノベーションという価値創造を
達成するための重要な要素だ。

―― W・チャン・キム、レネ・モボルニュ
『ブルー・オーシャン戦略』[1]

---

[1] W. Chan Kim、Renée Mauborgne『Blue Ocean Strategy』（Harvard Business School Press、
2005年）。邦訳は『ブルー・オーシャン戦略 ―― 競争のない世界を創造する』（ランダムハウ
ス講談社、2005年）

あなたの目標が発明することなら、ユーザーがあなたの製品を手放せなくなるような利点を探す必要がある。このことは、正式なデザインの段階に入る**前に**とてつもない価値を示すことが要求され、誰もが待ち望んでいるUXの重要性を理解し準備しなければならないことを意味する。そのためには、基本要素2のバリューイノベーションと基本要素4の革新的UXデザインの原則をうまく混ぜ合わせる必要がある（**図6-1**参照）。

経験を積んだデザインのプロである読者には、本章は画像をいじったり見栄えの良い成果物を作ることとは無関係なことを意識していただきたい。そのような表面的なデザインではなく、製品がバリューイノベーションを引き起こすための糸口を見極め、それを最大化することにチームの全力を注ぎ込むためのデザインのコツを説明する。製品に究極のバリュープロポジションを与え、思考に加速度を与えるコツである。

図6-1　基本要素2：価値の革新と基本要素4：革新的UXデザイン

6.1　実際にはタイミングがすべて

さかのぼること1990年、私はソフトウェアデザインのスキルと実験的なアートや音楽への情熱を融合させて、ニューヨーク大学のインタラクティブ遠隔コミュニケーション講座の修士論文として、インタラクティブ（対話的）なアニメーションを作った。それは、800キロバイトのフロッピーディスクに詰め込んだテクノ

ロジーとアートを混ぜ合わせたものだった。この電子的体験は、HyperCard[※1]とVideoWorks[※2]を使ってMacintosh向けにプログラミングされていた。このディスクには、対話的に操作する目次が含まれており、環境音として工場の騒音と組み合わされた詩、ゲーム、わめき声のアニメーションがリンクされていた。私は何度か徹夜を重ねてやっと自分の目的を達することができた。世界初のアニメーションが動く電子マガジンというべきものを作ったのである。これが「Cyber Rag #1」[※3]だ（**図6-2**参照）。

図6-2 フロッピーディスクに収められたCyber Rag電子マガジン（1990年）

※1　HyperCard：ハイパーリンク付きのカードをプログラミングできる環境。https://ja.wikipedia.org/wiki/HyperCard
※2　VideoWorks：1985年に米Macromind社から販売されたアニメーションのオーサリングソフトウェア。現在は「Adobe Director」として販売されている
※3　「Cyber Rag」を操作する様子が著者の手でYouTubeにアップロードされている。https://youtu.be/Orzdl8V0qBc

6.1　実際にはタイミングがすべて　　145

確かに、市場にはわずかながら競合するものがあった。たとえば、アニメーションのない技術指向のコンテンツを収めたHyperCardの作品があったし、Macintoshほどは人気のなかったコモドール社製Amiga[1]で動作し、BBS（掲示板サービス）からダウンロードできる対話的アート作品もあった。しかしCyber Ragのようなデジタル製品はほかにはなかった。私は、Mac用のフロッピーディスクにコンテンツを収めたことにより、デジタルコンテンツをもっと主流に押し上げ、多くの一般の人々にアピールできる大きなチャンスをつかんだと思った。

　しかし、完全にオリジナルな電子マガジンを作ってディスクに収めるのと、それを一般の人々の手が届くところに置き、彼らにオリジナリティを認めてもらって、買ってもらうのはまったく別のことだった。3章で言ったことをそのまま絵に描いたように、若かった頃の私は自分の顧客が誰なのかがまったくわかっていなかった。その後私は、自分の顧客は1990年代のコンピュータおたくではないことを学んだ。おたく達なら、BBSから無料で電子マガジンをダウンロードしてしまうところだが、まだ私はそのためのモデムさえ持っていなかった。私のCyber Rag #1が新しい電子出版メディアの体験と結びついていないことを知ったのはそのときだった。Cyber Rag #1は、ポップカルチャーのファン雑誌を自前で出版していたジェネレーションX（1961年から1981年生まれの世代）のDIY（何でも自分で作る）思想に合致していたが、彼らはまだデジタルに手を出していなかった。そこで、私はなんとかして独立系の書店、レコード店を通じてジェネレーションX以外の人々に知らしめなければならなかった。そのため、私は物理的な製品を作るだけでなく、それをパッケージ化し、営業活動をして流通させなければならなかった。

　20代の頃の休みの土曜日と言えば、Cyber Ragを数百枚のフロッピーディスクにコピーし、ラベルを貼り付け、パッケージを印刷してフロッピーを入れて封をし、ニューヨークやロサンゼルスの独立系の書店に飛び込み、店主に頼み込んで商品を置いてもらうというのが普通の流れだった。当時の店主らは、私のバリュープロポジションがまったく理解できなかったので、たいてい当惑していた。店主

※1　Amiga：ローファイな映像制作用として人気のあったパソコン。https://ja.wikipedia.org/wiki/Amiga

のなかには、自分でフロッピーを試すためのMacintoshすら持っていない人々がいた。そんな彼らが、フロッピーディスクが空だったり、壊れていたり、いかがわしいポルノが詰め込まれていないことをどうやって確かめることができただろう。何度かそれを繰り返すうちに、いちばん最初に店主に商品を見てもらい、見慣れない出版メディアを販売するという恐怖心を幾分なりとも消してもらうのが最良の戦術だということを学習した。

しかしながら、ディスクは飛ぶように売れた。お客たちは、コンピューターの画面で見る最初の電子マガジンというものに興味を持ち、実際に試してみるために喜んで6ドルを出費した。たいていの店は、最初に商品を持ち込んでから1か月のうちに、もっと商品を持ってきてくれと電話してくるようになった。雑誌記事で悪評が立ち始めた頃には、既に数千枚ものディスクを売るようになっていた（Cyber Rag #1、#2、#3とElectronic Hollywood I、II）。ディスクは独立系の書店、画廊、メール注文で販売。なんと世界中の人々に売れた。そんな私には、「何か」が起きるまで、ディスクを発行し続けるという以外にビジネスモデルはなかった。

そして、「何か」がついに起きた。Cyber Ragを販売し始めてから2年経った頃、印刷所の仕事から家に帰ってくると、留守電にメッセージが入っていた。

「ジェイミーさん、どうも。こちらはEMIレコードのヘンリーです。私たちは、あなたのディスクマガジンを1枚買ったばかりのビリー・アイドル（イギリスのロックミュージシャン）に代わってお電話しています。あなたが彼の新しいアルバム制作に参加するつもりがあるかどうか確かめてほしいと言われています。**御社**の担当の方から**弊社**の人間に電話していただいて、会議の日程を調整していただけませんか。よろしくお願いいたします」

すごくうれしかったが、当惑もした。「弊社の」担当って誰？ ママにビリー・アイドルの会社に電話してって頼まないといけないのかしら。

結局ママは電話せず、私がした。そして仕事を手に入れたのだ。

EMIレコードは1993年に『Cyberpunk』[1]をリリースした。ビリー・アイドルの新しいCDアルバムには、**図6-3**のように特別仕様のデジパックでフロッピーディ

※1　Cyberpunk：http://en.wikipedia.org/wiki/Cyberpunk_(album)

6.1　実際にはタイミングがすべて　　147

スクが同梱されていた。

図6-3　ビリー・アイドルのフロッピーディスク付きアルバム『Cyberpunk』（1993年）

それは初めて商用リリースされたインタラクティブな作品集（IPK：interactive press kit）だった。フロッピーディスクの制作は基本的に私が作成したソフトウェアの特別バージョン（実際にはMacromedia Directorで「別名で保存」しただけ）で、私のイノベーションのレベルは1から2に上がった。私は大喜びで、この冒険の延長が自分の仕事になると思った。まずはここからスタートして、私は最終的にインターフェイスデザイナー、電子出版の発行人として、経済的に自立できるだろうと考えた。デビッド・ボウイからマイケル・ジャクソンまで、誰もがすぐに私に電話をかけてきて、未来のCDアルバムに特典ディスク雑誌を入れたいと言ってくるはずだ。新しもの好きだけでなく、世界中がこの新しい電子出版メディアがいかに優れているかをついに理解してくれる。そう考えると私のオーシャンは限りなくブルーに見えたのだ。

悲しいことに、私が人生の道程ででこぼこに引っかかったのはこの時だった。確かに、私は新しいデジタルメディアの革新に成功し、ブルーオーシャンを発見して、気に入ってくれたふたつのユーザーグループ（独立系書店の店主たちとロックスターたち）に売り込んでいた。しかし、ビリー・アイドルは、もうかつてのような大物セレブではなくなっていた。批評家たちは彼を酷評し、サイバーカルチャーの流行に飛び乗るためのもったいぶったアルバムだと言う人まで出てきた。彼の新曲はMTVやラジオでもほとんど勢いを得られず、アルバムは失敗した。そして、パッケージングにも大きな問題があった。デジパックはひどくかさばった

ため、普通のCDの3倍ものスペースを占有してしまった。そのため、レコード店はこのCDをあまり在庫として置かなくなってしまった。ビリー・アイドルのアルバム『Cyberpunk』は、文字通り製品が市場に合致せずに失敗したのである。

その後、私はもうCDアルバムや特典フロッピーディスクのプロジェクトに呼ばれることはなかった。しかし、私自身はここで貴重な教訓を学んだ。

ここで学んだこと

- タイミングがすべてだ。破壊的イノベーションを手にして市場に一番乗りしても、成功する保証はない。電子出版の場合、デジタルメディアなのだから、本当はデジタル的に流通させるべきだった。しかし、1993年の段階では、それは技術的に無理だった。最初のウェブブラウザーは、まだ開発過程にしかない時期であった。

- どのような内容なのかが重要だ。私のフロッピーディスクマガジンは、単に新しい技術が面白いから「やみつき」になったわけではない。アンチシリコンバレーの表現内容や入場料のバカ高い展示会の潜入記のようなコンテンツも、バリューイノベーションの重要な一部だったのである。それに対し、ビリー・アイドルのアルバムに同梱されたコンテンツは、宣伝のための小道具のように見られてしまったのだ。

- 成功するデジタル製品を作るためにはさまざまな側面がある。作品を生み出すこと自体は、そのなかの小さな一部分に過ぎない。そのほかにも、持続的な受け入れ先、規模の拡大、広範な流通、収益源、ひとりではなく大きなチームなどが必要だ。つまりは、革新的なビジネスモデルが必要なのだ。

6.1 実際にはタイミングがすべて　　149

6.2　バリューイノベーションを発見するためのテクニック

　競合調査を実施すると、あなたのチームは、自分たちのバリュープロポジションの市場にどんなデジタル製品、デジタルサービスがあるかについての深い知識を得る。しかし、当然ながら、この調査はチームがほかの製品を真似たり、ほんの少しだけ改良したりするのに役立つものではない。競合を越える優れたアイデアによって新しい価値を生み出したいのだ。

　持続可能で売れ続ける製品を作るためには、ビジネスの成功とユーザー価値のバランスが取れたUX戦略が必要だ。今は初めての電子マガジンを作ろうとしているわけでも、最初のウェブサイトを作ろうとしているわけでもないが、今までとは異なる新しい形で顧客と親しくなるためには、製品として、なにかしらユニークな部分を持っていなければならない。これは、無料のデジタル製品を扱うときには特に重要なことだ。将来の顧客には、ほかの製品ではなく、是非ともあなたのソリューションを選択してもらわなければならない。そのためには、(a) 今あるものよりも大変に効率が良い、(b) 顧客たちが今まで気付いてもいなかった困った課題を解決してくれる、(c) 今までなかったが、どうしても諦められない望みをかなえる、のいずれか、または全部が必要だ。つまり、あなたはバリューイノベーションを通じて作り出した、競争のないブルーオーシャン市場を活用して、価値が跳ね上がる製品を生み出すのである。

　あなたのバリュープロポジションのなかの価値ある革新は、ユニークな機能群という形で姿を表す。機能は、ユーザーに利益を与える製品の特徴である。ほとんどの場合、機能は少ない方が価値が高くなる。私がデジタル製品の分野を調べているなかで、機能群の価値ある革新的パターン、「秘伝のソース」と呼ぶべき上位4つを見てみよう。

- 競合やUXインフルエンサー（インフルエンサーについては、「5.2.1 競合分析と市場機会のための4つのステップ」を参照）が持つ機能の新しい組み合わせを提供している。そしてその複合機能が、目的をこなすための方法として既存のものよりも、はるかに優れている（イベント集客サイト＋支払いシステム＝Eventbrite）。

150　6章　バリューイノベーションのストーリーボードへの展開

- 既存の大きなプラットフォームの良いところのいち部分を切り取ったり、ひねりを加えて利用している（Google Maps ＋クラウドソーシング＝Waze）。
- 以前はまったく異質だったユーザー体験を、ひとつのシンプルで重要な意味を持つソリューションに統合し、ユーザーを楽にする何でも屋になる（モバイル動画や写真を撮影して共有する方法をシンプルにしたVineやInstagram）。
- ふたつの別々のユーザー層に対して、交渉するための場を提供する、今までは不可能だったことを実現し、両方の層の考え方を一新する（部屋の貸し手＋旅行者＝Airbnb）。

ご覧のように、どのパターンも既存の製品の複製品を作るようなものではない。既存のデザインを基礎として、従来の機能を次の段階へ引き上げることが求められている。偉大なアイデアは、実は予想外、想定外の場所で発見されるのを待っている。獲物を探すハンターのように、目を皿のようにしてウェブを見れば見つかるはずだ。

本章のこのあとの部分では、新しいチャンスを発見するために、4つのパターンに従って他人のテクニックを真似する方法について紹介していく。ポーチング（密漁）と呼ばれるこの方法は、野生動物の違法な狩猟、殺害、捕獲と定義されてきた行為で、通常は土地の使用権の侵害として捉えられている[※1]。しかし、一般的な課題を解決するための一般的な手法である機能や、インタラクションの一般的パターンの真似には、違法なところは何もない。別々の場所から核心となるものを借りてきて、まったく新しい文脈で組み立てると、バリューイノベーションが生まれやすい。競合を叩きのめすだけではなく、まったく立ち直れない状態に追い込むための仕組みが次に紹介するものだ。

ここから学んでいくのは、次の4つのテクニックである。

- キーとなる体験を見極める方法
- UX インフルエンサーを利用する方法

※1　ポーチング：http://en.wikipedia.org/wiki/Poaching

- 機能比較の方法
- バリューイノベーションのストーリーボードへの展開

ちなみにこれらのテクニックは、あくまであなた個人やチームが身につけるべきもので、必ずしもクライアントに提示する成果物ではないことに注意しよう。

6.2.1　キーとなる体験の見極め

一般的に、キー（鍵を握る）という言葉がついているものは、業務遂行のために必要不可欠な、障害や間違いが許されないものである。私たちは、「キーレバレッジ」、「KPI＝重要（キー）業績評価指標」、「キーステークホルダー」などというビジネス用語でこの「キー」という表現を見慣れている。私が初めて「キーとなる体験」という言葉を目にしたのは、古くからのUXの達人であるレーン・ハリー（Lane Halley）が私といっしょに教えていたリーンUXのワークショップのプレゼンテーションでのことだった（図6-4参照）。

図6-4　2013年7月にロサンゼルスで開催されたリーンUXのプレゼンテーションで使われていた、キーとなる体験のスライド（左隅には、自分は関係ないかのような顔をしているレーン・ハリーが写っている）

レーンは、この講義で「MVP（必要最低限の機能を持つ製品）は、あなたのキーとなる体験（バリュープロポジション）の有効性をチェックできる最小限の製品で

ある」と書かれたスライドを示した。レーンは、あとで「キーとなる体験」という言葉を発明したのは自分ではないと言ったが、私は彼女の言葉をお告げのように受け取り、すぐに私のノウハウのなかに組み込んだ。

　読者の目的から言うと、キーとなる体験はバリューイノベーションを決定付ける機能である。あなたの製品が競争優位を持つためには、キーとなる体験が存在しなければならない。それは各種機能を見慣れない方法で並べたものかもしれないし、先ほど説明した成功パターンのようにひとつの大事な機能かもしれない。たとえば、ダン・サファー（Dan Saffer）は、著書『マイクロインタラクション』[※1]で「Twitterは、140字のメッセージを送るという、たったひとつのインタラクションを中心として、すべてが組み立てられている」と述べている。そして、2章で述べたように、Twitterは、人々のコミュニケーションのあり方を根底から変革した。

　アイデアの泉をキーとなる体験に融け込ませるためには、次の問いに自問自答してみることだ。

- あなたの暫定ペルソナ（仮説的な顧客）は、何があればこの製品を気に入るか。
- ユーザー体験の流れの中で、どの瞬間、どの部分によってこの製品はユニークなものにできるか。
- 競合調査、分析にもとづいて考え、この製品の大きく欠けている部分は、どんなシナリオまたはどんな機能によって解決できるか。
- あなたの顧客になりそうな人々は、それぞれの目的を達成するために今はまだどんな面倒な回り道をしているか。

　あなたの答えは、あなたをキーとなる体験に導き、最終的にあなたは革新的UXデザインによってそれをユーザーに届けるようになるかもしれない。

　しかし、キーとなる体験と機能一覧を混同しないように注意しなければならない。4章や**図6-5**で示すように、私の学生のひとりであるエナは、「結婚式のためのAirbnb」のキーとなる体験を定義しようとした最初に、この誤りを犯してしまっ

※1　Dan Saffer『Microinteractions』（O'Reilly、2013年）。邦訳は『マイクロインタラクション —— UI/UXデザインの神が宿る細部』（オライリー・ジャパン、2014年）

たのだ。

キーとなる体験（第1版）

- 価格と招待客の数にもとづいて会場を検索する
- それらの会場で結婚式を挙げた花嫁たちのレビューを読む
- 最新の料金、利用できるパッケージ、付属品、備品、写真がわかる
- 見学訪問が可能な日、予約した式の日取りのカレンダーを見る
- レビューの評点を見て、アプリで会場に連絡を取る
- 顧客サービスを評価し、評点をつけ、会場全体をレビューする

図6-5 「結婚式のためのAirbnb」のキーとなる体験として、エナが間違って列挙してしまったもの（彼女にはやり直しをしてもらった）

エナは複雑なキーとなる体験を6個挙げたが、それだけで明らかに警告をもらうことになる。「キー」がもっとも重要という意味なら、なぜそれが6個もあるのか。彼女は、キーとなる体験ではなく、**単に重要な機能**の一覧を作っただけである。完璧にできあがった彼女の製品バージョン1.0では、これらの機能をすべて取り込んでもいいかもしれない。これから花嫁になろうという人々は、おそらくこれらの全機能をサイトで実行したいだろう。しかし、キーとなる体験の目的は、最小限に絞り込むことだ。バリュープロポジションのなかでもっとも重要だと言えるのは、どの機能群なのか。Twitterのことをもう1度思い出し、Twitterのプラットフォームの一部になっているすべての機能について考えてみよう。ダイレクトメッセージ、ニュースフィード、リツイートなどである。それでも、キーとなる体験は140字だ。キーとなる体験を作る機能群は、140字しか入力できない文字入力である。すべてのユーザーに対して、ほかの余計な機能をすべて切り離したときに、TwitterのUXはこれだと決定付けるものは、140字であるということだ。

そこで、私はエナに課題を再提出してもらうことにした。競合分析から学んだことを真剣に、とことんまで考えるようにと言った。また、以前よりも具体的な問いも与え、それについてもよく考えてもらった。

- ほかの競合を使ってはできないが、あなたの製品ならできることのなかで、もっとも重要なことは何か。

- 競合は現在解決できていないが、あなたは解決しようとしている面倒な課題は何か。
- 顧客に対してあなたのソリューションを画面上でどのように表現するのか。それは対話的なインターフェイスなのか、それとも結果の一覧表として表示されるのか。ユーザーが感じ取る利点を説明してほしい。
- 顧客たちはその画面を見たあと、次に何をするだろうか。顧客たちはバリュープロポジションを理解するだろうか。繰り返しになるが、ユーザーが感じ取る予想されるシナリオとしての利点を説明してほしい。

これらの質問にもとづき、エナは**図6-6**のように改善された答えを持ってきた。

キーとなる体験（第2版）
・手頃でありながら、素晴らしい結婚式場の選択肢を示す検索結果一覧
・食事、花、駐車場サービスの簡潔な依頼先リストが付いた結婚式パッケージの
　ようなおまかせパック

図6-6　「結婚式のためのAirbnb」のキーとなる体験として、エナが2度目に提出したもの（この内容で合格とした）

エナの第2版では、たくさんの機能が省略された。UX戦略を立てるときには、慎重に狙い所を選ぶ必要がある。製品にとって絶対必要な重点項目に、チームと時間と予算を容赦なく注ぎ込むようにしたい。この場合、エナの答えは、母体となったAirbnbから「結婚式のためのAirbnb」を区別する特別な体験に焦点を絞り込んでいた。差別化こそ、キーとなる体験が表現しなければならないことである。

　しかし、ビタとエナ（彼女たちは「結婚式のためのAirbnb」の課題でチームを組むことになった）は、さらにこれよりも素晴らしいキーとなる体験を提出できるはずだと考えていた。ふたりは、顧客発見段階で双方の顧客たちがいちばん面倒な課題は、すべての発注先にそれぞれ発注作業をしなければならないことだと学んでいた。結婚式は一生に一度限りのイベントだと考えられているので、これから花嫁になる人々は短時間で多くのことを学ばなければならない。式場を予約し、メニューを考え、花を注文し、招待客のために駐車場の準備をするためには膨大

6.2　バリューイノベーションを発見するためのテクニック　　155

な時間とエネルギーを必要とする。しかも、それらはすべてたった1度限りの取引なのだ。ビタとエナは、これらの取引を何らかの形でパッケージ化することにより、式の立案過程の利便性をキーとなる体験にできるのではないかと考え始めた。そして、彼女たちは、UXインフルエンサーを利用して自分たちのソリューションを考え出したのだ。

6.2.2　UXインフルエンサーの利用

UXインフルエンサーについては5章で学んだ。それは直接的にも間接的にもあなたの競合ではない。UXインフルエンサーのバリュープロポジションは、あなたのバリュープロポジションとはまったく関係がない。しかし、そのユーザー体験と機能は、あなたの製品のバリューイノベーションのヒントになる。見るべきポイントは、既成観念にとらわれないことだ。バリューイノベーションの成功パターンのなかに、まったく異質な機能群を組み合わせるものがあったことを思い出そう。ここで考えるべきことは、そういった組み合わせだ。とてもうまく合致するとはとうてい思えないような機能をむりやり押し込むと、実は見事に破壊的な効果が生まれることがある。競合しない製品やサービスをねじ曲げてあなたのニーズに応えられるようにする方法があると信じて突き進むだけだ。

たとえば、ビタとエナは、DIRECTV[1]がユーザーに提供している有料の追加オプションにひらめくものを感じた。DIRECTVは、「結婚式のためのAirbnb」のバリュープロポジションとは一切関係ないが、DIRECTVの追加オプションにまつわるUXは、非常によく考え抜かれている。もちろん、DIRECTVは、このUXを非常に重視しており、ビタとエナはこのタイプのUXは自分たちのキーとなる体験の出発点として非常に素晴らしいUXだと考えた。

まず、DIRECTVのサイトに行って、TV番組パッケージの紹介を見てみよう。**図6-7**を見ていただきたい。ここには、さまざまなものをグループにまとめる方法、ユーザーが自分のTVパッケージをカスタマイズする方法に関する面白いアイデア

※1　DIRECTV：オンデマンド放送のケーブルテレビ。さまざまな番組パッケージを選択できる。
http://www.directv.com/

がふんだんに盛り込まれている。新しいビジネスモデルになるかもしれないものの片鱗さえ見つけることができる（ヒントは、すぐに使えるコンセプト）。

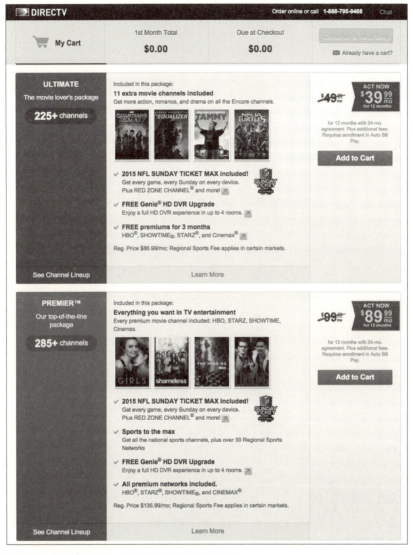

図6-7　DIRECTVの紹介ページ（優れた情報デザインの例）

DIRECTVのサイトに行ったときに、まず最初にさせられることは、郵便番号の入力である。すると、いくつかのパッケージが含まれた結果一覧がすぐに表示される。一覧は多すぎるわけではなく、相手にする選択肢としてはちょうど十分な数だ。ビタとエナは、この表示からキーとなる体験のプレゼンテーションについての最初の手がかりをつかんだ。これから花嫁になる人々に見せるウェディングパッケージは5個未満にすればいいということだ。

個々のパッケージは、デザインもレイアウトも同じで、背景色によって区別されている。これはビタとエナがつかんだ第2のヒントになった。はっきりと区別できる仕組みを使ってウェディングパッケージを表示するということだ。ウェディングパッケージでも別々の背景色を使っていいのだが、もっと良い方法がある。パッケージの間の区別を示す画像やアイコンを使うのだ。たとえば、もっとも高級なウェディングパッケージには、後ろの窓に「結婚おめでとう」と書かれたリムジンの画像を使う。安価なウェディングパッケージには、普通のコンパクトカーの画像を使う。第3、第4の手がかりは、DIRECTVが一番安いものから順にパッケージを並べていることに気付いたときだ。スクロールしていくと、それまでのものよりも料金が高いパッケージが出てきて、メリットが増え、表示スペースも倍になっている。

細部を隅々まで見て、自分の製品のためにそれらの要素をどう使うかを考えると、手がかりが得られる。できれば、コンセプトをさらに改良して自分の製品デザインの水準を少しでも上げたいところだ。しかし、今はまだ具体的なデザインを試みるときではない。最良のアイデアを参照する段階だ。それが終わったら、バリューイノベーションを実証するためにストーリーボードにアイデアを描いて試作してみよう。

6.2.3 機能比較

モックアップとストーリーボードを作り始める前に、必ず複数の比較対象を探そう。同じような機能の例を調査して、複数（3種類から5種類）のものを見つけ出すのである。こうすると、同じUXの問題に対する異なるアプローチを比較できる。比較から読み取れたことは役に立たないかもしれないし、インスピレーショ

ンを引き出すかもしれない。どちらにしろ、あなたは新しいやり方を探している
のだから、今までに慣れた形を乗り越えて、操作、検索、フィルタリング、共有
など、ユーザーの目的達成のための、より良い方法を考え出したいものだ。

　この分解にもとづくアプローチを機能比較と呼ぶ。聞いているだけだと矛盾し
ていると思われるかもしれない。特に、5章では、肥大化した機能要件リストの作
成を嫌うスティーブ・ブランク（Steve Blank）に同意したことを思い出すと矛盾を
感じるだろう。しかし、今の段階ではクライアントに見せる前に、自分たちの発
見のためにツールを使っているだけなので、機能比較はバリューイノベーション
の機会を見極めるために非常に役立つことがある。箱からすべてのパズルのピー
スを取り出し、よく見える状態でテーブルに積み上げる。そして、もっとも良い
ピースと部品を選び、新しいインタラクションのパターンを組み立てる。要素を
真似するために必要なことをすべて行い、全体を縫い合わせると、優れたUXにな
る。

　機能比較がきっかけで、すでに実施してある調査を再度深く検討することにな
る場合もある。競合調査を行ったとき、**図6-8**に示すように、直接的競合、間接
的競合のもっとも興味深い機能の一覧を作ったはずだ。この一覧を見直すと、ひ
らめきが得られる場合がある。

パーソナライゼーション	コミュニティ／UGC機能
気に入った会場の保存、式を挙げるときの基準（装飾から食事、カクテルアワー、ドリンクなどまで）にもとづくオプションの選択、選択された会場の推定費用明細を見て、3か所以下の会場の明細を比較できなければならない。	ホストとゲストの間のレビュー、各ブログ投稿へのコメントの追加、施設のレビュー、イベントの作成、一覧の作成
登録すると、ユーザー（会場を探している人）は会場と業者をブックマークできる。業者は、ウェブサイトとメールアドレスへのリンクを持つことができる。プロフィールの補足、パフォーマンス統計、責任者への連絡、検索結果ページのおすすめ一覧、複数のカテゴリによるサービスのリスト作成、検索範囲の拡張などの機能を持つ。	YouTubeビデオ、ビデオ推薦状とプレゼンテーションによるサービスの提示、膨大なLinkedInの記事

図6-8　競合調査で学んだ機能

　答えは、向こうから簡単にやってくる。そうでなければ、バリューイノベーショ
ンの発見のために一歩一歩先に進まなければならない。競合のウェブサイトに戻

6.2　バリューイノベーションを発見するためのテクニック　　159

り、各機能の画面ショットを撮り、じっくり研究する必要がある。

　たとえば、数年前のことだが、私はある多国籍企業のためにiPhone用電子ブックリーダーのUXデザインを担当したことがある。市場にはすでに複数のリーダーが出回っていたので（Stanza、eReader、Kindle、Nook）、私は競合調査と分析を行った。ダウンロードしてデータを取り込み、さまざまな機能、本の操作の仕方などの体験、読み込み画面のUI、目次のナビゲーション、強調表示や注釈の方法などの画面ショットを撮った。その後、すべての画面ショットをiPhotoに読み込んで、相互の関係性にもとづいて整理した。そして最後にAdobe InDesignの大きな画面にそれらを並べ、横に並べ、実際に目で見て比較できるようにした。この比較にもとづき、浮かんだアイデアを記録していった。図6-9は、その時のドキュメントの例である。

図6-9　注釈の追加と強調表示機能に関する電子ブックリーダーの機能比較

　この作業に、私は少なくとも4時間かかった。クライアントは私にこの画面ショットを求めたわけでもそのための料金を支払ったわけでもなかった。けれども、最終的にもっとも効率のよい方法とだめな方法を見極め、定量化することができた。ユーザーが形式的な、あるいは奇抜に見えるデザインパターンを使って目的

をこなすために、競合が作ったなかなか興味深いアプローチも仔細に見ることができた。この作業のおかげで、デザイン作業に延々と時間を費やすこともなかった。車輪を改めて発明しなくて済んだので、プロジェクトに必要な素材を最初からデザインする必要もなかった。それ以外の利点としては、次の項目が挙げられる。

- アプリを通じてユーザーの一般的な使い方の流れを知ることができたので、アプリケーションの操作一覧やサイトマップを素早く作ることができた。
- ユーザーの目標達成を後押しするための手法や共通の方法がわかった。言い換えれば、ほかのアプリから自分のアプリに顧客を誘導したければ、前もってユーザーが何を期待していることを調べることだ。
- 競合がすでに実現しているUIがわかっているので、まったく新しい物を作ってそのUIを変に複雑なものにすることを避けられた。
- 実証的な証拠なしにUX戦略のことなら自分が一番よく知っていると思っているおかしなステークホルダーやHIPPO (Highest Paid Person' s Opinion)[1]をうまくあしらうことができた。十分な調査に裏付けられた証拠があったため、私は95%の確率でベストだと考えられる方法でUXデザインを進められた。

　競合やUXインフルエンサーとの間で機能比較をすると、ビジュアルデザインからインタラクティブデザイン、機能群、コンテンツの表示方法に至るまで、あらゆることを比較できる。機能比較の目的は、**図6-10**の周りが見えていないダチョウのように、業界の常識について何もわからない状態になることを避けることだ。必要なiPhone、Androidの画面ショットは、競合のアプリストアから入手できることもある。そうでなければ、お金（数百円から数千円）を払ってアプリを買おう。クライアントに費用を請求するか、自分で支払って1時間分の顧問料を請求書に書き加えればいい。機能比較をしておくと、あなたとクライアントの時間と資金を最終的には節約することができる。特に4章、5章の作業を集中してじっくりと行ったあとに機能比較をすれば、新たな発見があるだろう。

※1　監訳注：バカな上司の意味。口語でカバ（HIPPO）にかけている

個人における破壊的イノベーション

　居心地の良い領域の外に出て新しい経験に身をさらすと、人として自分を成長させる可能性が生まれ、経験という大きな報酬が得られる。あなたは、習慣的な行動を壊したときに生まれ変わり、新しい行動、存在、経験のあり方を手に入れられる。たとえば、次のようなことだ。

- 45歳のときにバレーを始めて、まっすぐに立つ方法が身についた
- 42歳のときにガーデニングを始めて、おいしいフレッシュサラダの作り方が身についた
- 39歳のときに息子を持ち、ゆっくりと過ごし、いくつかのことはなりゆきに任せられるようになった

　新鮮な目で日常のものごとを見られるようになると、あたりまえな見解を乗り越え、新しい概念を発見できるようになる。

　人は、同じことをくり返し考え、同じことをくり返し企ててしまい、自らを閉じ込める壁を作ってしまうものだ。破壊的イノベーションは、職業的な側面であれ個人的な側面であれ、自分が築いてしまった壁を切り崩してくれるのだ。

図6-10 周囲のことが理解できていないということは、頭を砂のなかに隠して危険を避けようとするダチョウのようだという、現実逃避的な態度を示した俗説

6.2.4 バリューイノベーションのストーリーボードへの展開

　製品のキーとなる体験がはっきりとつかめたら、体験の瞬間と瞬間をつなぎ合わせて話の筋としてまとめたい。これがいわゆる「ストーリー」だ。そして、機能比較のところでも見た目のビジュアルを重要視したように、ストーリーを作るときにもビジュアルがとても役に立つ。

　ストーリーボード作成の手法は、ロッテ・ライニガー（Lotte Reiniger）が影絵アニメーション映画『アクメッド王子の冒険』（1926年）のために、絵と色を使った

ストーリーボードを初めて作って以来[1]、かなりの歴史を持っている。それ以来、ストーリーボードは、広告キャンペーン、マンガ、映画、ソフトウェアデザイン、その他さまざまなビジネスを考える時の柔軟に使えるツールとして使われている。それは、ストーリーボードそのものがビジュアル的思考を後押しするからだ。あるいは、『ゲームストーミング』[2]に書かれているように、「視覚化の訓練をすることで、参加者が可能性を想像かつ創造することが可能になる」からだ。

バリューイノベーションをストーリーボードに展開するための3つのステップ

ストーリーボードの目標は、キーとなる体験のストーリーを目で見て理解できるかたちで語ることだ。この形式を使って体験のもっとも重要な構成要素に集中できるようにしたい。少ない言葉でより多くを語り、ユーザーの課題が解決されるというハッピーエンドで終わる。それでは、ストーリーボードを作り、プレゼンテーションする際のおすすめの枠組みを説明しよう。

ステップ1：パネルリストを作る

エナが花嫁の体験を初めて書き出したときに間違えてしまったように、製品のすべての機能をデモしてはいけないことを忘れずにいよう。ストーリーボードの記述を通じて、顧客の旅でもっとも「価値のある」瞬間だけを示すのである。これらの瞬間のなかには、インターフェイスデザインに影響を与える部分もあれば、実際には現実の世界で起きる出来事もある。実時間でその体験が（Uberのように）20分かかろうが、（Airbnbのように）2か月かかろうが、それとは関わりなく体験全体の流れを示す。

ビタとエナの場合、ここで、「結婚式のためのAirbnb」の単なるアカウント登録の仕組みを示すのではなく、これから花嫁になる顧客が夢の結婚式を実現させる道筋を示すことになる。彼女たちが体験をつなぎ合わせたストーリーボードは、

※1 「Art on Paper」（Megan Ratner、2006年1月）http://meganratner.squarespace.com/lotte-reiniger-art-on-paper

※2 Gray David、Sunni Brown、Jamews Macanufo『Gamestorming: A Playbook for Innovators, Rulebreakers, and Changemakers』（O'Reilly、2010年）。邦訳は『ゲームストーミング：会議、チーム、プロジェクトを成功へと導く87のゲーム』（オライリー・ジャパン、2011年）

次の通りだ。

1. これから花嫁になる女性が、オンラインで素敵で手頃な会場を探している
2. 彼女は検索の結果2、3か所の候補を見つける
3. 彼女は素晴らしい一覧の詳細画面を見ている
4. 彼女はプランのパッケージ（会場、食事、花）を選択する
5. 会場／日程／申し込みの確認を受け取る
6. 彼女はビーチで結婚式を挙げる

ステップ2：ビジュアルの作成方法を決める（デジタルモックアップか紙に描いたスケッチか）

絵を描いたりスケッチしたりするのがうまい人もいれば、棒人間の絵すら意味不明にしか書けないという人もいる。私もそのひとりだ。もっとも大切なのは、自分にとって素早くて簡単で、チームが協力しやすい形式を選ぶことだ。Photoshopの操作が得意なら、ユーザーインターフェイスのアイデアをPhotoshop上のグラフィックスとして切り貼りすればよい。ストーリーボードストーリーボードを描くのに凝りすぎて時間を浪費してはならない。Google画像検索の写真を使ったり、ほかのサイトから拾ってきた画面に少し変更を加えたりすればいい[1]。すべての画像を作成、描画、収集して、アスペクト比がだいたい揃うようにして、キャンバスにうまく配置しよう。この段階でユーザーインターフェイス全体をデザインしてもしょうがない。それよりも、インターフェイスのなかでコンセプトをもっともよく示す部品に着目することだ。

エナは、Google画像検索で見つけた写真を混ぜ合わせて使うことに決めると、Photoshopで手早くカンプ（仕上がり見本）のモックアップを作成した。結果一覧と一覧リストの詳細画面はDIRECTVのレイアウトをそのまま使ったが、その理由は今すぐレイアウトをデザインすることは重要ではなかったからだ。ここでの目的はUXがどう機能するかを見せられればよかったのである。

---

[1] 監訳注：画像にはそれぞれライセンスや権利があるので、状況に応じて取り扱いに注意しましょう

ステップ3：キャンバスにストーリーボードをレイアウトし、各パネルにタイトルを追加する

　ここでストーリーボードを見直してみよう。話はうまく流れているか。簡潔になっているか。顧客の理想の体験を簡単にたどれるか。答えがイエスなら、バリューイノベーションをうまくストーリーボードに移せていることになる。タイトルは簡潔に、2行にならない程度の長さで。繰り返しになるが、小は大を兼ねるのだ。

　図6-11と**図6-12**は、それぞれビタとエナのストーリーボードを示したものだ。このストーリーボードは、彼女たちの製品のバリューイノベーションを明確に伝えているのではないだろうか。

　本章の冒頭で触れたように、ストーリーボードは、必ずしもクライアントに提出する成果物ではない。業種によってはストーリーボードの存在がアイデアの説明のためにとても大きな役割を果たす場合もあるが、今のところは、キーとなる体験を物語の流れとして把握するために使っているだけである。

「結婚式のAirbnb」のストーリーボード：借主の体験

1. ジェニーは素敵で手頃な結婚式の会場を探している
2. 写真と基本料金が掲載された複数の場所を示す結果一覧が表示される
3. 彼女は気に入った場所を選び、詳細画面を表示する
4. 彼女はこの会場で自分の予算に合うウェディングパッケージを選択する
5. 彼女は式の期日を含む、詳細な確認メールを受け取る
6. プラン通りの素晴らしい結婚式を挙げたあとのジェニーと夫

図6-11 これから花嫁になる女性のためのバリューイノベーションを示す、ピタのストーリーボード

6.2 バリューイノベーションを発見するためのテクニック 167

「結婚式のAirbnb」のストーリーボード：貸主の体験

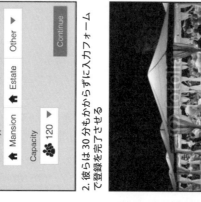

1. 広い家を持つ人々は、その場所を使って収益を生むための新しい方法を探している

2. 彼らは30分もかからずにカプファーム で登録を完了させる

3. 彼らは花嫁になる予定の女性から問い合わせを受け取る

4. 彼らはふたりを自宅に招き、過去の結婚式の写真を見せる

5. 結婚式は予定通りに執り行われ、家の所有者には1万ドルの収益が入る

図6-12 貸主のためのバリューイノベーションを示す、エナのストーリーボード

168　6章　バリューイノベーションのストーリーボードへの展開

6.3　ビジネスモデルとバリューイノベーション（価値創造）

　今までは、UXに関連してバリューイノベーションを生み出すため、機能の真似方について説明してきたが、この方法はビジネスモデルにも応用でき、また応用すべきであることを忘れてはならない。なぜなら、バリューイノベーションは、突き詰めればコスト優位性と差別化を結合した競争優位のことだからだ。そのため、革新的UXとビジネスモデルは相互に関係し合う。これらふたつの要素が結合すれば、最終的にあなたの製品は競合を大きく引き離し、動きの激しい市場のなかで生き延びることができる。

　私が個人的に経験が浅い市場についても見てみよう。それはマッチング（お見合い）サイトのことである。eHarmony、OkCupid、Tinderの3つのプラットフォームを例として取り上げる。

　eHarmony[1]のビジネスモデルは、月額課金のサービスを基礎としている。そのバリュープロポジションは、感じのよさ、考え方、外向性といった利用者の性格を重視するマッチングアルゴリズムに依存している。厳選された交際相手の候補についての情報を送ってもらうために、百以上の質問に答えてユーザー登録しなければならない。また、新たな相手の情報をもらうためには、現在の相手との交際を打ち切る必要がある。自分自身のプロフィールを見ることはできない。eHarmonyプラットフォームは、「結婚を考えている人々」を対象としてデザインされているため、異性との付き合い方の手順をアドバイスしてくれるツールさえある。

　OkCupid[2]は、同じ市場にありながら、eHarmonyとは正反対である。そのビジネスモデルは、顧客に自由を与えることで、時間の経過とともに、収益源はFacebookの収益源と同様に有料広告やプレミアム機能の追加料金に発展してきている。しかし、OkCupidのバリュープロポジションは、本質的に強力なUXに支えられたものになっている。ユーザーは、定性的、定量的要素にもとづいて、

※1　eHarmony：http://www.eharmony.com/
※2　OkCupid：https://www.okcupid.com/

マッチングの相手を選別できる。また、投票機能を使った高度にパーソナライズされた問いに答えることによって、マッチングのアルゴリズムをカスタマイズすることもできる。顧客はマッチング相手の条件を完全にコントロールする一方で、OkCupidはユーザーデータの販売利益を得るとともに、プレミアム機能から収益を得ている。

マッチングサイトでもっとも新しく、革新的なのがTinder[1]である。Tinderのスマートフォン専用アプリは、すでに3,000万人以上のユーザーを抱え[2]、急速にOkCupidのバリュープロポジションの魅力を奪っている。Tinderは、とにかく使いやすく話が早い。**図6-13**に示すように、ユーザーは本物または嘘のFacebookアカウントまたは偽名で登録し、顔写真を数枚アップロードし、自己紹介を書いたら（書かなくてもいい）、15分後にはもうマッチングに参加している。

Tinderのバリューイノベーションはこの素早さにある。今までのマッチングサイトの前提条件は、両方が相手に関心を示してからでなければ、ユーザーが相互にメッセージをやり取りするのを認めなかった。そこを逆手に取ったのである。Tinderでは、住まいの近さ、年齢、性別だけで選ばれたユーザーのプロフィールカードが絶えず送られてくる。これが第1のキーとなる体験だ。プロフィールが気に入らなければ、左にスワイプする。気に入ったら、右にスワイプする。双方のユーザーが右にスワイプすると、彼らはアプリ内のメッセージ交換で互いに相手にメッセージを送れるようになる。ほかのマッチングサイトとは異なり、Tinderは、半径1マイル（1.6km）以内の相手を紹介できる。これが第2のキーとなる体験である。ロサンゼルスやニューヨークのような渋滞の起きやすい都市に住んでいる場合でも、歩いて行ける距離に住んでいる人だけに候補を絞り込める。だから、最初は新しもの好きが知り合うためのアプリとして始まったものが、今ではすぐにでも相手を見つけたいあらゆる年齢層の誰もが使うアプリになるまでに発展したのである。

※1　Tinder：https://www.gotinder.com/

※2　「Tinder matchmaking app evolves to moneymaking」(The New York Times、2014年11月06日) http://www.latimes.com/business/technology/la-fi-tn-tinder-plus-20141106-story.html

図6-13　Tinderに掲載している私の簡潔なプロフィール

　それに加えて、Tinderのビジネスモデルでは、まずは一般大衆に使ってもらえることが大前提であったため、当初は明確な収益源を持っていなかった。今になって、Tinderはターゲット広告の販売や、より高度な機能を提供する有料メンバー制度（**図6-14**）などの収益源を展開するようになっている。

6.3　ビジネスモデルとバリューイノベーション（価値創造）　　171

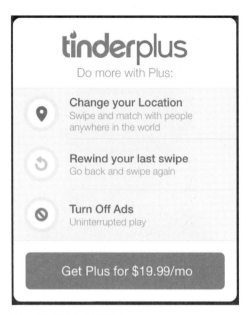

図6-14 Tinderの新しい収益源となる月額課金

ここで言いたかったことをまとめておこう。

- マッチングサイトのサービスは、どれもまったく異なるユーザー体験とビジネスモデルを持っている。
- マッチングサイトのサービスは、同じ顧客を奪い合いながら、どれも素晴らしい成功を収めている。

eHarmony、OkCupid、Tinderの各サービスは、どれも革新的である。それぞれの洗練された要素を通し、ビジネスモデルや機能の組み合わせによってユザーを独自の方法で惹きつけている。

6.4 まとめ

本章では、バリューイノベーションをはっきりと打ち出すという最終的な目標に向けて、アイデアを生み出し、そのアイデアをつなげていくためのさまざまな素材とコンセプトを説明した。デジタル製品のバリューイノベーションは、製品

の本質となる機能に集中することによって実現される。そして、キーエクスペリエンス（キーとなる体験：バリュープロポジションを目に見える形で示すこと）が重要だということ、競合とまったく同じか、ほんの少しだけ良い製品を作ることは時間の無駄だということを学んだ。UXに影響力を持つ人の見つけ方を示し、機能を真似る方法を説明した。ここで言う「機能を真似る」とは、単なる真似ではなく、ほかの製品から機能、定番のインタラクション、ビジネスモデルのアイデアを抜き出し、それらを混ぜ合わせて新しい何かを作ることだ。最後に、ストーリーボードで物語を伝え、それによってバリューイノベーションと顧客がたどる道のりをつなぐ方法を説明した。

　次章では、この空想の世界をあとにして、プロトタイプを作り、実験を行い本当にイノベーションを起こせるのかどうかを確かめよう。

7章

実験用プロトタイプの作成

誤った戦略を推進して多額の資金を無駄にしない
よう、実験にもとづく戦略が必要だ。[1]

――クレイトン・クリステンセン
（ハーバード・ビジネス・スクール教授）

※1　http://www.christiansarkar.com/christensen.html

リーンスタートアップの前提は、正しい道を走っていることを確認するために、早い段階から頻繁にフィードバックを得ることであり、これは基本要素3の基本的な考えでもある。エリック・リースとスティーブ・ブランクは、できるだけ早く製品を試すことが大切だと強調している[※1]。世界中でイベントを開催しているリーンスタートアップ・マシーン（**図7-1**参照）という団体もある。この団体のイベントでは、スタートアップ企業やプロダクト製作者たちが週末の時間を使ってMVP（必要最低限の機能を持つ製品）をデザイン、構築、テストする方法を学んでいる。

図7-1 リーンスタートアップ・マシーンのスローガン「失敗するのが早いほど、成功も早い」

UX戦略を成功させるためにも、この継続的テストを実施し、人々が**心の底から**本当に欲しがっている解決策を届けているのだという確証を得る必要がある。つまり、あなたは今すぐストーリーボードからMVP（必要最低限の機能を持つ製品）や製品のプロトタイプに飛び移らなければならないのだ。そして、できる限り早い段階で小規模で構造化された、無駄のない実験を行い、あなたのチームが現状想定している道のりから外れていないかどうかを知り、現実の世界で自分のビジネスモデルを機能させるために、するべきことは何かという課題の厳しさを思い知るべきだ。これが、私のUX戦略の枠組みを構成する4つの基本要素をすべて網羅した手順の始まりになる（**図7-2**）。

※1　Eric Ries『Lean Startup』(HarperBusiness、2011年)、邦訳は『リーンスタートアップ―ムダのない起業プロセスでイノベーションを生みだす』(日経BP社、2012年)

図7-2　UX戦略の４つの基本要素

7.1　全力を尽くすこと

　4章で取り上げた、失敗に終わった父のホットドッグスタンド購入よりもさらに何年も前に、母がサンフェルナンド・バレーの自宅のベッドルームにあるクローゼットからビジネスを起こして成功させたところを見ていた。それは1970年代始めで、35歳だった母はテニスが大好きだった。この頃のアメリカはテニスが大人気の時代だった。テレビ中継されたウィンブルドンや全米オープン、全仏オープンにジョン・ニューカム（John Newcombe）、ケン・ローズウォール（Ken Rosewall）、クリス・エバート（Chris Evert）といった選手が登場し、人気が加熱した。全米各地で裏庭にテニスコートが作られ、市民教室に本格的なテニスの講座が加わり、トーナメント試合が催されていた。私はその頃小学校に通っていたが、母はまだ保育園に通っていた弟の手を引いて地元の公園に出かけてレッスンを受けていた。彼女には生まれながらテニスの才能があり、強力なスライスリターンという技を身につけて、レッスンを始めてから6か月後には、女子ダブルスのトーナメントでトロフィーを勝ち取った（**図7-3**参照）。

図7-3 テニスで勝ち取った最初のトロフィを持つロナ・レヴィの写真（1972年）

　母がテニスの試合だけでなく、その先のビジネスを考えるようになるまでそれほど時間はかからなかった。ある日、テニスのダブルスのパートナーであるリー・クレイマー（Lea Kramer）とランチをしていたときに、インスピレーションが湧いてきた。ふたりはコートの内外を問わずテニスのあらゆる事柄が大好きだった。しかし、当時テニスウェアは高価で、手頃な価格のテニスウェアを見つけてくるのはほとんど不可能な望みだということで意見が一致した。ロサンゼルスで競合になりそうなテニスウェアのディスカウントショップを調べてみたところ、そこに間違いなくブルーオーシャンを見つけたのだ。彼女たち自身がバリュープロポジションだったのである。

　ふたりはそれぞれ投資できる資金を500ドルずつ持っていた。どちらも小売業の経験はない。けれども、リーには簿記の知識があった。母は弁護士の秘書として働いたことがあるだけで、大学には行ったことがなかった。しかし、母はなかなかのやり手だった。彼女は、試験操業をして、自分たちのバリュープロポジションを試してみようと提案した。彼女は家族ぐるみで付き合いのある友人のひとりに接触し、商品の仕入れを手伝ってもらえるかを探った。彼はアパレル業界で働いており、ロサンゼルスの衣料メーカーには詳しかった。彼はある衣料メーカーのオーナーである映画女優のエルケ・ソマー（Elke Sommer）と知り合いで、エルケはテニスウェアの新商品をわずかな利幅で母たちに売ってくれることになった。母とリーは、4着のテニスドレスと10着のテニススカート、12枚のテニス用ブラ

を仕入れ、あとは顧客を見つけるだけのところまで漕ぎ着けた。

　ふたりはまず、テニスコートで顧客を獲得しようとした。母の古い車のトランクからテニスウェアを出してきて見せたのである。しかし、みんなは試着できるプライベートな場所をほしがった。そこで、ふたりは地元のテニスクラブに所属するプレイヤーたちの名前と電話番号が書かれた連絡先の一覧を入手し、連絡を受けたテニスプレイヤーたちはおしゃべりをしながらふたりの家に上がり込むようになった。私が学校から家に帰ってくると、何十人もの半裸の女性たちが母のベッドルームの周りを歩き回っていたのを覚えている。母は「別のウェアも試してみたら？」と言って回っていた。その後、母とリーは、ビバリーヒルズのある豪邸のチャリティイベント（売上の10％を寄付する）にも招かれた。ふたりはこの裕福な顧客層にテニスウェアを大量に持ち込み、マンションのガレージに簡易型の試着ルームを作って商品を売った。こういった実験は、最終的にふたりに大成功をもたらした。ふたりの起業の方法は、ロサンゼルスの観光誌『LA Magazine』の「ロサンゼルス10大バーゲン」のひとつとして取り上げられた[※1]。ふたりは、最初の年に1万ドルもの在庫を保有し、ビバリーヒルズ、オーハイ、パシフィック・パリセーズを含むあらゆるところからの顧客層をつかんだ。そこで、ベッドルームのクローゼットから飛び出し、ベンチュラ大通りにモルタルレンガ造りの店を構えた。ラブマッチ・テニスショップ（**図7-4**参照）が正式に誕生したのである。

図7-4　リー・クレイマー（左）とロナ・レヴィ（右）。ラブマッチ・テニスショップの前で（1974年）

※1　Rena LeBlanc『The Ten Biggest Bargains in L.A.』（LA Magazine、1973年7月）

経営は最初から順調で、母とリーは利益をさらに多くの商品の購入に再投資した。ふたりは自由に使える収入と柔軟なスケジュールを満喫し、子育てやテニスも両立させた。3年後、ふたりは新しいショッピングモールに3倍の広さのスペースを確保して店を移転した。ラブマッチ・テニスショップは成功を続けたが、約10年経ったときに、母は引退することを決意した。ふたりが適正だと思う価格でリーが母の株式を買い上げた。公式のテニスの試合で試合終了時に交わす挨拶のようにふたりは握手して、ビジネスパートナーシップを解消した。

ここで学んだこと

- 起業して成功を収めるためには、MBA（経営学修士）は不要だし、大学教育さえいらない。しかし、やり手のビジネスパーソンでなければならない。
- 小規模からスタートしよう。大きなアイデアを持っている場合でも、まずはそのアイデアを試す方法を考えよう。まずは行動を起こすことによってリスクをコントロールする。小さな賭けを素早く繰り返すのだ。
- 自分の仕事をこなすスタミナがある限り、パートナーであり続けよう。しかし、そのような時期が終わったら、穏便な形で握手をし、会社を去ろう。

7.2　私が実験中毒になったいきさつ

　マーク・アンドリーセン（Mark Andreesen）が、2007年に「PMF（プロダクト／マーケットフィット）」[1]という言葉を作り出したとき[2]、「大きな市場、つまり顧客になる可能性のある人々がたくさんいる市場では、市場がスタートアップ企業の製品を**引き上げてくれる**」と言っている。これは、スティーブ・ブランクの顧客開発の方法論とも関係している。ブランクによれば、プロダクト製作者は、まず

※1　PMF：良い市場を狙っており、その市場を満足させられる製品を持っている状態
※2　「EE204: Business Management for Electrical Engineers and Computer Scientists」（Marc Andreesen、2007年6月25日）http://web.stanford.edu/class/ee204/ProductMarketFit.html

顧客の課題を理解することによってプロダクト構築を始め、次に顧客のニーズに合わせてソリューションを改良する。UX戦略では、実験によってその手順を行う。

　しかし、まず最初に「実験とは何であるのか」を正確に定義する必要がある。実験は、仮説の検証である。目標は、計測可能な結果にもとづき、仮説が正しいか間違っているのかを明らかにすることだ。実験を行ったあとは、結果を評価し、もとの仮説を採用するか却下するかを決められる。

　実験にはさまざまな方法があり、実験室で行えるものも、街に出て行うものもある。標準的なもの（比較のために標準的なものとともに実験する）を実験対象にする場合も、標準的なものを使わないそのままの形のものを実験対象にする場合もある。しかし、どんなタイプのものでも、実験とは仮説の誤りを立証するための変数を検証することだ。検証する変数は、制御、変更できるものなら、品目、要素、条件など、どれであってもよい。実験の変数を観察するときには、因果関係を探し、実験は有限の時間内で実施する。その理由は、変数を変更したときに何が起きるか観察可能な証拠を計測し、実証的に把握したいからである。これらの実験は簡単なことだ。少なくとも最初はそう思うだろう。

　2011年の始め、私はCisco Systemsの社外UX戦略コンサルタントとしてフルタイムで働いていたが、それと同時にロサンゼルスの地元の技術系スタートアップで、自分の手を動かすタイプの、小規模な仕事を探していた。3月になって、ものごとをはっきりと言う陽気で強気な起業家で、ニューヨーク大学の同窓生でもあるジャレッド・クラウス（Jared Krause）が起業すると聞いて会うことにした。彼は、人々があらゆるタイプのモノやサービスを簡単に交換できるあらゆる機能を備えたオンラインプラットフォームの作成という壮大な計画を抱えていた。その上、最初の投資者も揃えていたのだ。確かに、物々交換のためのプラットフォームはほかにもあったが、共通の興味や地理的な近さにもとづいてユーザーをマッチングする高度なメカニズムを持ったものはなかった。BarterQuest[1]やSwap.com[2]といった交換プラットフォームのインターフェイスは貧弱なもので、扱う

※1　BarterQuest：主に車やバイク、家具や食品の交換サイト。http://www.barterquest.com/
※2　Swap.com：子供用衣類の交換サイト。https://www.swap.com/

7.2　私が実験中毒になったいきさつ　181

商品もリサイクルショップで見つかるような種類のものだった。ジャレッドは、物々交換の世界で草分け的なものを作りたかったのである。

　私はすぐにフルタイムの会社仕事のほかに、このプロジェクトの仕事も始めた。離婚を経験し、息子は幼稚園に通い出した。約6か月後には、ビジネス要件、プロジェクトのロードマップ、情報設計が完成し、ユーザーの操作を描いたワイヤフレームも半分くらいできていた。ジャレッドは、人工知能の専門家を含む魅力的なチームを作っていた。私たちのバリュープロポジションは、基本的には「物々交換のためのOkCupid（お見合いサイト）」であり、ジャレッドの言葉を借りれば「くだらないものすべてのマッチングサイト」だった。主なアイデアは、顧客たちが人にあげたいすべてのものと、欲しい人がいるすべてのものを一覧にまとめられることだ。すると、裏のアルゴリズムが適切な人々をマッチングさせるのだ。

　このプロジェクトは意欲的で複雑なものだった。**図7-5**は、やり取りの流れだけでも相当複雑だったことを示している。

　その後ある日、ワイヤフレームのレビューの冒頭で、ジャレッドは私にUXに関する作業を止めるように言った。UXに関する作業の代わりに、ニューヨークタイムズで紹介されているベストセラー、『リーンスタートアップ』を読めというのである。私はパサデナのアロヨセコ公園にハイキングに行きながら、その本の音声版書籍を2日に渡って聞いた。そのおかげで、ふたつの恐ろしい現実に気づいた。ひとつ目の現実は、ジャレッドと私の製品開発の行動方針を根本的に変えなければならないということだ。その結果、私は膨大なUXに関する大変な作業を投げ出すか中断しなければならなくなる。もうひとつの現実は、伝統的な「ウォーターフォール型」開発モデルにもとづく私のUX戦略の実践とデザインの手法が、完全に時代遅れになっていることだ。

　そうして、作業のルールは完全に変わったのだ。

- たいそうな、バージョン1.0の「お披露目」に向けたUX戦略の作業は中止する。UXのさまざまな側面をはっきりと示す、小さくて少しずつ更新される事前リリース版（MVP：必要最小限の機能をもつ製品）を作るための計画を立てなければならない。

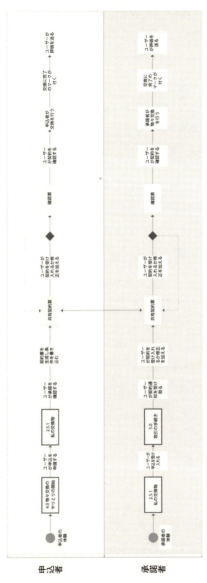

図7-5 TradeYa[※1]のために作ったやり取りの流れ

※1 TradeYa：ブランド品や家電の物々交換サイト。http://www.tradeya.com/

- ひとりで作業に没頭し、チーム（ステークホルダー、開発者、デザイナー）にドキュメントを渡すだけという仕事の方法を止める。私は、彼らと絶えず共同で戦略を立て、製品ができる限り早くリリースされるようにする。
- 製品を作ったあとで顧客がその製品を気に入ってくれますようにと祈るのはもう止める。これからは、作業の過程でUXとバリュープロポジションを検証するために、試用実験をさせてくれとクライアントに頼まなければならない。

プロジェクトの半ばでやり方を変えるのは、精神的に疲れることだった。しかも、私たちは資金を使い果たしそうになっており、ジャレッドは新しい投資を呼び込まなければならなかった。投資家たちは、私たちの製品に成功する可能性がある理由を示す現実的な証拠を求めた。ジャレッドに絶えず浴びせられていた質問があった。

「古いノートパソコンなんてCraigslist[1]ですぐに売れて、手に入れた現金でほしいものが買えるのに、満足できる物々交換ができるまで待とうと思う人間がはたしているのだろうか」

ジャレッドと私は、MVPを念頭にすぐに実験を始め、私たちのお花畑的な展望が、架空の惑星の話ではないことを示さなければならなかった。

そこで難しかったのは、バリュープロポジションの本質を適切に検証してくれるであろうはずのUXの断面を切り出してくることだった。そのうえ、開発者たちが1か月以内に構築できる、技術的に実現可能性のあるものを考えなければならなかった。ジャレッドは、自分の並外れたマーケティング能力によって人々をランディングページ[2]に誘導できるという自信を示していた。とは言え、私たちはすぐにちゃんとした意味を持った、閑散としたショッピングモールではないランディングページを作らなければならなかった。

※1　Cragslist：サンフランシスコを中心とした、その土地土地での「なんでも売ります／買います掲示板」。シンプルなインターフェースが好まれている募集広告コミュニティサイト。http://www.craigslist.org/

※2　ランディングページ：Webサイトの訪問者が外部のリンクや広告、検索からやって来るとき、最初に見ることになるページのこと

私たちのオンライン取引ファネル[1]からは外れているが、人々が現実の世界で実際に取引に応じてくれるかどうかを知るために1か月待つわけにはいかなかったので、MVPでは取引成功の成果をすぐに出さなければならなかった。私たちは、この実験から多くのことを学ぶ必要があった。学ぶべきことのなかでもっとも重要だったのは、交換したいものを持っている人が、交換してもよいものを多数持っているか、特定の「ほしい」ものがあるかによって交換が実現しやすいかどうかだ。ジャレッドは、毎日あるひとつの交換にスポットライトを当て、それを想定顧客層にとって非常に魅力的なものにすれば、実際に交換が行われる取引が成功しやすくなると予想していた。

　決めるのがもっとも難しかったのは、サーバーなどの裏側の仕組みを開発せずに、どのようにして実験を進めるかだった。私たちとしては、もっとも大きなイノベーションを提供するキーとなる体験に重点をおかなければならなかった。TradeYaの場合、そのキーとなる体験はお金を払わずに欲しかったものを手に入れられることだ。私たちは、見知らぬ他人と、物を交換する気になるように、人々を導く必要があった。すべての交換がなんの障害もなく進むようにするために、ジャレッドは手作業で交換を促進させるつもりだった。これは、交換するものを持っている両者にメールで手助けをするとか、ジャレッドを仲介者としてコンビニの前で両者が会えるように調整するといった単純なことだった。ある週末に、ジャレッドと私は仕事場に並んで座り、開発者のために必要なUXの資料をすべて用意した。1か月も経たないうちに、「今日の交換」が生まれたのだ。

　図7-6は、リーン以前のオリジナルのTradeYaの展望と、リーン以後、MVPの考えで初めて作成した機能図である。

---

[1]　取引ファネル：顧客を呼びこむ段階を漏斗（ファネル）で示した説明。「4.3.3 表へのデータ記入」を参照

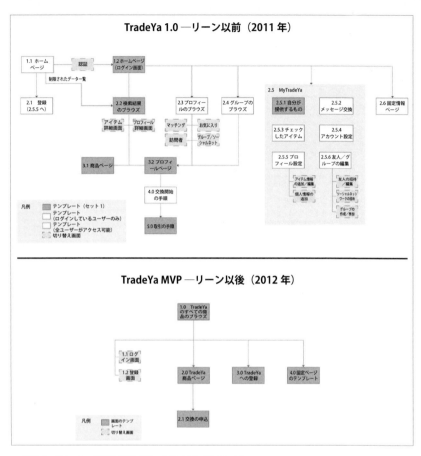

図7-6　「リーン」以前と以後のTradeYaのサイトマップ

図7-7は、リーン以前のもともとのTradeYaと、リーン以後のMVPの考えのもとに作られたホームページのワイヤフレームである。

UXに関する資料をちらっと見ただけでも、プロダクトがどれだけ小さくなったかは明らかだろう。私たちは開発者たちがバックエンド（実際のコードとデータベースやサーバーなどの裏側の仕組み）を開発せずに、フロントエンド（表に見えてくるユーザーインターフェイスの部分）だけで初歩的な物々交換ができる方法を考え出す必要があった。私たちが考えたのは、Craigslistがアカウント登録が不要で完璧に取引を成立させられるなら、TradeYaの最初のバージョンでも登録が必要

だろうということだ。その結果、私はパーソナライゼーションと取引に関する機能をワイヤフレームからすべて取り除いた。ユーザー登録、ショッピングカート、ユーザーレビューなどは、すべて省略されている。MVPにおける体験では、単純にそういったものは不要であった。

図7-7 「リーン」以前と以後のTradeYaのホームページ

　製品は、肥大した状態からスリムなリーン的なものに変わった。やれることは大幅に減ったが、物々交換自体は問題なくできる。私たちには機能満載なバージョンを作るだけの時間も人的リソースもなかったので、リーン的に進めたことはきわめて重要だった。そして私たちは、鶏が先か卵が先かという二面性を持った市場の一般的な問題にも直面した。「もの」を交換するユーザーがいなければ、誰がそういう人々と「もの」を交換するためにやってくるのだろうか。交換する人と交換されるもののどちらが先なのか、という古くからの問題を解決しなければならなかったのである。

　ジャレッドが実験をさらに強烈なものにしたのはそのためだった。彼は、チーム全員（出資者、開発者、デザイナー、私たち全員）が交換したい商品かサービスを実際に提出して、それぞれが交換に成功するまでテストしなければならないと主張した。私は自分の手を煩わすことなどまったく予想していなかった。私は、交換したい（あるいは交換を必要としている）古いソファーやパソコンなどを持っていなかった。そこで、私は自分のUXスキルを交換に出すことにした（**図7-8**参照）。私が「今日の交換」に出品したのは、ビデオ電話で2時間のUXコンサルティ

7.2　私が実験中毒になったいきさつ　　187

ングを行う権利で、交換の対象は、(a) 私の相談相手になってくれるか、(b) 古いFlashアニメ数本をYouTubeビデオに変換する、という非常に単純な作業である。

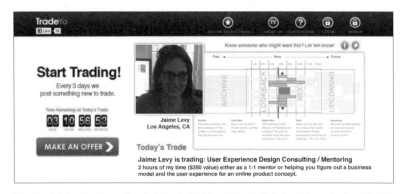

図7-8　私自身のTradeYa。「Today's Trade（今日の交換）」には「ジェイミー・レヴィが提供するもの：ユーザーエクスペリエンスデザインのコンサルティング／相談。一対一の相談か、オンライン製品のビジネスモデルとユーザーエクスペリエンスの支援のために、私の時間を2時間差し上げます（350ドル相当）」と記載した

　それは恐ろしくもあり面白い経験でもあった。それはまさに私たちのもともとのバリュープロポジションである、「くだらないものすべてのマッチングサイト」という感じだった。私は、それから24時間経たない内に連絡してきた、ポートランドのデジタル業界のコンサルタント、エドワードからの申込を承諾した。それは心の底から点と点が繋がったときだった。TradeYaはeBayのようなオークションサイトではなく、OkCupidのような出会い系サイトの方がはるかに近いというバリュープロポジションとUXを直接経験したのだ。交換は成功した。エドワードは私のアニメ動画ファイルをYouTubeに投稿し、私はポートランドでUXの仕事を得る方法を教えた。彼に仕事の面接を紹介さえした。ユーザーとしての体験全体は魔法のようだった。私たちはともにW-9（納税のための書類）を書かずに、TradeYaの交換に出されたスキルから非常に大きな満足を得たので、私たちの交換は、単に紙のお金をもらう以上の意味があった。現在の出資者も、これから出資者になるかもしれない人々も、そこで目にしたものに満足し、出資額を増やしてくれた。おかげで、私たちは実験と学習を続けることができたのだ。

　この事例からもわかるように、PMF（プロダクト／マーケットフィット）を調べ

るために実行できる実験のタイプやデザインには、さまざまなものがある。コードを1行も書かないものもある。よく使われている方法をふたつ紹介しておこう。

オンラインキャンペーン

ジャレッドは、マーケティングを通じて私たちの新しいランディングページに人々を引き付ける自分の能力に絶対的な自信を持っていた。これは、彼が必ずTradeYaの宣伝広告をしなければならないということだ。さまざまな広告、コンシェルジュ MVP（接客のために最低限必要な機能）、説明ビデオ、クラウドファンディングによるキャンペーンなどの主要な目的は、顧客になりそうな人々が行動を起こすかどうかを計測することである。顧客には、半信半疑でも最初のクリックをしてもらわなければならない。クリックなどの肯定的な反応は、ちょっとした計測値によって追跡できる。計測値は、次のようなことを教えてくれる。

- YouTubeの説明ビデオのページに来た人は何人か。
- そのなかで、ビデオを最後まで全部見た人は何人か。
- YouTubeのビデオページから製品サイトに向かった流量はどれくらいか。
- 詳しい情報を得るためにメールアドレスを登録した人は何人か。
- セールスファネルの先まで進み、今月の交換を申し込んだ人は何人か。

スキルや物の交換に本当に成功すると、人々は製品のバリュープロポジションに親しみを持ち、最終的には顧客になる。計測値は、オンラインキャンペーンのクリックスルー率（CTR：Click Through Rate）から顧客満足度レベル（これについては、9章で詳しく説明する）まで、あらゆることを知る可能性を秘めている。

また、オンラインキャンペーンは、ユーザーにMVPのバリュープロポジションを提示し、彼らがそのコンセプトを「受け入れる」かどうかを見極めるために使うこともできる。一般的に、この場合オンラインキャンペーンは製品の利点を説明する短いビデオやアニメーションを使っ

7.2　私が実験中毒になったいきさつ　　189

て行われる。そういったものは、ウェブページ、YouTube、あるいは
Kickstarter[1] やIndiegogo[2] などのクラウドファンディングサイトで見る
ことができる。それらは、少額投資家を引きつけ、出資を引き出し、製
品の訴求力をアピールし、ユーザーの獲得を目的としている。売り込み
に成功したかどうかは、メールアドレスなどの個人情報を提供した顧客
候補の数でわかる。この種の個人情報は、我々にとって通貨と同じよう
な価値を持つものと考えることができる。

オンラインキャンペーンのなかでも特に有名なものとして、2008年に
ドリュー・ヒューストン（Drew Houston）が行ったキャンペーンが知ら
れている。彼は、Dropboxという開発中の製品の画面ショットを、3分
の説明動画にまとめてリリースした。その説明動画は、製品のバリュー
プロポジション、つまり製品の機能、使いやすさ、利点をよく表してい
た。その動画は口コミで拡がり、わずかひと晩のうちに、ヒューストン
のもとには、今はまだない製品を熱烈に求める、75,000人を越えるアー
リーアダプターからの登録が集まった。Dropboxのようにうまくやれ
ば、あなたの製品をほしがる人々がそれくらい集まるのだ。この「コン
シェルジュ MVP（接客のために最低限必要な機能）」（『リーンスタート
アップ』[3]でエリック・リースが使った用語）の成功が呼び水となって、
スタートアップ企業はまずは宣伝ビデオを世の中に投げ込んで様子を見
る実験を始めるようになった（Mint[4]、Crazy Egg[5]、Dollar Shave Club[6]、
Groupon[7]の例を見よ。Airbnbでさえそうだ）。**図7-9**は、ジャレッドが
TradeYaのために作った説明ビデオである。

※1　Kickstarter：https://www.kickstarter.com/

※2　Indigogo：https://www.indiegogo.com/

※3　Eric Ries『Lean Startup』（HarperBusiness、2011年）邦訳は『リーンスタートアップ——ムダ
のない起業プロセスでイノベーションを生みだす』（日経BP社、2012年）

※4　Mint：https://www.mint.com/

※5　Crazy Egg：http://www.crazyegg.com/

※6　Dollar Shave Club：https://www.dollarshaveclub.com/

※7　Groupon：https://www.groupon.com/

図7-9　ジャレッドが作ったTradeYaのバリュープロポジション説明動画（https://www.youtube.com/watch?v=ENBGDRHAJN4）

コンシェルジュ MVP

「コンシェルジュ」というのは、もともとは「門番」という意味のフランス語である。ホテルやマンションのコンシェルジュの仕事は、顧客（宿泊者、訪問者など）が建物（またはサービス、製品）のなかに立ち入った瞬間から顧客の体験がスムーズで快適なものにすることだ。私がコンシェルジュ MVPと言うときは、実際の画面インターフェイスなしで顧客の体験のある一部分をシミュレートし、そのときに可能な限り不具合を起こさないようにする試みのことを言っている。インターフェイスの裏の仕組みなしで、できる限り多くのフロントエンドのキーとなる体験をシミュレートし、何がうまくいって何がうまくいかないかを見極め、素直に製品のリスクを取り除いていく。裏の仕組みを作る時間や人的リソースがないときには、コンシェルジュ MVPを作るのが次善の策になる。

重厚長大なシステムのさまざまな機能がまだ無い段階でジャレッドがしたのは、まさにそういうことだった。彼は個人的に、電話、メール、直接の対話でユーザー間の交換体験を円滑化していた。自動的にそういったことをしてくれる裏の仕組みが無くてもよかったのだ。ほかにも、

CarsDirect[1]、Zappos[2]、Meal Planning（Food on the Table）[3]、そして Airbnbなど、製品のバリュープロポジションの検証のために作られた21 世紀的なコンシェルジュ MVP 実験の例、それらを解説した記事、投稿は 多数ある。アーリーアダプター（新しもの好き）は、少々夢物語的な部分 が含まれていても、技術的革新に魅了され、新しい経験を楽しみにして いる。

しかし、これは決して目新しいことではない。はるか昔から、イノベー ターたちは「あざむいて」きたし、ユーザーはそれに「惚れ込んで」きたの だ。

1769年のこと、ヴォルフガング・フォン・ケンペレンという発明家が オーストリア皇妃のために自動チェス指し機械のデモンストレーション を行った。その機械仕掛けのトルコ人「ターク」は、数十年に渡ってヨー ロッパ各国を巡り、チェスを指しては、ナポレオン・ボナパルトやベン ジャミン・フランクリンといった政治家を含む挑戦者たちを打ち負かし てきた[4]。有名な推理小説作家のエドガー・アラン・ポーでさえ、実際に は箱のなかの狭いスペースに入ることのできる足のない戦傷者がチェス の指し手を決めているとは気づかず、人が人形の中に入っていると誤っ た説を唱えていた。挑戦者たちが知らなかったのは、本当にマシンのな かにチェスの名人が隠れていたことと、それは折りたたみ式の仕切りに よって隠された大きい秘密の部屋だったことである（**図7-10**参照）。ユー ザーたちは、機械ではなく、中に隠れた人と戦っていたのである。

※1　CarsDirect：http://www.carsdirect.com/

※2　Zappos：http://www.zappos.com/

※3　Meal Planning：http://mealplanning.food.com/

※4　Tom Standage『The Mechanical Turk』（The Penguin Press、2002年）邦訳は『謎のチェス指 し人形「ターク」』（エヌティティ出版、2011年）

図7-10 ジョセフ・ラックニッツによる自動チェス人形「タルク」のレプリカの版画（クリエイティブ・コモンズ・ライセンスにもとづき掲載）

　しかし、この自動チェス人形のまやかしは、人々にいろいろなことを考えさせるきっかけになった。数学者は、機械式コンピュータのことを考えはじめた。産業革命初期の時代に、まだ存在しないスーパーコンピュータの価値を考えバリュープロポジションの雰囲気を伝えたのである。今日では、起業を志す人々が手作業によって複雑なデジタルサービスを模倣することが可能になっている。AmazonのMechanical Turk[※1]は、企業が個人に細かな作業を委託するためのクラウドソーシング市場を提供している。このプラットフォームは、サービスの裏の仕組みをを真似るために人間の知性を利用することに使える。多様で拡張性の高い労働力を必要に応じて提供してくれる。サービスの仕組みを人力で代行するのは、複雑なサービスを新しい展望に合わせて作り直す前にジャレッドがTradeYa

---

※1　Mechanical Turk：https://www.mturk.com

7.2　私が実験中毒になったいきさつ　　193

の背後で人力で取引できるようにしていたのと同じである。ユーザーに見せなければならない魔法が、どのようなものであれ、コンシェルジュ MVP（接客のために最低限必要な機能）を使った実験の方が実際に製品を作り上げてしまってからどうなるか観察するよりもリスクが低くなるのだ。

オズの魔法使いになる（Wizard of OZing It）

デジタルサービスの模倣は、実際には1983年にJ・F・ケリーがIBMで行った実験までさかのぼる。彼は、「An Empirical Methodology for Writing User-Friendly Natural Language Computer Applications（ユーザーに優しいコンピュータを使った自然言語アプリケーションを書くための実証的方法論）」[1]というタイトルの論文で、「オズパラダイム」という手法を発表した。

ケリーは、自分の実験について次のように説明している。

「参加者が、人間と同じように英語を理解するコンピュータとやり取りしている印象を持つ、実験的なシミュレーションプログラムである。しかし、少なくとも開発の初期の段階では、プログラムは部分的にしか実装されておらず、反応がもたついてしまう。そこで、実験者が「魔法使い」役を担当し、参加者とプログラムの間のやり取りにこっそり割り込んだ。必要に応じて答えを返したり、新しい話題を提供したりするのだ」

ケリーが言及しているこの手法は「魔法使い」のキャラクタが有名な『オズの魔法使い』に由来することは明白だ。この古典的な子ども向けの童話では、魔法使いオズは、手品や小道具を使って自分が「偉大で力のある」魔法使いだと主人公のドロシーを信じ込ませる。オズの見事ないんちきによって、ドロシーは自分と仲間たちの問題を解決できるのはオズだけだと信じ込んでしまうのだ[2]。

※1　J.F. Kelley "An empirical methodology for writing user-friendly natural language computer applications" Proceedings of ACM SIG-CHI '83 Human Factors in Computing Systems (Boston, December 12-15, 1983). New York; ACM: pp 193-6.

※2　L. Frank Baum『The Wonderful Wizard of Oz』(George M. Hill Company、1900年)

革新的なアイデアを検証するために新しいテクノロジーの模倣版を作るという考え方は、初期の段階で方向性の正しさを確認するための方法の核となるものだ。J・F・ケリーは、構築〜計測〜学習と繰り返しのフィードバックを実践し、複雑なインターフェイス全体を完璧に作ってしまう前に、コンピュータを使ったことのない多くのユーザーにサービスのコンセプトを示したのである。彼は、自分の考えているサービスがリアルに見えるように機械の代わりに必要十分な実際の人間を使って人工知能を模倣し、検証を受けるためにユーザー調査を行ったのである。

7.3　プロトタイプを使ったPMF（プロダクト／マーケットフィット）の検証

　TradeYaは、ジャレッドと私が方針転換してMVP（必要最小限の機能を持った製品）を作るときに、すでにコンピュータの画面上でサンプルが出来上がっていた。しかし、まだ実際のウェブサイトを持っていない場合、どうすればよいだろうか。つまりストーリーボードとアイデアしかない場合だ。そのようなときには、プロトタイプ作りが役に立つ。プロトタイプの目的は、自分のアイデアが想定する顧客層が望んだものであり、ビジネス的に生き残っていけることが本当に確認できるまで、コーディングとデザインをしないで済ませることにある。

　プロトタイプとは、あなたが作ろうとしている究極の体験にユーザーを招待して、慣れ親しんでもらうのである。紙で作った簡易的なものでも、本物のようなモックアップでもよい。今日のテクノロジー産業では、プロトタイピングは大きな市場だ。デジタルデザインのチームは、Axure[※1]やOmniGraffle[※2]のようなツールでかなり詳細なプロトタイプを作る。この種のプロトタイプは、戦術的なユーザビリティテストや開発チームへの機能の引き継ぎなどに役に立つ。しかし、戦略的なコンセプトを伝えるために何かを「操作できる」ようにすると、すぐにやり

※1　Axure：http://www.axure.com/
※2　OmmiGraffle：https://www.omnigroup.com/omnigraffle

過ぎになって予算と時間を無駄遣いしてしまう。実際、私が戦略立案のためにすべきこととして（UXの典型的な成果物である）ワイヤフレームについて触れていないことに読者は気付かれただろう。ほとんどの顧客やステークホルダーはワイヤフレームを見て、実際の体験を「体感する」ことはできない。重要なアイデアを彼らの想像力に任せるなら、結局理解できず、その提案を受け入れてもらえないリスクを冒すことになる。

　私は、そこから何かを学べないプロトタイプを作ることは時間の無駄だと思っている。キーとなる体験に集中すべき理由は、6章で述べた通りだ。ここでは、ストーリーボードを出発点として、検証ができる、課題解決のためのプロトタイプを作ろう。8章で取り上げるゲリラユーザー調査にチームが出かけるとき、そのプロトタイプを使ってユーザーの概念を実証（PoC：Proof Of Concept）するのである。

7.3.1　3ステップでデザインするソリューションプロトタイプ

　以前の私はソリューションプロトタイプ（課題解決のためのプロトタイプ）を5画面のMVPと呼んでいた。しかし率直に言ってそういうプロトタイプは「続けて使う」ものではなく「製品」ですらないので、そういう言い方は止めた。プロトタイプの目的は、インターフェイスのキーとなる体験、バリュープロポジションを実際に見せ、製品のビジネスモデルとなりそうな要素を少しだけ見せるために必要な、最小限の画面を作ることにある。それによって、チームは革新的なストーリーボードを次のレベルに進めることができる。

　しかし、ストーリーボードと同様に、ソリューションプロトタイプは開発のために用いるものと違ってピクセル単位で完璧に描かれたものを作るわけではない。インターフェイスと実際の画像は、ほかの既存のウェブサイトからカットアンドペーストすればよく、コンテンツそのものを細かくいじる必要もない。プロトタイプは、この後担当する将来のデザイナーに必要事項を伝え、イメージを触発させることが重要で、最終製品ではないのだ。

　ソリューションプロトタイプ画面の一般的な枠組みとその内容を示しておこう。中間の画面の順序と数は、見せなければならないキーとなる体験の数によって、

柔軟に変えられる。

1. **セットアップ**：ランディングページかユーザー登録ページ
2. **キーUX その1**：1画面から3画面で、価値の革新を示す重要な操作を示す
3. **キーUX その2**：1画面から3画面で、価値の革新を示す重要な操作を示す
4. **バリュープロポジション**：取引などのやり取りが成功したときの最終結果
5. **価格戦略（有料の場合）**：アプリの値段、月額利用料、セット料金などを示す。製品の収益源が広告なら、1.～4.の画面で広告がどのように表示されるのか、例を入れることを考える

　ここで、3章で紹介した私の学生、ビタとエナに戻ってきてもらおう。そして、成功するソリューションプロトタイプはどうやって作るのかを学ぼう。

ステップ1

　単純な一覧、またはユーザーに見せる画面の概要を書く。ひとつかふたつのキーとなる体験を含むことになるだろう。ストーリーボードのときと同じように、表示する必要のある細部を十分に考えて表示することだ。

　ビタとエナは、ストーリーボードの画面に細部を加えて画面として見せようとしている。彼女たちが書いた一覧は、次の通りだ。

1. ユーザーの質問が入力された状態の最初のランディングページ
2. 検索結果の一覧と地図。フィルタなし全表示
3. 検索結果の一覧と地図。フィルタ表示
4. 検索結果の詳細画面
5. 挙式専用の家の写真をまとめたフォトギャラリー
6. 料金が表示されたオプションパッケージ
7. 結婚式の日程選択画面
8. 最終的な合計料金（サービス料を含む）を示す確認画面

　ソリューションプロトタイプのすべての段階がオンラインのデジタル体験を参照していることに注意しよう。つまり、ビタとエナが検証しなければならないこ

とは、デジタル製品が顧客の課題を解決できるかどうかということだ。

ステップ2

ストーリーを語る画像の切り貼りを作り始める。

6章で触れたように、作業のこの段階では、自分でゼロから作らなくても、気軽に参照できる、よく考え抜かれたUX、UIデザインが多数ある。けれども、プロトタイプができるだけリアルに見えるように努力しよう。Mechanical Turkのところでも触れたように、その努力が機械で作られた模倣物を合格レベルにするための鍵である。

図7-11から**図7-18**までは、ビタとエナの最終的なソリューションプロトタイプだ。よく見ると、ほとんどのアイデアが、UXに影響を与えている競合サービスから借用したものだということがわかる。

図7-11 「結婚式のためのAirbnb」のプロトタイプ画面 その1。「結婚式のためのAirbnb 素晴らしい場所で素晴らしい挙式」と記載し、下部には検索ボックスを配置した

7.3 プロトタイプを使ったPMF（プロダクト／マーケットフィット）の検証

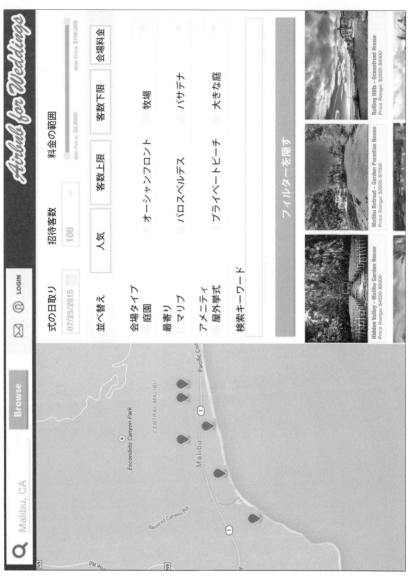

図7-12 「結婚式のためのAirbnb」のプロトタイプ画面 その2。検索結果の一覧と地図。フィルタなし全表示

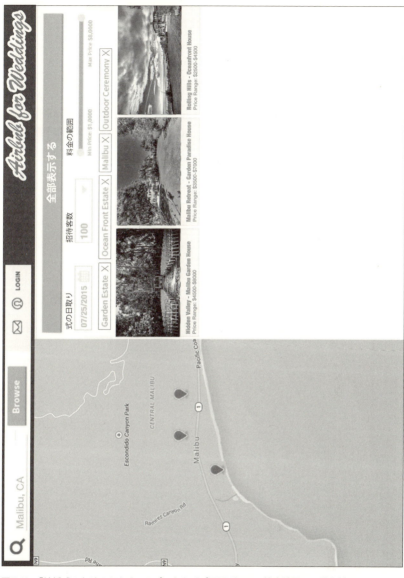

図7-13 「結婚式のためのAirbnb」のプロトタイプ画面 その3。検索結果の一覧と地図。フィルタ表示

7.3 プロトタイプを使ったPMF（プロダクト／マーケットフィット）の検証

図7-14 「結婚式のためのAirbnb」のプロトタイプ画面 その4。検索結果の詳細画面

202　7章　実験用プロトタイプの作成

図7-15 「結婚式のためのAirbnb」のプロトタイプ画面 その5。フォトギャラリー

図7-16 「結婚式のためのAirbnb」のプロトタイプ画面 その6。料金が表示されたオプションパッケージ

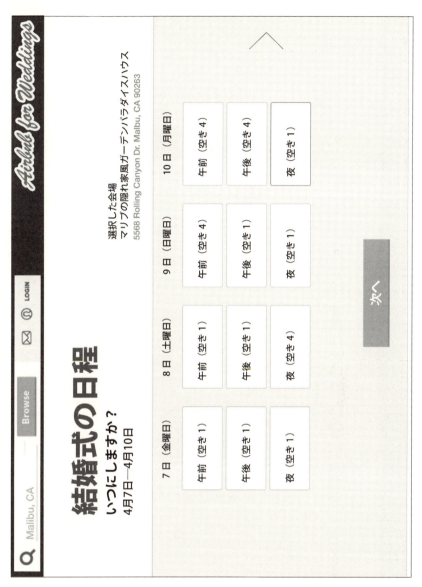

図7-17　「結婚式のためのAirbnb」のプロトタイプ画面 その7。結婚式の日程選択画面

図7-18 「結婚式のためのAirbnb」のプロトタイプ画面 その8。合計料金を示す確認画面

画面1から5は、Airbnbのコンセプトを今回の結婚式用コンテンツに合わせて作り直したものだ。

画面6は、結婚式パッケージ画面のためにDIRECTVのパッケージ画面を再利用したものだ。

画面7は、Appleのジーニアスバーの予約システムを借用したものだ。

画面8はそれっぽいものを切り貼りしてデザインした。

鉛筆、ホワイトボード、Photoshop、そのほか使えるものなら何でもどんなツールを使ってもかまわないので、チームの仕事が素早くこなせれば最初のバージョンは自由に描いて構わない。ソリューションプロトタイプ全体で何が行われているのかを把握してから、あなたとビジュアルデザイナーの細かな仕事が始まるのだ。

ステップ3

すべての画面ショットをプレゼンテーションツールに貼り付けよう。

私の場合、ひとりで仕事をしているときには、Photoshopでモックアップを作る。複数のデザイナーのチームで仕事をしているときには、Googleスライドを使ってプロトタイプを作るようにしている。そうすると、それぞれ別の画面を作っていてもチームで簡単に共同作業ができるからだ。Googleスライドのプロトタイプは、PDF形式でも出力できるので、配布しやすい。ビタとエナは、それぞれ線画のソリューションプロトタイプをPhotoShopで作り、最終画面をPDFに出力することにした。

PDF化するのは面倒だが重要な作業で、なぜならこのプレゼンテーションの要点はソリューションプロトタイプをステークホルダーに示すことではないからだ。肝心なのは、顧客にそれを見せることにある。ユーザーには、実際に操作できるようになっていなくても、インターフェイスを**使っている**ように感じて欲しいのだ。iPadのようなきれいなカラー画面にPDFを表示すれば、ゲリラユーザー調査（これについては、8章で詳しく説明する）ではきわめて効果的だ。参加者は、自分のペースで画面を進められるからだ。そして、キーとなる体験の話の筋を理解するために、前の画面、後の画面に移動することもできる。この最小限のインタ

ラクションから、素晴らしい意見が得られる。たとえば、ビタが花嫁になる人と
その相手にソリューションプロトタイプを見せると、そのふたりは「手頃な値段で
素敵な結婚式が挙げられるのはとてもうれしい」と答えた。彼らはAirbnbを使っ
たことがあり、プライベートな部屋の短期賃貸の仕組みを理解していた。しかし、
最初のソリューションプロトタイプのインターフェイスでは、日程をすぐに決定
できないことに気付いた。ビタとエナはそのことまでは考えてなかったのである。
そこで、彼女たちは**図7-17**のように、ユーザーが式の日取りを選択できるカレン
ダー機能を追加するようにプロトタイプを調整した。それから、次の実験の段階
に入り、新しいプロトタイプをターゲットとなる顧客候補5組に見せた。このカ
レンダー機能は、単に「追加してよかった」という以上の支持を集めた。

インタラクティブなプロトタイプのための優れたツール
（プロトタイプを作る場合におすすめ）

Adobe Acrobat[※1]

Adobe Acrobatに画像を読み込んでリンクを設定すれば、インタラクティブなPDFが作れる。

Balsamiq MockUp[※2]

数百種類のインタラクションパターンとアイコンを同梱しているワイヤフレーム作成ツールで、ウェブサイト、デスクトップアプリ、モバイルアプリのモックアップを素早く作れる。

InVision[※3]

適当なツールで正確なカンプ（仕上がり見本）を作り、.pngファイルをアップロードすれば、簡単にそれをモバイルデバイスに共有して顧客に確認してもらえる。コメントや違うバージョンも簡単に取り込むことができる。

UXPin[※4]

Photoshopファイルを読み込み、デモとして見られるよう設定すると、そのURLで皆がデモを試すことができる。

Prott[※5]

画像を簡単につなぎ合わせ、操作する箇所を設定し、インタラクティブなプロトタイプを出力できる。このプロトタイプは、複数のデバイスでアプリのコンセプトを試すために効果的に使える。

※1　http://www.adobe.com/products/acrobat/create-interactivepdf-files.html
※2　https://balsamiq.com
※3　http://www.invisionapp.com
※4　http://www.uxpin.com
※5　https://prottapp.com

7.3.2　ソリューションプロトタイプの現実性のチェック： ユーザー体験とビジネスモデルはなぜ密接に連携していなければならないのか

2章のビジネスモデル・キャンバスを思い出そう。キャンバスの左側を拡大し、**図7-19**を見てみよう。これらの項目（パートナー、主要活動、リソース）がソリューションプロトタイプの構成にどんな影響を与えるかを考えるべきだ。

図7-19　ソリューションの水面下にある主要項目

あなたは、プロトタイプのコンセプトのために準備するべきものについて、チームにありのままの姿を知らせなければならない。インターフェイスを見せるためのデジタルサンプルが仮のものに過ぎない場合は、実際に動作させるために何が足りないのかを完全に把握している必要がある。それ以上に大切なことは、それらの仮のものが実際に実行可能で持続可能かどうかだ。TradeYaの場合、私たちが仮に試してもらったコンシェルジュMVPの人手で対応する方法のままでは持続

可能ではない。サービスを大きくしたいと思うなら、ジャレッドが個人的にすべ
ての交換の仲介をするという方法では運用がもたない。初めてのユーザーひとり
ひとりについて、最初の交換を成功させたいからと言って全員の手を引いて誘導
するわけにはいかない。そこで、もっと楽な方法を用意した方がいい（それについ
ては9章で詳しく説明する）。

　ビタとエナの場合、実際のユーザーにプロトタイプを見せる前に、個々の作業
ステップの疑問点、問題点の一覧を作った。それらを通じて自問自答したのは、
パートナーは誰か、主要活動は何か、どんな人手と予算をどこから手に入れるか
だった。その答えを得るために、次の問いに答えた。

画面 その1から5

サービス開業時に貸し出せる大邸宅の一覧をどのように作り、どのよう
に運用するか。Airbnbなどの短期賃貸紹介サイトで連絡を取って、貸し
出せる大邸宅の一覧を作ることはできるか。

画面 その5

顧客が他人の家を予約したいと思うくらいの写真を手に入れるためには
どうすればいいか。Airbnbのように、庭と部屋の写真を撮影してもらう
専任のプロカメラマンを雇うことはできるか。

画面 その6

料理、駐車場への誘導、花の飾り付けなどのパーティ担当の会社をどの
ようにして選択するのか。最初は、選択肢が10種類もないようなところ
から始めるべきなのか。そのようなパートナー契約をどのようにして結
ぶのか。すでに特定の地域に料理のケータリングを行っている地元の小
さなお店だけに絞った方が良いのか。

画面 その7

貸主と借主が結婚式のために家を貸し借りするために選ぶ時間帯はいつ
なのか。今のような自由に選べるものが良いのか、それとも週末だけに
制限した方が良いのか。

7.3　プロトタイプを使ったPMF（プロダクト／マーケットフィット）の検証　　211

画面 その8

結婚式のプランでこのような総額を正確に計算することはできるのか。「推定」という単語を入れた方が安全のためにいいのか、それともそんな単語が入っていたら予算に限りのある借主は心配してサービスから去ってしまうのか。それほどたくさんの変動要素のあるパッケージを作ることに意味があるのだろうか。

プロトタイプ全体に関する疑問

このアイデアを試しやすくするにはどうすればいいか。サンタモニカとかロサンゼルスの海岸地域のように、市場のなかの一部の地域に絞り込むのはどうか。結婚式のような大きなイベントが実際に行われる場合、イベントの運営のためにどれくらいの数の人々が必要なのか。全体をコーディネートするウェディングプランナーが必要になるのか。それとも、花嫁のコスト削減のために、間に入る人（たとえばウェディングプランナー）を省略してすぐに利用できるサービスを作るべきか。

これらの問いに対する答えは、時間とともに変わる。たとえば、ビタとエナは、サイトで紹介する大邸宅の一覧をどこで手に入れるのか。おそらく最初は貸主に個人的に頼み込まなければならないだろう。私の母とリーがテニスウェアの最初の常連客をつかむためにしたのと同じようなことだ。だんだん規模が大きくなってきたら、ビタとエナはオンライン広告を使って自分たちのサービスを初めて知るであろうユーザーを呼び込む必要がある。そういったユーザーにバリュープロポジションを売り込み、それによってユーザーはサービスを使いはじめることになるだろう。

「顧客獲得のためのデザイン」（9章で詳しく解説する）に入る前に、顧客と直接会ってソリューションプロトタイプを実行し、試運転する方法を学ぶ必要がある。顧客になりそうな人々をゲリラユーザー調査に呼び込もう。

7.4 まとめ

本章で覚えておかなければならないのは、誰も使いたがらない製品のために時間、資金、労力を無駄にしてはならないということだ。それよりも小規模で体系化された実験の方法を考え、実施し、検証ユーザーからサービスの実像を学ばなければならない。新しいサービスを経験する手助けになることを行うのだ。たとえそれがTradeYaの実験のためにあなたの部屋にある何かを試しに売りに出さなければならないとしてもだ。

ほとんどの実験は失敗するので、その結果をよく考え、今後に活かせる教訓を手に入れることに力を注ごう。また、結果の白黒がつかないこともある。そこで、実験を行うたびに、チームで集まって報告を聞き議論することにより、実験結果を解釈することが必要だ。

8章

ゲリラユーザー調査の実施

いちかばちか外に出てみろ。
睡眠を削れ。やってみたと言え。
正面から不満に立ち向かうんだ。
視点が新たな波を作るのだから。

——ジョイ・ディヴィジョン
（イギリスのロックバンド）、1979

ゲリラーユーザー調査というこの小規模で体系化された実験を行うことで、この定性的フィールドワークはバリュープロポジションと、ユーザー自身の革新的で重要な体験についての仮説を、素早く検証することを手助けする。本章では、ゲリラユーザー調査を通じて顧客層になるであろう人々から意思決定という成果を獲得することに力を注ぐ。顧客になるかもしれない人々があなたの製品のキーとなる体験について感じ、考えたことを偏らない開かれた心で受け止め、真実に近づくために、7章で作ったプロトタイプを使う。本章は、基本要素3の検証のためのユーザー調査（**図8-1**）を軸とし、UX戦略ツールキットを活用する。

図8-1　基本要素3：検証のためのユーザー調査

8.1　ゲリラユーザー調査：シルバーレイクカフェ作戦

　2013年9月23日、非武装のUX自警団チームが、1章で紹介したソフトウェアエンジニアのバリュープロポジションに組織的な攻撃をしかけた。リハビリ施設のプロジェクトはカリフォルニア州シルバーレイクにある流行の最先端を行くふたつのカフェで8時間も続き、10人が参加した。自警団チーム（チームリーダー、UX調査員、イベントコーディネーター）とインタビューを受けた参加者たちは無傷で立ち去った。どちらのカフェも汚さず、すべてのインタビューは大きな事件を起こすことなく実施された。しかし、クライアントは感情的にすっかり消耗しきった様子であとに残された。というのも、想定された顧客層（あらゆる人々）はこのサービスに喜んで金を払うだろうという彼の仮説が間違っていたことがはっ

きりと暴き出されたからだ。彼のビジネスモデルは粉々に破壊されてしまった。

事件がどのように起きたのかを、順を追って見ていこう。

午後1:10

UX調査員が1軒目のカフェに到着した。彼女はコーヒーを買い、多めの額のチップを残した。それから彼女は上の階に上がり、カフェの従業員からは見えない奥まった場所を探した。その場所には、正方形のテーブルが6つほどあった。すでに席はすべて埋まっていたので、彼女はテーブルがひとつ空くのを待った。

午後1:30

椅子がふたつあるテーブルが空いた。UX調査員はテーブルを確保し、ひとつの席に持っていたジャケットをひっかけた。彼女はノートパソコンを取り出すと、Wi-Fiに接続し、AC電源を確保した。彼女が準備をしているうちに、ジェイミー（チームリーダー）とクライアント（ソフトウェアエンジニア）がカフェに入店した。彼らはコーヒーを買い、多めの額のチップを置いて上の階に向かった。彼らはUX調査員と目配せをして、インタビューで使えそうな3人用のテーブルを探した。

午後1:45

電源コンセントの近くにあり階段が見える3人用テーブルが空いた。チームリーダーが階段と向かい合う席に座った。クライアントは反対側に座った。チームリーダーがイベントコーディネーターの携帯電話にテキストメッセージを送った：**インタビュー会場確保**。イベントコーディネーターは、カフェの前に陣取り、調査員らしく見えるようにクリップボードを取り出した。彼の仕事は、インタビューの参加者がカフェに入る前に捕まえることだ。

午後1:55

参加者1がカフェに現れた。イベントコーディネーターはドアのところで彼に声を掛けた。コーディネーターは参加者1をカフェに招き入れ、

階段を上がってメインのインタビューテーブルに連れて行った。彼は参加者1をチームリーダーとクライアントに紹介した。イベントコーディネーターは、参加者1の飲み物の注文を聞いてから立ち去った。

午後2:05

参加者2が5分遅れで姿を表した。イベントコーディネーターはドアのところで彼女に声を掛けた。階段を上り、UX調査員が待つ第2インタビューテーブルに参加者2を連れていった。UX調査員は、丁寧にプロらしく彼女に挨拶した。コーディネーターは彼女の飲み物の注文を受け、階段を下りて飲み物を買い、多めの額のチップを置いた。イベントコーディネーターは、ふたりの参加者のための飲み物を持って上の階に戻った。そしてこのタイミングで、彼らに謝礼を支払った。インタビューが始まると、コーディネーターはカフェの外に戻り、次の参加者が来るのを待った。

午後2:10〜2:45

チームリーダーとUX調査員は30分のインタビューを実施し予定の時間通りに終えた（図8-2）。クライアントは、その場でインタビューを聞き、記録ノートを取る。記録したノートは、チーム全員が見られるようにクラウドで共有される。終わったところで、チームリーダーとUX調査員は手短にインタビューの質問に変更が必要かどうか打ち合わせをする。修正を終えるとイベントコーディネーターに次の参加者を連れて来るようテキストメッセージを送る。

図8-2 1軒目のカフェで行われたゲリラ調査インタビューの様子。左がチームリーダー、壁に向かっているのが参加者、右がクライアント

午後2:55〜4:59

この時間帯には、参加者3が到着し、参加者4は現れなかった。参加者5、6は時間通りに到着した。イベントコーディネーターは、ドアのところで参加者に挨拶し、彼らを上の階の適切なインタビューテーブルに連れて行き、ドリンクの注文を取ってそれを届け、彼らに報酬を支払う。チームリーダーとUX調査員はインタビューを実施して時間通りに終え、クライアントは観察を続けて記録ノートを取る。

午後4:45

予定していた最後の参加者が到着したあと、イベントコーディネーターはサンセット大通りにある2軒目のカフェに向かう。彼はサンドイッチと飲み物を注文し、電源コンセントの近くのテーブルを見つけて準備をする。

8.1 ゲリラユーザー調査：シルバーレイクカフェ作戦

午後5:00

1軒目のカフェでのインタビューは、開始から3時間後に終わった。全部で5人の参加者にインタビューした。UX調査員、チームリーダー、クライアントは、それぞれが発見したことを議論し、わかったことを記録し、2軒目のカフェで会う参加者たちのためにインタビューの質問に修正を加えた。UX調査員は家に帰った。彼女はその後のインタビューには出席しなくていい。チームリーダーとクライアントは、第2会場に向かった。彼らはイベントコーディネーターと合流して夕食を注文した。午後5時20分までに、イベントコーディネーターはクリップボードを持ってカフェのドアのところに立っている。

午後5:30

参加者7が到着した。イベントコーディネーターは、ドアのところで彼と挨拶を交わした。そして、店内のテーブルに参加者を案内した。

午後6:00

参加者8がカフェの裏口から30分早く到着した。彼女は直接インタビューテーブルに向かい、実施中のインタビューを中断させた。チームリーダーは参加者8をイベントコーディネーターのもとに連れて行き、コーディネーターは状況をうまく処理した。チームリーダーは割り込まれたインタビューを最後まで終わらせた。

午後6:30〜8.30

さらに2回のインタビューを問題なく実施した。間に欠席を見込んでわざとダブルブッキングした参加者が現れたので、報酬を支払い、30分後に詫びを入れた。

午後8:30

2軒目のカフェでのインタビューは、開始から3時間後に終わった。ここではさらに3人の参加者にインタビューを行った。

220　8章　ゲリラユーザー調査の実施

午後9:00

クライアント、チームリーダー、イベントコーディネーターは、それぞれが発見したことを議論し、得られた洞察を記録した。報告会は終わり、全員が家に帰った。

1週間かけて計画し、5,000ドル（約50万円）の費用をかけて実現した長い1日が終わると、私たちはあとでノートを見てみたり、発見したことを分析したりする必要さえなくなっていた。参加者たちが絶えずソリューションプロトタイプを感心し、称賛していたのは明らかだった。彼らはプロトタイプのUXを通じて示された価値の革新とキーとなる体験を評価した。しかし、ステークホルダーは、大きな転換点があることに気付いていた。顧客たちは、そのサービスについて熱く賛同していたとしても、彼のビジネスモデル（販売方法、収益源、コスト構造）の無効性を指摘したのである（2章のビジネスモデル・キャンバスを参照）。ビジネスモデルが成り立たなければ、彼の製品は持続可能ではない。彼は記録が書かれたクリップボードを見ながらピボット（方向転換）するか、このまま続けるか否かという厳しい選択をしなければならなかった。

ここで学んだこと

- 重要なステークホルダーを本物のユーザーの前に連れて行くと、いいことも悪いことも、その本物のユーザーから直接、すぐに学び取ることになる。
- 現場での調査を成功させるためには、組織化され、連携し、素早く動くチームでの作業がきわめて重要になる。
- 検証結果を得るために、高価で時間がかかる試みに投資する必要はない。

8.1　ゲリラユーザー調査：シルバーレイクカフェ作戦　221

8.2　ユーザー調査とゲリラユーザー調査

　ユーザー調査を実施する目的は、製品のバリュープロポジションに意味を与えるためにターゲットとなる人々のニーズとゴールを理解することだ。ユーザーのニーズを理解するためのテクニックとして古くから使われているものとして、カードソーティング、コンテキストインタビュー[1]、フォーカスグループ、アンケートなどがある。ユーザー調査の手法を学べる本は百冊以上出ている。最近のもので私が気に入っているのは、ローラ・クライン（Laura Klein）の『UX For Lean Startups』[2] とレア・バリー（Leah Buley）の『一人から始めるユーザーエクスペリエンス』[3] である。

　ユーザー調査とは、通常ユーザビリティテストかエスノグラフィック調査、またはその両方を含む。それぞれに長所、短所があるので、自分のプロダクト、プロセスでもっとも効果的な調査の種類を判断できるように、それぞれの違いを把握しておくことが大切だ。

　ユーザビリティテストは、人々がその場でプロダクトをどのように使うかを知ることにより、プロダクトが実際に使えるものかどうかを明らかにする。ユーザビリティテストで検証される要点としては、次のものがある。

- ユーザーがインターフェイスを使って指示された目標をこなしているか。
- ユーザーがそれを実行するために必要なクリック数（タップ数）はいくつか。
- ユーザーがあなたのプロダクトを理解するためにどれくらいの時間がかかるか。

　これらの問いに対する答えを見ると、あなたのプロダクトの行動喚起（CTA：Call To Action）が正しい箇所に置かれているか、ユーザーが重要な情報を見つけられるかどうか、操作における言葉の使い方が明確かどうかがわかる。昔から、

※1　コンテキストインタビュー：ユーザーが利用中の様子を教えてもらうインタビュー手法。意見を聞いたりせず普段の生活や使い方を教えてもらう

※2　Laura Klein『UX For Lean Startups』（O'Reilly Media、2013年。和書未刊）

※3　Leah Buley『The User Experience Team of One』（Rosenfeld Media、2013年）。邦訳は『一人から始めるユーザーエクスペリエンス』（丸善出版、2015年）

ユーザビリティテストは、ユーザビリティ専用ルームのマジックミラーのある部屋で実施するか、大企業が自社内で実施していた。最近では、オンラインサービス（http://Usertesting.comなど）を使って、リモートで実施することができる。リモートテストサービスは、人々が自分の考えを口にしながら、プロダクトまたはプロトタイプをどのように使うのかを記録し、手軽で納得のいく価格のテスト動画を提供してくれる。しかし、一般にインタラクションデザインにとってのユーザビリティテストは、完成済みの物理的なプロダクトデザインにとっての品質検査のようなものである。そのため、普通はプロダクトが完成したあとすぐに、一般向けにリリースされる前に実施される。

　それに対し、エスノグラフィック調査（ごく自然な環境における人々の行動観察）は、3章で触れたアラン・クーパーが推奨する高品質ペルソナと同じように、人の心のなかのもっとも深く隠れた部分に触れるということである。その部分がどれくらい深いかを少しでもイメージするために、私の崇拝する人物のひとりであるインテルのジュヌヴィエーヴ・ベル（Genevieve Bell）博士に登場してもらおう。2005年に、彼女がアジアで進めている、人々がどのようにしてテクノロジーを使うかを学ぶプロジェクトの講演を聞いた。それは大変刺激的なものだった。この研究は、開発途上国から得られた洞察を集めて将来のインテルにおけるチップ設計に洞察を与えることを目的として行われていた。ベル博士は、2年以上をかけて、7つの国の19都市で数百軒もの家庭を訪れた。彼女は、都会から遠く離れた村の女性の追跡調査の話をした。その女性は、水道、電気を持たず、もちろんコンピュータさえ持っていなかったが、遠く離れた大学に通っている息子と電子メールで定期的にやり取りしているという。どうすればそのようなことが可能だったのだろうか。女性は数十kmも歩いて、ある家を訪れる。すると、その家の住人が電子メールの送信を手伝ってくれるのである。女性はそれまで1度たりともコンピュータを使ったことはなかったのだ。

　この種のユーザー調査は、徹底的なコンテキスト（文脈や状況）インタビューを含む。私はベル博士の徹底的な現地調査、彼女の包括的で示唆に富んだ分析には敬服するが、私たちの大半はインテルのような大企業で働いているわけではないし、この種の研究に費やす時間も資金も持ちあわせていない。飛行機での移動が

8.2　ユーザー調査とゲリラユーザー調査　　223

20万マイル以上、現地ホテル、ガイド、日当、19冊にも及ぶフィールドノート[1]から、いくらぐらい予算がかかるのか見積もろうと思ったが、その額を想像してひるんでしまった。製品戦略のための長期的な取り組みを進めていて、予算がたっぷりあるクライアント、大企業、研究機関などのために働いているのでない限り、たいていは「何かを市場に投入する」ことだけを追求する調査嫌いのステークホルダーを相手にしなければならない可能性の方が高いだろう。その場合、それがどんな調査であれ、ユーザー調査を実施することをこの調査嫌いのステークホルダーに承知させること自体が大きな問題になってしまう。調査にかけられる予算が50万ドル（約5,000万円）ではなく、5,000ドル（約50万円）くらいでも、定性的ユーザー調査を実施し、すぐに目に見える成果が得られる手っ取り早い手法が必要だ。どうすればよいのだろうか。

　その答えはゲリラユーザー調査だ。これは、死者を出さないゲリラ戦のようなものだと考えられる。ゲリラ戦は、小規模な精鋭部隊で待ち伏せをして、すぐに逃げるという戦術で敵と戦う戦略形態である。いったい誰が「敵」なんだ？ と思われるかもしれない。あなたのチームの主な敵は、おそらく時間、資金、労力だ。それらが尽きてしまえば、革新的で持続可能なデジタル製品を実際に作れるのかを確かめられない。時間や予算がほとんどないクライアントにとって、従来からのユーザー調査は敷居が高い。エスノグラフィック調査は時間がかかりすぎ、ユーザビリティテストはバリュープロポジションが本質を突いているか、キーとなる革新的体験が価値をもたらしているかを判定する役に立たない。そこでゲリラユーザー調査の出番だ。ゲリラユーザー調査はコスト効率が良く、機動性が高いので次のような問題を検証するために役立つ。

- 正しい顧客層をターゲットとしているか。
- 顧客が共通して持つ課題を解決しているか。
- 提案しているソリューション（キーとなる体験のプロトタイプが示しているもの）は、顧客候補となる人々が本気で利用を検討するものになっているか。

---

[1]　「For Technology, No Small World After All」（The NewYork Times、2004年5月6日）http://www.nytimes.com/2004/05/06/technology/for-technology-no-small-world-after-all.html

- 彼らはプロダクトのためにお金を出す気があるか。お金を出す気がない場合、ほかに広告収入などの収益モデルの可能性はあるか。
- ビジネスモデルは有効に機能するか。

　潤沢に予算を持っているクライアントでも、ゲリラスタイルの調査を検討してみるべきだ。この種の「リーン」的調査は、単に費用を節約するだけでなく、貴重な時間も節約してくれる。テクノロジー産業は速いペースで変化しており、革新とは常に動く標的のようなものだ。多くの章で述べてきたように、何かユニークなことをするチャンスの窓は除々に閉じようとしているか変わろうとしている。ゲリラユーザー調査は、直接的ですぐに役に立ち、的確な知識を与えてくれる「作戦」であることを保証しよう。

ゲリラ戦：ファナ・ガラン

　歴史を通じてもっとも有名なゲリラ戦士は、ファナ・ガラン（Juana Galán）（**図8-3**参照）である。彼女は、1808年ナポレオンの大陸軍がスペインを攻撃した半島戦争の頃、人々に知られるようになった。ナポレオンの大陸軍は、数十万人のよく訓練された兵士から構成されていた。ファナ・ガランは、母国スペインを守るために、自分の村の女性たちを集めて即席の部隊を組織して反撃に出た。道に沸騰した油を注ぎ込んだり、窓から火傷するような熱湯をフランス兵にぶちまけたりといった非情で臨機応変な戦術で部隊を指揮した。これらの作戦は、彼女たちの村を守っただけでなく、フランス陸軍のラ・マンチャ地方撤退の大きな要因にもなった[1]。

---

[1]　Rudorff Raymond『War to the Death: The Siege of Saragossa』（Hamilton、1974年）

8.2　ユーザー調査とゲリラユーザー調査　225

図8-3 スペインの英雄的女性ゲリラ戦士ファナ・ガラン（1787—1812）のポートレート。（クリエイティブ・コモンズ・ライセンスにもとづき掲載）

8.2.1　ゲリラユーザー調査の主要3段階

　ゲリラユーザー調査は、手っ取り早く、リーン方式でチームの理想に沿っており、ステークホルダーに対してもすぐに示すことのできる透明性を持っている。しかし、事前に多くの調整作業が必要だ。録画装置を備えた密室の調査ルームとは異なり、外部の環境を自由にコントロールすることはできない。そのため、チームは調査におけるすべての作業の詳細について考え抜き、予備の計画もいくつか用意しておかなければならない。本当のゲリラ戦のように命はかかっていないかもしれないが、限られたコストと時間も守らなければならない。

　調査にかかる時間とコストの基本的な内訳を理解するために、3つの段階を広い視野で捉えるところからはじめよう。次に、2章で紹介したリハビリ施設のプロジェクトを事例として、各段階の詳細を説明する。

計画段階（チームの人数、参加者数により1週間から2週間）

　計画段階は、ソリューションプロトタイプの作成から参加者のスケジュール調

整までのあらゆることが含まれる。3つの段階のなかでももっとも複雑である。あらゆることを考え、時間を設定し、リハーサルをしなければならない。関係するすべての人がそれぞれの役割を理解し、どこに立つか（あるいは座るか）を把握しなければならない。ゲリラ戦と同様に、戦場に突入し、仕事をしたら、「捕虜にならずに」（つまり、カフェの店員に放り出されないうちに）直ちに脱出しなければならない。

計画段階を成功に導くための5つのステップは、次の通りだ。

ステップ1：調査の目的をはっきりさせる。バリュープロポジションとUXのどの部分を検証するかを決める。

ステップ2：検証の効果が分かる質問を準備する。その後、プロトタイプのデモをしながらインタビューする全体の構成のリハーサルをする。

ステップ3：会場を探し、必要な物品を用意する。

ステップ4：参加者を募集するために募集広告を打つ。

ステップ5：参加者を選抜し、スケジュールを練る。

インタビュー段階（1日間）

インタビュー段階は、会場を設営して時間をうまく調整しインタビューを実施するので、3つの段階全体のなかでももっともイライラすると同時に、もっともウキウキする部分でもある。

インタビュー段階の仕事としては、次のものが含まれる。

- 会場の設営
- 参加者への謝礼支払い、カフェでのエチケットを守る、チップの用意
- インタビューの実施
- 簡潔な記録ノートの作成

分析段階（2時間から4時間）

分析段階は、3つの段階のなかではもっとも複雑度が低いが、重要でもある。この段階では、インタビューの過程で集めたデータをまとめ、インタビューに同席

8.2　ユーザー調査とゲリラユーザー調査　　227

したチームメンバーの報告を受け、クライアントがいた場合にはクライアントからの意見を受け、これらすべての情報を素早く編集する。インタビューが正しい証拠を得るために効果的であったのかを最終的に判断する段階なので、手を抜いてはいけない。最後に、分析にもとづいてどちらに向かって進むべきかを決める。

8.2.2　計画段階（1週間から2週間）

ステップ1：目的の明確化

この最初のステップでは、調査の目的を明確にしてバリュープロポジションとUXのどの部分を検証するかを決めなければならない。

「この製品の本当の目的、市場性、生き残りの可能性があるか」ということを自問自答しよう。つまりプロセスがここまで進んでも、まだ残っているリスクの高い思い込みは何かを考える必要がある。2章で紹介したソフトウェアエンジニアの例では、バリュープロポジションはまだ海のものとも山のものともつかないものだった。2章のたとえを使うなら、ゲリラユーザー調査を行う前のバリュープロポジションは、愛する人のために適切な治療を探している人にホテル予約サイトHotels.com[1]を提示しているようなものだった。彼の考えたインターフェイスは、ユーザーが予算額を入力するという点では、Hotels.comとよく似たマッチングシステムになっていた。システムは、指定された価格帯で合致したものを返してくる。そして、Hotels.comと同様に、リハビリ施設の名前は、ユーザーが予約するまで見ることができなかった。私のチームは、このような逆オークションのようなビジネスモデルがこのユーザー層にとって望ましいものかどうかが解らず、それが大きな問題になっていた。

ビジネスモデルはUXと本質的に結びついており、ここが不確実だと、製品についてほかに何も決められない状態となる。バリュープロポジションの成否がわかるまでは、先に進めなかったのである。私たちはチームとしてクライアントとともに、何回ノーという言葉を聞いたらデザインに戻り、何回イエスという言葉を

※1　Hotels.com：http://www.hotels.com/

聞いたら前進するかを決めなければならなかった。調査の最後の段階まで来たときに、何が成功の基準になるのだろうか。もちろん、その成功は私たちがインタビューする参加者からの反応に非常に大きく左右される。

ステップ2：インタビューで使う質問の準備

5章では、スターバックスのカフェラテを使って定量的データの要点と定性的データの要点の区別について説明した（定量的：453.6グラム、32.2度と丁度良く、おいしい）。データの要点だけでなく、ユーザー調査にも定性的なものと定量的なものの区別がある。定量的なユーザー調査と定性的なユーザー調査との間には違いがあるか。そのどちらのタイプの調査でも、実際はその両方のデータを集めることが多くある。定量的ユーザー調査は、一般的にユーザーのサンプル数が多くなければならない。ユーザーが増えれば扱う数値も増える。それに対し、定性的なユーザー調査は、少数の顧客を対象に行う。量よりも質が重要なのだ。これが主な違いであり、あなたのチームがゲリラユーザー調査で行うのは定性的ユーザー調査である。

ゲリラユーザー調査での目標は、1日に1,000人のユーザーにプロトタイプを提示することではない。手作業で選んだ5人から10人の人々とやり取りし、強烈で辛辣な洞察を得ることが目標だ。ユーザビリティ専門の調査会社ニールセン・ノーマン・グループでは、ユーザビリティ調査は、最大5人のユーザーでテストをすれば十分であり、それ以上の数のユーザーを使ってテストしても、同じことが繰り返されるだけだとしている[1][2]。10人のユーザーに製品を見せて、誰もアイデアを気に入らなければ、製品が成功か失敗かの結論はすぐに出るだろう。しかし、価値の革新を追求したい場合には、ユーザーの好き嫌いの先にある理由を学ぶ必要がある。製品をよりよいものにするためには、製品のどこをどのように、なぜ

---

[1] 「How Many Test Users in a Usability Study?」（Jakob Nielsen、June 4, 2012年7月4日）http://www.nngroup.com/articles/how-many-test-users/

[2] 監訳注：5人のテストで85％の問題は洗い出せるとしている。ただしこの調査は2000年のものであり、最近では異論もある。ここでの真意は5人でOKということではなく、5人程度のテストでもほとんどの問題が洗い出せるのだから、どんなテストもやらないよりはやった方がいいということである

変更すればよいのかにこだわり、発見する必要がある。

　ゲリラユーザー調査は、ユーザーが実際の製品を使ってどのようにタスクを終わらせるのかを観察するだけの、**単なるユーザビリティテストではない**ことを思い出そう。参加者が将来の製品を明確にイメージし、製品が彼らのタスクを達成できるかどうかについて役に立つ反応を試すためのデモなのだ。キーとなる体験を通じてユーザーを導いていくため、その反応は、目の前で直接口頭でそのままリアルに受け取ることになる。

　そのような種類の定性的な返答を受け取るためには、インタビューで発する問いについて非常によく考えておく必要がある。回答に制限を設けず、本質に踏み込んでいくような質問を正しくできれば、それまで考えていなかった価値を生み出す、今までになかった機会の発見につながる可能性がある。

　インタビューの質問は、ふたつの優れた手法に従って作ることをおすすめする。ひとつは2章で学んだ課題についてのインタビューであり、もうひとつはリーンの達人であるアッシュ・マウリャ（Ash Maurya）が提唱する課題解決方法についてのインタビューである[※1]。すべての質問を慎重に組み立てなければならない。質問は製品や予想されるUXに関係がなければならない。また、質問が参加者の回答を誘導することがあってはならない。そして、質問は、個々の参加者の個人的な状況に合わせて簡単に言い換えられるような柔軟なものである必要がある。たとえば、リハビリ施設のプロジェクトでは、自分自身のリハビリを予約する参加者も、自分の大切な人のために予約する人もいるだろう。

　私がインタビューで使う質問を組み立てるときに使っている、一般的なテンプレートを紹介しよう。この資料は、UX戦略ツールキットのテンプレートとしてオンラインで入手できる。このテンプレートを活用してオンラインで質問の回答を記入してもらうこともできる。チームと共有し、議論し、ブレインストーミングしよう。ひとつひとつの質問をよく見て、可能な限り最高のインタビューを作ろう。

※1　Ash Maurya『Running Lean: Iterate from Plan A to a Plan That Works』（O'Reilly Media、2012年）。邦訳は『Running Lean ―実践リーンスタートアップ』（オライリー・ジャパン、2012年）

準備のためのふるい分け時の復習／確認の質問（3分）

　参加者をインタビューに呼ぶためには、まず電話なりその他の手段なりで適切な相手を選ぶ必要がある。これについては第1段階のステップ5で説明する。そして選ばれた参加者がインタビューに現れたときには、まずあなたがすでに知っていること確認する形で、顔と顔を合わせたインタビューを開始したい。こういった質問は、課題についてのインタビューの前に参加者を質問に慣れさせる意味も持っている。参加者をくつろいだ気分にするために、参加者のふるい分けのときに教えてもらったことをもう1度繰り返そう。また、彼らの個人的体験を理解するために役立ちそうなら、質問の内容を少しふくらませるのもいい。

　私のチームがリハビリ施設プロジェクトに関連して行った準備用の質問の例をいくつか示しておこう。

- あなたは、大切な人のためにリハビリ施設に予約を入れたことは、何回くらいありますか。
- リハビリ施設の毎回の滞在期間はどれくらいでしたか。滞在延長時には値引きしてもらえましたか。
- 個別のリハビリ施設をどのようにして見つけましたか（口コミの推薦、インターネット検索、専門家が作った一覧、その他）。
- インターネット検索を使った場合、どのようにして施設を見つけましたか（たとえばGoogle検索でどのようなキーワードを入力したか）。また、施設の詳細について調べるのに使ったサイトはどこですか。

　質問が参加者に負担をかけないものになっていることに注意しよう。彼らは自分たちがそこにいる理由がインタビューであることを知っているので（広告での募集とふるい分け時の質問で）、質問にショックを受けたりはしない。しかし、これらの質問には第2の目的がある。その目的は、次の段階である課題についてのインタビューに入る準備をすることだ。

課題についてのインタビュー（10分）

　課題についてのインタビューは、2章で説明した課題についてのインタビュー

とよく似ている。違いは、今回のインタビューの方が質問の数が多く、詳細に踏み込むということだ。2章のときと比べて課題について深い洞察を得たい。これらの質問では、以前この課題をどのようにして解決したかを参加者に尋ねる。彼らの経験がどのようなものだったかを完全に理解するように努力しよう。彼らが向き合った課題解決のさまざまな要点の流れを時系列順に話してもらうようにすることだ。

　リハビリ施設プロジェクトのゲリラユーザー調査で課題についてインタビューしたとき、私のチームは支払いのことに質問を集中させた。医療保険による支払いではなく、誰がリハビリ施設に現金を支払ったかである。これに関連した質問をさらにいくつか挙げておこう。

- あなたがご自身で支払いをしたリハビリ施設では、選択肢を選ぶ過程は思っていたものと同じでしたか。違いましたか。
- リハビリ施設とあなたは価格交渉をしましたか。払っただけの価値を受け取ったと感じましたか。料金に見合っただけのことを施設にしてもらえたと思いますか。
- リハビリ施設を使おうと思ってから実際に患者がリハビリ施設に入るまでどれくらいの時間がかかったか覚えていますか（答えを引き出すための問い：緊急入院する必要がありましたか？ 施設の選択にはどれくらいの時間がかかりましたか）。
- リハビリ施設を見つけるまでの過程で、本当によかったと思うこと、あるいは本当に大変だったと思うことで何か覚えていることはありますか。

　私たちは、課題についての質問を全部で10個用意し、それに対する回答は、患者が無意識のうちに抱えている課題について深い洞察が得られるものであった。また、こういった質問を尋ねると、参加者たちはそういう課題を経験していたときの気持ちに戻りやすくなった。このようにして、私たちは課題解決についてのインタビューに向けて、参加者の態勢を整えていくのである。

課題解決のデモとインタビュー（15分）

　ここでのインタビューは、課題解決についてのインタビューをするための条件を整える。このインタビューでは、あなたの製品による解決方法を明かし、それが顧客の課題を解決できるかどうかを学ぶ。課題解決についてのコンセプトをいくつか作り、見てもらわなければならないキーとなる体験ごとに一連の質問を用意する。リハビリ施設プロジェクトの場合、私のチームは3つのキーとなる体験のために3つの課題解決デモを見せた（**図8-4**参照）。このような進め方をする場合、進め方に合わせてスケジュールを立てる必要がある。

図8-4　リハビリ施設プロジェクトで使った試作画面の一部

　課題解決に関連する質問を作るときには、参加者があなたの課題解決やそのほかの方法についてじっくりと考えることを後押しするものでなければならない。参加者たちは、あなたのプロダクトを改善するような思慮深い考えを持っている場合がある。ここでも、誘導尋問するような質問を作ったり尋ねたりしてはならない。また逆に、その場でブレーンストーミングしてしまうような、参加者を困らせるような質問もしてはならない。よくわかっている前提条件とその選択肢を参加者に示し、課題解決のためのプロトタイプに脈絡を与えるようにしよう。最初は、答えに制限を設けないような質問をし、次第にヒントを与えて課題解決の方法の検証を促すようにしよう。

　次に示すのは、あるキーとなる体験のひとつのために用意した課題解決の方法

に関する質問である（**図8-5**参照）。質問をする前に、ユーザーに画面の意味を説明しておかなければならない。

- 画面1：この画面では何が起こっていると思いますか。
- 画面2：このプルダウンメニューについてどう思いますか（メニュー項目をひとつずつ見せる）。
- 画面2：評価の基準は何だと思いますか。
- 画面3：これは、リハビリ施設についての情報がまとめられた一覧画面です。この画面では何が起きると思いますか。
- 画面3：「今すぐ登録」ボタンについてはどう思いますか。これを押すとどうなると思いますか。
- 画面3：リハビリ施設の実際の名前を表示していないことに気付かれたかもしれません。名前が表示されていないことは問題だと思いますか。
- 画面3：リハビリ施設の担当者と話をする前に、このシステムで自分の連絡先を登録するのは戸惑いますか。

ストーリー1 ——治療センターへの応募—— 10分		
画面1：この画面では何が起きようとしているのだと思いますか。	場所と価格が出ているのがいいと思います。私にとっては重要な情報です。治療施設を簡単に見つけられ値段やオプションがどんな感じかがわかりますね。	この値段にはひるんでしまいますね。星印の意味がわかりません（彼女は専門家の評価ではなく、治療経験者の評価によってつけられていると思っていた）
画面2：このプルダウンメニューについてどう思いますか（ひとつずつ見せる）。	ドラッグとアルコールの両方か、ドラッグだけ、アルコール依存だけ、あるいは重複診断を選んで探せるのだと思います（多くの依存症、精神障害は、それぞれ専門の施設を必要とする）。価格、評価、距離、お買い得コースでソートできるのでしょう（治療施設にも飛行機のようなお買い得商品があるのか？）	それは、見ればわかります。お買い得コースってどういう意味ですか？ 30日を申し込むと15日分がただになるとか？ 意味がわかりません。チェックボックスは魅力的ですね。どの施設が民間保険を受け入れてくれるのかは私にとってはとても大事です。

図8-5 リハビリ施設プロジェクトの課題解決に関する質問

最後の感想（2分）

インタビューを締めくくるときには、参加者の名前を声に出して感謝の言葉を言うようにしよう。インタビューからあなたが得た知識の一部を話して、それが相手のおかげであり、いかに参加者の率直な意見に感謝しているかということを言おう。また、将来同じ製品でまたインタビューが必要になったときに、再び声をかけさせて欲しいと頼もう。

質問を作ったら、同僚や友人に参加者の役をしてもらい、インタビュー全体の

リハーサルをしなければならない。参加者役に質問をし、試作品のデモを見せて、質問と課題解決の方法が意味を持つことを確かめよう。

ステップ3：会場の選定と支援体制の立案

全員（ステークホルダー、製品チーム、その他あらゆる人々）がこの機会を利用して顧客であると考えている人々と直接やり取りをすることはとても重要だ。主要な関係者と調整を進めて、彼らが必ず出席するように働きかけよう。

個々のインタビューに何人の人々が参加するかを決めよう。同時に複数のインタビューを進める場合でも、1度にひとつずつインタビューを行う場合でも、必ず一人は記録ノートをとる人間を確保し、もう一人の調査員が質問をするようにしよう。ひとりで記録ノートを取りながら質問すると、貴重な時間を消費してしまう。また、インタビュアーは記録を取ることは忘れ参加者に気持ちを集中させることが大切だ。

複数のインタビューを同時に進めるつもりなら、チームメンバーにイベントコーディネーターを追加し、出入りする参加者を案内したり、お金を管理したり、その他発生したさまざまな問題の処理を任せる。インタビュー実施前に、ゲリラユーザー調査チームは必ず顔を合わせ、それぞれの役割を練習すべきだ。リハビリ施設プロジェクトの場合、私のチームは3回の事前会議を実施し、支援体制、場所、日程の確認を行った。

いつも聞かれる大きな質問は、なぜカフェで、オフィスや研究所ではないのかということだ。理由は次の通りである。

- 参加者には、非公式のミーティングに出席したという感じになってほしい。マジックミラーを通して見られている研究所とは異なり、見張られているという感じを受けないようにリラックスしてもらいたい。
- 機密保持の厳しい研究所内や、大きな建物の中のオフィスや知らない人ばかりの共同作業スペースにいるのとは異なり、カフェのような環境では、なんとなくなじみやすい環境にいる感じになる。チームメンバーは何人かいますが、参加者は一人きりなので、その場になじんでもらうためです。
- カフェは自由な場所で、研究所や共同作業スペースを借りる必要はない。ホ

8.2　ユーザー調査とゲリラユーザー調査　　235

テルのロビーでもいいが、カフェよりも気軽に行きにくく、無料の駐車場や
近所の駐車場を見つけるのが難しい。

- クライアントや製品のステークホルダーも、カフェのような環境では、顧客
になるかもしれない人々と話をすることができる。好むと好まざるとに関わ
らず、マジックミラーで隔たれていたり、職場の同僚たちに囲まれていたり
せずに、まわりにいるのは彼ら、彼らの製品、彼らに直接話をしている人だ
けだ。いかなるステークホルダーであっても、インタビューの後もその環境
に居続けるのは難しいことだ。

カフェの選択でもっとも重要なルールをまとめておこう。

- 事前に調査を実施する予定の時間帯に、見つけ出したカフェで少し時間を過
ごそう。うるさくなく、見つけにくい場所ではなく、インタビューをしたい
時間帯に混まないことを確認しよう。私は、オーナーがひとりでやっている
カフェがお気に入りで、スターバックスなどの人が多いチェーン店は避ける
ことが多い。ニーズにもっともあったカフェを見つけよう。

- Wi-Fi接続をテストしなければならない。また、AC電源のコンセントの近く
に3人がゆったりと座れるようなテーブルが複数あることを確かめよう。

- テーブルがカフェの従業員の視線から外れたところにあり、出入口の近くで
はないことを確かめよう。できれば外の通路から見えない隠れた位置がよ
い。

- インタビューの当日には、3、4時間粘る必要があるので、カウンターで注
文するタイプのカフェか、ウェイターやウェイトレスのないコーヒーショッ
プを選ぶ。インタビューが終わる前に店員に邪魔されたり、出て行ってくれ
と言われたりしないようにしたい。

録音装置を使わない理由

　私は録音装置を使わないので、インタビューでは記録ノートを取る役目がとても重要だ。私はその場で情報を把握し、その後すぐにステークホルダーに報告する。以前は録音装置を使っていたが、現在は次のような理由から使っていない。

- 録音装置があると、ないときよりも、人は自分を意識するようになる。自分がバカみたいに見えるのではないかと気になりだす参加者や、録音がインターネットなどに流出するのを怖がる参加者がいる。リハビリ施設のプロジェクトでは、参加者は非常にプライベートな経験を話すことになるので、録音しないことは重要な事柄だった。
- インタビューのあとで録音の文字起こしに時間を費やすより、スプレッドシートやテキストファイルに直接素早くメモをタイピングできる人を連れてきた方が効率的で安上がりになる。
- インタビューを実施しているときには、録音装置をいじったり、ノートに書き込んでいるのではなく、対話にすべての神経を集中させている方が良い。私は、インタビューをもう1度できないことがわかっているときには、自由にいつでも質問できるときよりも、参加者が言うこと、していることにとても注意を払っている。
- インタビューの直後にステークホルダーやチームメンバーにインタビューの結果を報告するとき、現在の課題解決方法を捨てるか、改良するか、先に進むかをすぐに判断し、行動に移すことができる。

ステップ4：参加者の募集方法

　調査担当者たちには、報酬があると参加者の回答に影響が出るので、無給のボランティアを見つけてくることを勧める人もいる。しかし、報酬があってもなくても人が嘘をつくのを防ぐことはできない。参加者が私たちに対して割いてくれた時間に対して適正な報酬を提供することと、適切な人から適切な情報を引き出

8.2　ユーザー調査とゲリラユーザー調査　　237

すことの間には、微妙な相関関係がある。戦略立案のこの時点では、参加者は私たちに知見を与えてくれるので、私は参加者に報酬を提供すべきだと考えている。

　支払額は、誰を対象としているか、自分の時間にどれくらいの価値を感じているのかによっても変わる。一見したところ、忙しいプロの人々の話を聞かなければならないときには、ほかの顧客層の人々のときよりも、はるかに多くの額を払わなければならないと感じる。適切な参加者を確保するには支払い額を高くし、調査を経済的に済ませたければ支払額を低くすればよい。

　募集広告では、参加者にはインタビューの場で現金で報酬が支払われることに必ず触れよう。金額をいくらにすればよいのか見当がつかなければ、30分で20ドル（約2,000円）というわずかな額で試してみるとよい。人選のための最初の電話で、相手が本当にあなたの求める深い考えを持っているかどうかを探ることができるので、本当にチームのためになる人だけに報酬を払うまでだ。

　リハビリ施設のプロジェクトでは、まずCraigslist[1]に参加者募集の広告を出したが、ほかの例としては次の方法がある。

- Facebookの友だち（たくさん友人がいる場合、そのつながりを使って友人を紹介してもらう）。
- LinkedIn[2]のInterest Groups（調査対象に関連したグループに投稿する）。
- 各種勉強会（地域で開催される勉強会に参加したり投稿したりする）。
- Twitter（#ハッシュタグを使って広く募るか、@を使って特定のフォロワーに知らせ、リツイートするのを待つ）。
- 顧客層に調査対象に合った友だちの友だちを紹介してもらう。
- ターゲットとなる顧客層が集中する地域で網を張る。たとえば、南カリフォルニア大学の私の生徒たちは、学内の人通りが多いところにテーブルを出し、調査参加に申し込んだら、無料のドリンクを提供する（人選の質問に合格した人々のみ）という方法で、現地調査の参加者募集に成功した。

※1　Cragslist：都市ごとの売ります／買います掲示板。詳しくは「2.3　基本要素2：価値の革新」を参照
※2　LinkedIn：https://www.linkedin.com/

たとえば家族や友人から選ぶ場合、自然と偏りが起きることに注意しよう。

　私のチームがCraigslistを選んだのは、広い範囲に告知でき、もっとも早く反応が得られると思ったからだ。そして実際その通りだった。2日以内に75人から応募があった（人選の方法については第1段階のステップ5で説明する）。しかし、シルバーレイクのカフェでの調査の結果から、もっと裕福な顧客層をターゲットとしなければならないことを学んでからは、別の方法を選ぶことにした（9章参照）。

　参加者の募集広告を出すときには、募集文のコピーを残しておこう。Craigslistで広告を出すときの基本的枠組みは次のような感じになるだろう。

タイトル：有料インタビュー調査協力者（報酬あり）：＜課題の調査内容＞の経験がある＜仕事の種別＞を募集）

本文：＜都市名＞の市場調査会社が、近く実施される利用者調査（報酬あり）に参加する＜タイトルよりもさらに具体的な仕事の種別＞を探しています。

調査は、＜日付と曜日＞の＜#時～#時＞に、＜市内の地域名＞エリアのカフェで実施されます。ご都合のよい時間をお知らせください。

調査は＜#＞分間で、報酬は＜##.00＞円です。（追加で）調査は録音、録画されません。

連絡先と連絡のために都合のよい時間をお知らせください。

追記：（調査サイトのURL）

　調査の要件によってこの枠組みを変えていく。たとえば、私たちがリハビリ施設プロジェクトの調査で実際に使った募集広告は、**図8-6**のようなものだ。

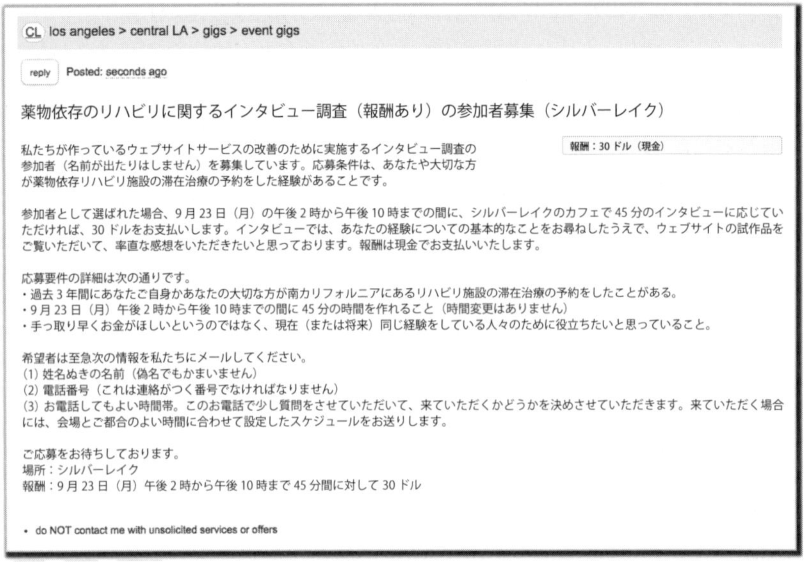

CL los angeles > central LA > gigs > event gigs

reply　Posted: seconds ago

薬物依存のリハビリに関するインタビュー調査（報酬あり）の参加者募集（シルバーレイク）

私たちが作っているウェブサイトサービスの改善のために実施するインタビュー調査の　　　　報酬：30 ドル（現金）
参加者（名前が出たりはしません）を募集しています。応募条件は、あなたや大切な方
が薬物依存リハビリ施設の滞在治療の予約をした経験があることです。

参加者として選ばれた場合、9 月 23 日（月）の午後 2 時から午後 10 時までの間に、シルバーレイクのカフェで 45 分のインタビューに応じてい
ただければ、30 ドルをお支払いします。インタビューでは、あなたの経験についての基本的なことをお尋ねしたうえで、ウェブサイトの試作品を
ご覧いただいて、率直な感想をいただきたいと思っております。報酬は現金でお支払いいたします。

応募要件の詳細は次の通りです。
・過去 3 年間にあなたご自身かあなたの大切な方が南カリフォルニアにあるリハビリ施設の滞在治療の予約をしたことがある。
・9 月 23 日（月）午後 2 時から午後 10 時までの間に 45 分の時間を作れること（時間変更はありません）
・手っ取り早くお金がほしいというのではなく、現在（または将来）同じ経験をしている人々のために役立ちたいと思っていること。

希望者は至急次の情報を私たちにメールしてください。
（1）姓名ぬきの名前（偽名でもかまいません）
（2）電話番号（これは連絡がつく番号でなければなりません）
（3）お電話してもよい時間帯。このお電話で少し質問させていただいて、来ていただくかどうかを決めさせていただきます。来ていただく場合
には、会場とご都合のよい時間に合わせて設定したスケジュールをお送りします。

ご応募をお待ちしております。
場所：シルバーレイク
報酬：9 月 23 日（月）午後 2 時から午後 10 時まで 45 分間に対して 30 ドル

・ do NOT contact me with unsolicited services or offers

図8-6　リハビリ施設プロジェクトの参加者募集のためにClraigslistに出した募集広告

　どんな募集広告でも、どんな人を探しているのか、なぜ助けが必要なのかを
はっきりさせる必要がある。募集文は、顧客になりそうな相手の興味に引っかか
り、彼らが純粋な興味から応募してくるようなものにしたい。日付、時刻、時間
は、顧客層によって決める。たとえば、リハビリ施設プロジェクトでは、私のチー
ムの都合で平日にインタビューをスケジューリングしなければならなかったので、
人々の出勤日に合わせて午後遅くに始め、夜まで続けるようにした。それに対し、
ビタとエナ（2章で紹介した私の元生徒）は、忙しい結婚前の女性にも空き時間が
ありそうな土曜日にゲリラユーザー調査を行った。

　Craigslistに広告を出す場合、無料広告と有料広告の2種類から選ぶことができ
る。有料広告の場合、都市によって料金に違いがある。たとえば、ロサンゼルス
よりもサンフランシスコの方が求人広告は高い。そして、有料広告にするかどう
かは、顧客層が見そうなのがどちらかによって決まる。ロサンゼルス版Clraigslist
で調査参加者の募集広告が掲載されやすい2大項目は、「その他」と「雑務」だ。急
いでおらず、参加者に報酬を出したくないなら、「ボランティア」の項目も試すと

240　8章　ゲリラユーザー調査の実施

よい。

ステップ5：候補者の人選と日程の設定

　Craigslistや、ほかのどこかに募集広告を出せば、なんらかの反応が返ってくるだろう。しかし、応募してきた人々が実際にインタビューしてみたい人かどうかはどうすればわかるのだろうか。計画段階でもっとも重要なのが参加者の人選なのはそのためだ。正しい問いを自分の課題解決の方法で検証できるかを確かめたいなら、仮のターゲット顧客と一致する参加者を選ばなければならない。人選用の質問として、よく考え抜かれたものを作ることがここで大切になってくる。暫定ペルソナを見て、必要とされる重要な特性について考えよう。インタビューの相手を友人や家族ばかりに決めてはならない。そうした場合、あなたの調査は、もう「ちゃんと制御された」実験ではない。

　2章で論じたように、優れた人選用の質問は、間違った人々を弾き出すために役に立つ。2章ではこれを手動で行ったが、今は機械的な選別が可能だ。応募者には、インタビューが無理な人をあぶり出せる。Survey Monkey[1]やGoogleフォームなどのツールで回答を求めてもよい。リハビリ施設プロジェクトでは、候補の人選のためにその分野に特化した専門家が必要になった。誰かが募集広告に応募したら、その人の応募情報はデジタル担当チームとクライアント全員が読めるオンラインのドキュメントで共有される。**図8-7**は、この種のテンプレートの例である。

※1　Survey Monkey：アンケート回答用のサービス。https://www.surveymonkey.com/

ユーザーリサーチ（スクリーニング）:2013年9月23日　シルバーレイク				
名前	電話番号	予約時間	詳細	選ぶかどうかの評価1〜3（3=○、2=△、1=×）
サラ	xxx-xxx-xxxx	2pm@Vita	弁護士でコカイン中毒治療中の息子あり。彼は3か所の有料治療センターに行った。	2+
マーク	xxx-xxx-xxxx	2pm@Vita	42歳のヘロイン中毒の娘あり。オレンジカウンティのリハビリセンターで治療の予約をしたばかり。非常に鋭く好感。私たちにとってすばらしい人になるだろう	3
ジュリー	xxx-xxx-xxxx	3pm@Vita	非常に雄弁。7年間治療を受けており、役に立ちたいと思っている。プロミシズでの自身の治療に支払い。覚醒剤中毒。	3
スティーブ	xxx-xxx-xxxx	3pm@Vita	さまざまな治療経験あり。最近では3年前にアルコール依存症の治療。高い教育を受けている感じ。手順がわかっている。	3
ベン	xxx-xxx-xxxx	4pm@Vita	自身。ほかの人々の治療開始も多数支援。プロセスを熟知。力になりたい。シルバーレイク地域在住。	2

図8-7　参加者の人選とスケジュール

応募者は、最初の応募時に電話番号を登録しているので、専門家はそれを使って応募者に電話をかける。専門家は、いつも必ず最初の情報を再度確認するところから対話を始め、最初の登録情報と違うところがあれば記録に残す。専門家は、参加者の名前、電話番号、空いている日時を尋ねる。次に、人選用の質問を尋ねる。質問の例を見てみよう。

- あなたはリハビリ施設を探していた本人ですか、それともほかの誰かのためにリハビリ施設を探していたのですか。
- 支払いがいくらになったか話していただけますか。いつ、どこのリハビリ施設にいらっしゃったのですか（滞在型であることを確かめ、どれくらいの期間だったのかを知るため）。

私たちが必要としているのは、本人または身近な人がリハビリ施設に行くために支払いをした人であり、最初の質問はそのためである。また、その経験は最近（3年以内）のものでなければならないし、リハビリのために一定の金額を支払う余裕があることも確かめなければならない。第2の質問をしたのはそのためである。また、ただ謝金がほしいだけの応募者を取り除くための手段として、参加者候補に人選用の質問をすることを募集広告では明かさないようにした。

専門家は、情報を集めたところで、個々の参加者に1（ダメ）、2（場合によって

はOK)、3（良い）の評価を付けていった。専門家の報告のあと、私のチームはすべての「3（良い）」の応募者をインタビューのスケジュールに入れることに決定した。人の予定は変わるものなので、最初の応募から5日後、遅くとも10日後までには連絡を取るようにしよう。

8.2.3　インタビュー当日（1日間）

　この第2段階では、チームは当初の計画段階で決めたことを実行する。すべてを時計のように、バレエの振り付けのように滞り無く進める必要がある。どこかに問題があっても、作戦は止められない。全員が自分の配置、予想外のことが起きたときの対処、調整のしかたを理解しておかなければならない。観客のいる舞台は何があっても続けなければならないのだ。

会場の設営

　個々の調査員は、遅くともインタビューが始まる30分前にカフェに到着し、よい条件のテーブルを見つけておこう。インタビュー当日までに、調査員たちには、もっとも静かな場所がどこで、どのように準備すればよいかを教えておく。カフェに入った時どこが一番適した場所なのかおそらく見てすぐわかるだろう。すでに述べたように、それはカフェの従業員の視線に入らないところで、出入口などの大きな通路から離れたところでなければならない。また、すべての装置とノートパソコンは、カフェ到着前に充電しておく必要がある。しかし、念のため、近くにAC電源コンセントがあるテーブルを見つけるようにしよう。特に、インタビューが長時間になる場合、電源は重要だ。窓際や屋外テラスは、コンピュータやデバイスの画面が反射して見辛くなる場合があるので、避けた方が良い。

　必要なテーブルひとつひとつに、調査員をひとりずつ配置する。調査員は、それぞれ上着を持ってきて向かい側の空いている席に置き、その席を確保する。インタビューに割り込んだり、その席は空いているかと尋ねて調査員の気を散らせる客が現れないようにするためだ。また、調査員は、参加者の気が散るようなものが極力見えないようにしなければならない。たとえば、調査員はカフェの店内に向かって座り、参加者は調査員以外は壁しか見えない場所に座らせる。またテー

ブルは清潔に保とう。飲食物は抑えよう。チームメンバーはあらかじめ食事を済ませ、参加者には少なくとも好みの飲み物をひとつ提供する。

できれば、調査のためのプロトタイプはタブレット端末で動かしたい。タブレットなら参加者に手渡しやすく、ノートパソコンの画面とは異なり、参加者の顔を隠したりしない。インタビューが始まる前にすべての装置が正しく動作することを確認しておく。プロトタイプデモはその端末で正しく動作しているか。個々のデバイスはWi-Fiに接続できているか。ステークホルダーや記録担当が合流する場合、互いに直接向き合うように座る。こうすると、参加者は両者の間に座ることになり、参加者の反応やデモの操作を見る上で絶好の配置になる。

参加者への支払い、カフェでのエチケット、チップ

参加者にはあらかじめ報酬を支払うようにチームメンバーに指示しておこう。私たちが行ったシルバーレイクにあるカフェでの調査では、イベントコーディネーターがこの役割を果たしていた。他にもステークホルダー、チームリーダー、UX調査員でも同じようにできるはずだ。お金に関することは早いうちに済ませ、参加者がインタビューのことを不審がらないようにしよう。参加者に報酬を渡すときには、麻薬の取り引きのようにテーブルの下で手渡したりせずに、金額がすぐ確認できるように封をしていない封筒に入れて渡そう。

参加者は、報酬の意味について懸念を持つことがある。つまり、インタビューが彼らの意図しないことに利用されるのではないかということだ。リハビリ施設プロジェクトの場合、私たちはとてもプライベートで嫌な経験を記録することになるので、このような懸念は現実的に存在する。しかし、あなたはあらかじめ参加者を人選しているので、彼らがあなたの力になりたいという個人的な関心を持っていることは確かだ。報酬は本気で参加してもらうためだと言って安心させればいいだけのことである。報酬は先に支払い、純粋な気持ちを示そう。率直な意見に対して支払うのだと説明するのだ。また、ここには完成された製品を見せるために来ているわけではないことをはっきりと言っておこう。「ベータテスト」ではない。新製品になるかもしれない試作品のコンセプトを示すだけである。参加者を安心させるために、私のチームは自分たちがデザインしているわけではな

244　8章　ゲリラユーザー調査の実施

く、調査しているだけだと言うことがある（実際にはデザインしているのだが）。

　なお、カフェや軽食店をただで使わせてもらっているので、店は商売の場だということを意識しよう。けち臭いことをしてはならない。飲食物のためにちゃんとお金を使い、何よりも大切なのは多めにチップを渡すことだ。チームリーダーやイベントコーディネーターは、チップ用の小銭を用意しておこう。私は、チップ入れに10ドル札を入れながら、室内の音楽のボリュームを少し下げてもらえないかと店員に目配せで頼むこともある。

インタビューの実施

　価値のある洞察が得られる良いインタビューを実施することは、実践によってしか習得できない職人技だ。詳しくは、スティーブ・ポーティガル（Steve Portigal）の『Interviewing Users』[1]を読むとよい。会社の外に出てユーザー調査を実施するときのインタビューのテクニックに焦点を絞った素晴らしい入門書である。インタビュー参加者と話すのに気乗りしない時や慣れない場合には、あらかじめチームメンバーや友人を相手に練習するとよいだろう。

　ゲリラユーザー調査インタビューを進める上で、私の基本的なガイドラインは次の通りだ。

- いつも暖かい笑顔で挨拶をする。普通は立ち上がって握手し、時間通りに来てくれたことに感謝を表す。
- インタビューを世間話から始めない。プロらしい態度を取る。参加者とはすぐに気持ちを通わせたいので、カフェを褒めたり駐車場を見つけるのが大変だったと関係のない雑談でぐずぐずしていたくない。
- 参加者に来てもらった理由をすぐに説明し、厳しく率直な意見をもらえることを期待していると言う。そして、すぐに準備のための質問に移る。
- シナリオに忠実にインタビューする。現在の課題解決の詳細を深く探るために必要なら、追加の補足質問をする。あなたの課題解決の方法が彼らにとって役に立つかどうか、それはなぜ、どのように役立つのかを突き止める。

※1　Steve Portigal『Interviewing Users』（Rosenfeld Media、2013年）

- 進行の時間を守るため、記録担当者にスマートフォンのアラームをセットしてもらう（大抵の場合15分）。音はマナーモードにし、質問がまだ残っていても、インタビューの主題部分に移る時間だということをバイブレーションの振動で調査員に知らせる。
- インタビューが予定よりも長引いたり、参加者が遅刻したときのために、参加者の入れ替わりの時間に予備の時間を必ず入れるようにする。
- 最後に、参加者にわざわざ時間を割いてくれたことに謝意を表し、参加者の洞察がとても役に立ったと伝える。

　また、1日を通じて質問と検証用プロトタイプに若干の変更を加えられるようにしておく。これも、チームがクラウドでデータを扱い共同作業し、スクリーンキャプチャを共有するメリットのひとつだ。リアルタイムで質問を更新し、すべての調査員がその更新を同時に行うことができる。しかし、デモには小さな変更以上のことをしてはならない。調査員やチームメンバーは、次の参加者が到着するまでにすべてのインタビュー班でその変更を行い、更新を共有しなければならないのだ。また、デモや質問をあまり大きく変えてはならない。変えてしまうと対照実験の基本路線を崩してしまうことになる。

簡潔な記録の作成

　ゲリラユーザー調査を実施するのは、結局のところ、90％の仕事を終え、情報を整理し、これからやらなければならない事項を明らかにすることだ。そのため、記録担当は、調査のために必要な構成員となる。できれば、記録担当は、ひとつひとつのインタビューの最中にノートパソコンのテキストファイルに記録していく。さらに、オンラインのUX戦略ツールキットに直接入力してもらえれば、リアルタイムでチーム全員が情報を見られる。紙のノートに記録をしている場合には急がなければならない。インタビュー終了直後には記録したノートをクラウドで共有するかチームで共有できるオンラインドキュメントに転記する必要がある。

　インタビューの実施中、記録担当は綴り間違いのことなど考えていてはならない。そんなものはあとで直すことができる。参加者の返答を短い文に詰め込み、そこに回答の本質が込められるように努力するのである。準備した質問に対する

回答をつかみとることに集中し、ほかに思いついたことを書いたりはしない。思いついたことは、インタビューの合間に時間があれば書けるし、チームメンバーと話すことができる。あるいは、インタビューがすべて終わり、データを少し整理し、課題解決案の調整や方向転換の方法についての洞察を書くときに思いついたことを書けばいい。

図8-8 チームメンバーとして働くビタ（中央）とエナ（右端）。カルバーシティのカフェで実施されたインタビュー。プロトタイプのデモを見せているところ。左は参加者

インタビューの最中か終了後に、記録担当は、分析を早く終わらせられるようにスプレッドシートをマーカーで色分けすることもできる（5章で競合分析をしたときと同じように）。重要課題は赤くする。キーとなる体験か製品コンセプトが簡単に修正できるような指摘を受けた場合には、記録担当が緑にする。自分たちで独自のルールを自由に規定してよい。

8.2.4　分析作業（2時間から4時間）

　本章の冒頭で述べたように、私のチームとクライアントであるソフトウェアエンジニアは、ゲリラユーザー調査のあと、わかったことをわざわざ分析する必要はなかった。最初に考えたビジネスモデルでは機能しないことが明白だったからだ。私たちがインタビューしたユーザーたちは、そのサービスの価値には興味を示したが、ホテル予約サイトHotels.com風のシステムに大金をつぎ込む余裕がないか、その気になれなかったため、当初のビジネスモデルを維持できなかった。実際のところ、この製品は、裕福な顧客層に対する直接的な販売経路を必要としていたのだ。

　しかし、ここまで結果が自明でなければ、分析作業では、インタビューで得られたすべての意見を合わせ、チームが次にすべきことを決める。あなたの想定は、ゲリラユーザー調査で確認できただろうか、それとも誤っていることを確認しただろうか。実験は、作りがお粗末で失敗しただろうか。それとも、リハビリ施設プロジェクトのときのように予想外のことが起きただろうか（このときは、ビジネスモデルが機能しないことがわかった）。あなたの目標を、別の向きに方向転換するか、バリュープロポジションを現実化するさらなる実験に倍賭けするかの決定材料として分析を活用することだ。

　テンプレートの一番下には、「検証された調査結果」という行がある。ここは、個々の参加者についてわかったことを大まかに書く。そして、どの参加者がどのプロトタイプを検証、反証したかを見直す（**図8-9**参照）。

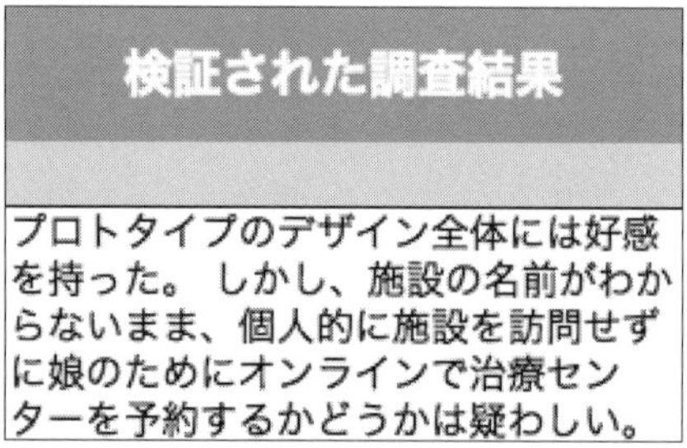

図8-9　検証された調査結果の例

分析をするためには、5章のときと同じように一歩引いて見る必要がある。今投げかけられたばかりの言葉の細部からすこし離れて、大きな構図についてじっくりと考えよう。おそらく、次のなかのどれかを考えることになる。

- 暫定ペルソナか、最初の顧客発見調査を見て、正しい顧客層を想定していたかどうかを考えている。設定していた顧客層が正しくなければ、正しい顧客層について新しい設定を用意しなければならない。
- あなたの製品が解決しようとしている課題は、インタビューで得られた意見から考えて本当に課題なのかどうかを考えている。小さな課題に過ぎないのか、大きな課題なのか。
- あなたが見せた課題解決の方法は的を射ているのかどうかを考えている。検証用プロトタイプで示された価値にインタビューの参加者たちの心が動かされていないようなら、違う方法を考える必要がある。
- サービスの価値の正しさが検証されたのならおめでとう。しかし、そこで止めてはならない。ユーザー体験を向上させるために加えられる簡単な修正はないかどうかを常に考えよう。
- サービスの想定する価値が正しくないことが確認されたら、ただちにその理由を考えよう。顧客、課題、課題解決の方法に誤りがあったからだろうか。それは修正可能か。製品またはユーザー体験をどのように変えればよいか。
- 本質をつかむために耳を澄まそう。実験が惨めな失敗に終わった場合、アントレプレナー魂、または社内アントレプレナー魂のタイマーをいったんリセットし、しばし休みを取ることだ。
- あなたの調査を信用せず、調査の結果に関わらず製品の開発続行を望むクライアントやステークホルダーがいる場合、自分の信条と収入源を天秤にかけなければいけない危機に直面する。この問題に答えられるのは、あなた（とあなたのパートナー）だけである。

UX戦略ツールキットの表下部の各参加者の列にあなたの洞察、答え、結論を手早く入力しよう。そしてすぐにチームの決定をまとめてしまおう。

これでゲリラユーザー調査は終わりだ。そしてあなたは再び分岐点にやってきた。

8.2　ユーザー調査とゲリラユーザー調査　　249

- バリュープロポジションの誤りが明らかになった。最初の顧客層の判断が誤っていた場合には、2章に戻ろう。
- バリュープロポジションの誤りが明らかになった。課題解決の方法に誤りがあった場合には、4章、5章、6章、7章に戻ろう。
- 製品が市場にフィットすることが確認された。実際に動作するMVP（必要最小限の機能を持った製品）を作り、9章に進もう。

8.3　まとめ

　ゲリラユーザー調査（特にステークホルダーが参加するもの）を実施する場合、最初は尻込みしたくなるかもしれないが、調査をすればするほど、製品が恐ろしいものでなくなっていく。ゲリラユーザー調査には、直接物事を知る機会と、今まで見えなかったことを知る機会がある。さらに、チーム全体とステークホルダーにとって、課題解決の手法が実際に機能するかどうか、最後の最後に手痛く失敗して学ぶよりも先に失敗に学んだ方が良い。そして、調査はチーム全員で行う。成果を得るために全員が等しく時間を注ぐのだ。ユーザーが製品をどのように感じるか、本当のことを知るのは、とてもメリットがある。

9章

顧客獲得のためのデザイン

お前は人生のゲームで勝負できていない、勝負を決められていないんだ。家に帰って奥さんに大変なことになったと話してこい。いいか、この人生で大切なものはたったひとつだ。その契約書に客の署名をもらってくること。営業のA-B-Cは、Always Be Closingだ、必ず契約をまとめろ。

——劇作家デイヴィッド・アメット原作の映画
『摩天楼を夢みて』のセリフ[1]

※1　摩天楼を夢みて：https://ja.wikipedia.org/wiki/摩天楼を夢みて

勝負を決められる人間になりたいなら、ユーザーに愛着心を持ってもらい、顧客獲得という成果を増やすために、UX戦略に絶えず細かく修正を加えなければいけない。初めて来た訪問者を引き止めるところから、最終的に訪問者をリピーターに変身させる（顧客獲得）ことまで、あらゆることをこなす効率的なファネル（漏斗）をデザインする必要がある。顧客とは、あなたのバリュープロポジションとビジネスモデルを機能させるため、愛着心を持ってもらうべきすべての人が含まれる。そして、あなたのサービスにお金を払わない人も顧客だ。人々がファネルの上に入ってきたら、製品を成功させるために、すぐに重要なデータの要点を見つけ追跡、計測しなければならない。

　これを**顧客獲得のためのデザイン**、あるいは**製品の最適化**と呼ぶ。この作業は、すべての基本要素をひとつに結び付ける（**図9-1**）。本章では、ユーザーがバリュープロポジションに対して最初の印象を受けてから自ら製品にハマるようになるまで、成功しているUX戦略が、データ解析を活用しUXデザインを最適化する仕組みを具体的に示していく。ファネルマトリックス（顧客流入経路表）というツール

図9-1　UX戦略の4つの基本要素がすべて必要

を使う。顧客獲得の各段階で、顧客がより深いレベルの愛着心を持つために計測可能な指標にもとづいてチーム全体が行動を起こし、一丸となって動けるようにする。

9.1　グロースハッカーを育てる

グロースハック[1]は、2010年にマーケティング分野のブロガーであり起業家でもあるショーン・エリス (Sean Ellis) が作った用語だ。顧客数を増加 (グロース) させるための、きわめて巧妙でコストのかからない方法を駆使しているチームのことを指す言葉である。Facebook、Twitter、LinkedIn、Airbnb、Dropboxは、どれもグロースハックの手法を使って成功を収めた企業だ。筋金入りのグロースハッカーは、マーケティングの専門家、プログラミングの専門家、解析の専門家の能力を兼ね備えた人物である。彼らは、検索エンジン最適化 (SEO：Search Engine Optimization)、各種プラットフォーム、ソーシャルメディアの内部構造を熟知し、解析ツール、トラフィック生成、製品最適化の専門家である。彼らがハッカーと呼ばれるのは、必要なら手段を選ばず、事業の成長に全力を注ぐからだ。彼らは、A/Bテスト、最初に訪れるランディングページ、口コミ要素、メール到達率、ソーシャルメディアの活用などのテクニックを使って従来のマーケティングの限界を乗り越える。グロースハックの目標は、バイラル (口コミ的) なものと有料広告キャンペーンをユーザーに愛着を持ってもらうための指標に結びつけ、もっとも価値のあるマーケティング経路を見出すことだ。グロースハックは、製品のファネルマトリックスを絶えず修正し、新しいユーザーの獲得とユーザーとの繋がりを深めることを必然的にともなう。

　TradeYaの場合、中心となるチームは自分たちが深みにはまって抜け出せなくなっていることに気付いていた。私たちはMVP (必要最低限の機能を持つ製品) をデザインし、戦略立案し、開発することはできた。すべてのファネルマトリックスを洗い出すこともできた。どんな答えが必要なのかはわかっていたのである。私たちになかったのは、目の前にある指標や解析レポートから必要な答えを引き

※1　グロースハック：http://en.wikipedia.org/wiki/Growth_hacking

出す専門的な能力だった。私たちには、それらの解析ツール、一覧表示がどんな仕組みでどう機能するのかがわからなかった。しかし、30日で再度TradeYaを立ち上げ直すためには、本格的なテストを実施してMVPを改良し、完璧なものにしなければならなかった。こんなことが起こっているのはなんとクリスマス休暇の時期だった。ユーザビリティテストとデザインのスキルを持つ、きわめて優秀なグロースハッカーが私たちのオフィスに来てくれたら……と思うのは夢のような話であることは十分にわかっていた。しかも、私たちは約50万円ほどの予算しか持っていなかった。そこで、私たちは自分たちがグロースハッカーになることにしたのだ。

　TradeYa MVP実習計画は、このようにして生まれた。ジャレッドと私は、既存のMVP（必要最低限の機能を持つ製品）を更新するために必要な、すべての解析ツールを使いこなし共同で仕事をしてくれる若い頭脳をできるかぎり多く集め、予算を彼らに分け与えたいと考えた。彼らはすべてのファネルマトリックスを調べ、それぞれの取り組みから得られた意見やデータをつなぎ合わせ、中心となるチームがユーザーとの繋がりの度合いについて想定した内容を検証できるようにする。**図9-2**は、私たちが必要とする才能を募集するために使ったブログの投稿である。

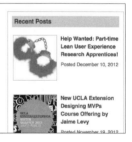

図9-2　研修生の募集広告：TradeYa MVPの検証実験補助

　JLRインタラクティブ社の「募集：リーンUX研修生」の投稿はTwitterとLinkedInを駆け巡り、8人の募集枠はこの挑戦のために選ばれた優秀な人々で埋まった。彼らはロサンゼルス全域から集まっており、建築、マーケティング、エンジニアリング、心理学の高度なスキルを持つプロが含まれており、マサチューセッツ工科大学、コーネル大学、ニューヨーク大学、カリフォルニア大学ロサン

ゼルス校の卒業生たちだった。一部の研修生たちはすでにUXデザインとリーンスタートアップの手法を理解していたが、私たちは、彼らをMVPの検証と最適化の現場の奥底に放り込むことによって、彼らが持つUX以外の多様な専門知識と経験が相互作用を起こし、触媒としての効果を生み出すのを期待した。

　私たちは素晴らしい研修生を集めることができ、本当にラッキーだった。研修生たちは、2013年1月2日の集中ワークショップで初めて会ったときから皆熱心に集中してくれていた。嵐のような3時間のワークショップの間、8人の研修生たちはTradeYaの歴史、哲学、MVPについて必要な知識を身に付けた（**図9-3**参照）。まず、彼らは訪問者を顧客へ変えていく行動を中心軸に据えるUXデザインの原則について学んだ。次に、私が作ったファネルマトリックスというクラウドのツールを使った協業と作業の分担を通じて、どのように共同作業を進めるかについて議論した。

図9-3　ジェイミー（左）とジャレッド（右）が8人のTradeYaリーンUX研修生たちに必要なことを教えながらファネルマトリックスについて話している

　TradeYaの検証作業は、2013年1月1日から2013年2月28日まで行われた。研修生たちは、前半の30日間を使って、解析ツールについて学び、TradeYaに合わ

9.1　グロースハッカーを育てる　　255

せてそれらのツールを設定し、次に自らユーザーとして参加し（互いの持ち物も交換し、実際に落札を経験する）TradeYaの取引経路を検証した。そして、ツールが必要な指標を正確に取り込んでいるかどうかを確かめた。仮説に対する変更はファネルマトリックスのなかで継続的に更新され、チーム全体がそれを見て、確認した。計測ツールとしては、Google Analytics[1] と Kissmetrics[2] を使うことになった。そのため開発チームがすべてのHTMLページに解析用のJavaScriptコードを追加した。

　ジャレッドと私はそれらの作業を密接に観察、指導し、必要なデータを確実に手に入れられるようにした。最低限必要な機能を持った試作品が公開されたときには、ユーザーが物々交換を成功させるために必要と思われるすべての行動を追跡できるようになっていた。

ここで学んだこと

- コンバージョン（訪問者を顧客に変えていく行動）のためのUXデザインでは、デザイナー、開発者、プロダクトマネージャーの他にも**マーケティング担当**という職種の異なる人々のチームを編成する必要がある。マーケティング、営業チームは、必要とされる営業施策のリストを作り、それにもとづいて素早く行動しなければならない。それと同時に開発チームも、追跡、計測するべき指標のリストを作る。
- ファネルマトリックスの検討により、ユーザーの体験の流れ、機能一覧、ワイヤフレームの一覧は、期待されるユーザーの行動が起きるよう最適化された形で設計、再設計することができる。
- データと指標は、営業経路のすべての段階を継続的に改良し、顧客の行動に関する洞察を与えるという点で役に立つ。

※1　Google Analytics：https://www.google.com/analytics/
※2　Kissmetrics：https://kissmetrics.com/

9.2　ファネルマトリックスツールの使い方

　ファネル（漏斗）は、円錐形で液体などの物質を細い口から出すための管が先端に付いている道具だ。車のエンジンにオイルを入れるときには、オイルが入る場所に直接入る率を上げるためにファネルを使う。ファネルは、無駄を避けるために使うメカニズムだ。

　eコマースの世界における「無駄」とは、顧客になるはずの人々が入ってほしい製品の燃料タンクからエンジンに入ってこないことである。想定した順序で顧客が登録しない、登録したアカウントを使わない、取引を始めない、取引を最後まで進めない、などが起きたとき「無駄」になる。言い換えれば、顧客がバリュープロポジションを正しく経験できずに、自分の目的を満たせないまま去ってしまうということだ。eコマースやデジタル製品のファネルのデザインが悪く、せっかく訪れてくれた顧客を愛着を持って使ってくれる顧客に転化できなかったのである。

　ブラント・クーパー（Brant Cooper）とパトリック・ブラスコービッツ（Patrick Vlaskovits）は、著書『The Entrepreneur's Guide to Customer Development（アントレプレナーのための顧客開発ガイド）』[1]でファネルマトリックスを使って顧客になるべき人々が「インターネットで検索するだけの顧客から満足した顧客」に変わる様子を紹介した。私はこのコンセプトに触発され、この考えを拡張して、得られた指標を直接UX戦略に反映させていくために独自のツールを作った。

　ファネルマトリックス（図9-4）に書き込むのは、製品に関わっているチーム全体（ステークホルダー、製品マネージャー、マーケティング担当、ビジュアルデザイナー、開発者、その他すべての関係者）に、潜在顧客や現在の顧客がファネルの先の方に進んでいき、リピーターになるために必要なすべての行動について強制的にじっくりと考えさせるためである。ファネルマトリックスには、ユーザーの体験を最適化し、顧客獲得率を上げるための方法を検証、計測、学習するという目的もある。このツールを試し、使って、改良するようになってから、自分が今までよりも実証的になり、自分のUX戦略のための作業を、大層なものだと思わな

※1　Brant Cooper、Patrick Vlaskovits『The Entrepreneur's Guide to Customer Development』（Cooper-Vlaskovits、2010年）

くなったことに気付くことになった。

ファネルの戦略	段階の定義 （自分用にカスタマイズします）	ユーザーの工程	期待される行動	ビジネス上の課題	測定指標	要求機能	検証によって解ること
潜在的顧客	潜在的顧客はあなたの製品、サービスを必要とするかもしれないユーザー						
見込み客	見込み客は営業のためにコンタクトを取る相手の候補。あなたの製品、サービスに関心を表明している（つまり、メールアドレスを知らせてくることによって）個人または組織						
顧客予備軍	顧客予備軍は、価値のある形で「ビジネスにとって」興味を持ってもらうことによって特定の製品、サービスを希望していることを自立てて示しているあらゆる個人、組織						
販売顧客	販売顧客は、あなたの製品、サービスを使うために使用料を払っている個人、組織						
常連客	常連客は、あなたの製品、サービスを「日常的」に使っているカスタマー						
推薦者	あなたの製品のためにほかの人々にあなたの製品を自ら紹介する（エヴァンジェリスト的）ユーザー						

図9-4 ファネルマトリックス（顧客流入経路表）の空のテンプレート

　ファネルマトリックスの表は、ユーザーの関わりの度合い（思い入れ、愛着）とアクイジション（獲得）のそれぞれ異なる段階と、その段階に属する評価基準を示している。私は、Googleスプレッドシートを使ってこのファネルマトリックスを作ったが、それはチームが同時に共同作業し、書き換えられるようにするためだ（テンプレートのコピーは、UX戦略ツールキットに含まれている）。

　ファネルマトリックスをどのように使うかは、製品開発サイクルのどの段階にいるかによって変わることに注意していただきたい。

- ジャレッドがTradeYaでそうだったように、既存の製品かMVP（必要最低限の機能を持つ製品）を持っている場合、あなたのチームはファネルマトリックスをそのまま使って最適化することができる。望んだ値になるまで、指標に操作を加えて計測を繰り返そう。

- 動作する最初のMVPのためのワイヤフレームを設計しているときには、ファネルマトリックスを使ってユーザー関わりの度合いの段階と使っている主要な指標を予想してみよう。次に、ランディングページテストなどでファネルの一番上の段階である潜在的顧客（一般客）を検証してみよう。これについては、本章のなかで後述する。

- UX戦略のコンセプト的な部分（ストーリーボード、プロトタイプ、その他）にまだ留まっている場合は、チームが顧客獲得のためのデザインにとりかかる準備ができたときに、最終的にどんな結果になるのかについての概要を知る手段としてファネルマトリックスを利用しよう。ファネルマトリックスの最上段をチェックをする準備ができたときに、何をすべきかを説明すること

にする。

9.2.1　なぜ表を使いマップではないのか

　ここまで来ると、UX戦略家のなかには、頭を掻きながら私がなぜジャーニーマップ（エクスペリエンスマップとも呼ばれる）を勧めないのか理由を考えている人がいるかもしれない。ジャーニーマップはフローチャートに似ており、すべてのタッチポイント（接点）[1]を示している。ジャーニーマップは、あなたの製品のUXを通じてユーザーが行うジャーニー（旅の行程）とインタラクションを目で見て分かるようにしたもので、一般に製品のステークホルダーと共に行ったブレーンストーミングの成果から作られる。このマップは、非常に複雑になり解読に困ることがある。特にあなたがブレーンストーミングに参加していない場合は大変だ。この種のマップを見たことがなければ、Google画像検索で「ジャーニーマップ」をキーワード検索してみるといい。

　ジャーニーマップを効果的に使えば、デジタルなタッチポイントと非デジタルのタッチポイントがともに書かれているので、UX戦略家やステークホルダーはクロスチャネル[2]の体験をイメージしやすくなる。個人的には、マップは作るのにばかばかしいほど時間がかかり、製品リリース後は実際の製品と比較されることがまずないので、ジャーニーマップは説明責任を果たせていないと思っている。私が今までたびたび見てきた光景は次のようなものだ。重要なステークホルダーか社内のUXチーム、またはその両方が合意形成のためのワークショップに呼び出される。彼らはグループに分かれ、ポストイットにアイデアを書き、ホワイトボードに貼っていく。もっとも積極的な参加者がコンセプトをグループごとに整理し直している間、全員が部屋の後ろで腕組みをしながら参加してこない。ワークショップの終わりがくると、誰かがカラフルなポストイットの写真を撮る。デザイナーはこのコンセプトの塊を奇妙で回りくどい情報の図面に変身させる。こ

※1　タッチポイント：ブランドと顧客とのすべての接点を指す。「コンタクト・ポイント」とも言う
※2　クロスチャネル：4種類あるチャネル（経路）の考え方のうちのひとつで、小売と顧客の接点を作るポイントが複数存在するチャネルを指す

れはデータ可視化の第一人者であるエドワード・タフテ（Edward Tufte）[1] に不利な条件を与えるような代物だ。その後、その図はオフィスのどこかに吊るされるか、しまわれる。社員がトイレに行くときに見てくれたらとでも思っているのだろうか。

　戦略立案段階をもっと実証的に進めようと思うなら、この手法を発展させ、製品のアイディエーション（アイディア創出）や、開発作業を通じての計測、更新の手続きが厳格に守られるようなシステムに成果物を集中させる必要がある。私が一元化されたデータの保管場所としてクラウド上にあるファネルマトリックスの表を選ぶのはそのためだ。クラウド上のスプレッドシートなら、チームの全員が複数の場所に分散していても共同で作業を進められ、必要ならカスタマイズもできる。最初の成果物は、通常2時間から4時間で完成し、その後も全員が更新のために簡単にアクセスできる。表形式は簡単に解釈できる。それよりも重要なことは、製品がリリースされ、何度か更新されたあとでも、そのファネルマトリックスは指標の数値を報告するための一元化されたデータ保管庫として機能し続けるのだ。エリック・リース（Eric Ries）は、『リーンスタートアップ』[2] のなかでリアルな世界のファネルマトリックスを使って「革新会計（リーン・アカウンティング）」[3] について論じているが、それをUXに利用したらこのファネルマトリックスになる。そこではまず、少なくともポストイットで何かした気になるのはやめよう。そして、ファネルマトリックスについて深く学び、中身を埋めていこう（ジャーニーマップに対する私とは異なる意見として、10章にベテランのUX戦略家、ホリー・ノース（Holly North）の発言があるので参照していただきたい）。

※1　エドワード・タフテ：http://www.edwardtufte.com
※2　Eric Ries『Lean Startup』（HarperBusiness、2011年）。邦訳は『リーンスタートアップ——ムダのない起業プロセスでイノベーションを生みだす』（日経BP社、2012年）
※3　革新会計（リーン・アカウンティング：lean accounting）：取引の各工程で仮説と検証を繰り返し、来る転換期にスムーズに転換できるよう備えるための会計手法のこと

9.2.2　ファネルマトリックスを使いこなす

　私が初めてファネルマトリックスを試したのは、ジャレッドと開発していた
TradeYaプロジェクトだった。私たちは、何か月にもわたって数百ものユーザー
の行動を計測した分析レポートをひっくり返し、それにもとづいて大局的な判断
を下そうと悪戦苦闘していた。しかし、ひとりのユーザーの行動からのデータを
検証し、それにもとづいて小さな決定を積み重ねていく方が効率的なのではない
かと考えた。出資者たちからの質問に答えるためには、MVP（必要最低限の機能
を持つ製品）に意味のある変更を加えられるようにすることに、時間、気力、予算
を集中させる必要があった。そこで、ジャレッドと開発者たち（インドからSkype
で参加）と私は、約4時間集中して表を埋めていった。

　UXファネルマトリックスのマス目には複数の行と列があり、各マス目は、チー
ムで慎重に検討して記入する。この記入は、ユーザーのストーリー、特定の時間
に話された話題によるものだ。ジェーンがFacebookのフィードを見ているときに
あなたのオンライン製品（話の都合上、TradeYaということにしておこう）を見つ
けたとして、彼女がその製品の積極的なユーザーになるためにはどんな段階を経
なければならないだろうか。おそらく、1回の大きなきっかけによって「一般客」
から「常連客」に飛び上がるようなことはないはずだ。製品と深く付き合うように
なるまでには、あまり労力を使わずにファネルの先に進んでいってもらわなけれ
ばならない。そこで、ファネルマトリックスの各行のマス目では、彼女が製品を
初めて知ったときから、あなたの製品の宣伝に協力するほどの熱心なユーザーに
なるまで、いろいろと話してくれた話題の断片を記入するようにする。

　また、実験には時間制限を設定し、異なる仮説のために予想される結果を計測
するための締め切りをチームに与えよう。TradeYaの場合は、60日という制限を
設けた。この制限を設けたのは、料金を払わない顧客から払う顧客に移行させる
ために何が必要かを知りたかったからだ。私たちは、少なくともこの60日の間に
ユーザーを一般客から常連客にできなければ、TradeYaの利益が下降線に向かう
だろうと考えていた。

9.2　ファネルマトリックスツールの使い方　261

9.2.3 縦軸

　ファネルマトリックスの縦の行は、オンライン製品に対するユーザーに親しみを持ってもらう各段階を表している。これらの各段階の表記は、製品のビジネスモデルに直接関係している。製品が異なれば、必要とされる成長のための動機も異なる。『Lean Analytics』[1]には、各行を掌握していくときに参照したい素晴らしい図（**図9-5**）が付属している。

※1　Alistair Croll、Benjamin Yoskovitz『Lean Analytics』(O'Reilly Media、2013年)。邦訳は『Lean Analytics ── スタートアップのためのデータ解析と活用法』(オライリー・ジャパン、2015年)

ビジネスモデル						
会社の段階	e コマース	二面的市場	SaaS	無料モバイルアプリ	メディア	UGC（ユーザー生成コンテンツ）
会社は成長するか	ユーザーはあなたを見つけてほかと区別するか	ユーザーはあなたを見つけてほかと区別するか	登録して定着しほかのユーザーを誘うか	登録して定着しほかのユーザーを誘うか	利益が出るくらいの現金収入が得られるまで流量を増やせるか	利益が出るくらいの現金収入が得られるまで流量を増やせるか
定着段階：顧客を意味のある価値を生む形で惹きつける MVP を達成している	コンバージョン、カートサイズ。獲得：新しい買い手を見つけるコスト。ロイヤリティ（忠誠度）：90 日以内に戻ってくる買い手の割合	在庫作成率、検索の種類と頻度、価格の柔軟性、在庫の品質、欠陥率	繋がり、解約、訪問客／ユーザー／カスタマーファネル、機能の段階的提供、機能の利用度（または無視）	オンボーディング（導入部）、アダプション（定着）、プレイのしやすさ、「ハマる」までの時間、日／週／月単位の解約、ローンチ、放棄、プレイ時間、地域テスト	流量／訪問／再訪問、トピック／カテゴリ／著者によるビジネス指標の分割、RSS ／メール／ Twitter フォロワー数とクリックする一数	コンテンツ作成、繋がりファネル、スパム率、コンテンツと口コミによる共有、主要獲得チャネル
口コミによる流行段階：固有／人工的／口コミによる導入件数の増加、バイラル係数とサイクル時間の最適化	獲得：顧客獲得コスト、共有の量。ロイヤリティ：再アクティブ化、戻ってくる買い手の数	売り手の獲得、買い手の獲得、固有／口コミシェア。アカウント作成とシステム設定	固有バイラリティ、顧客獲得コスト	アプリストア評価、シェア、紹介、ランキング	コンテンツ、口コミ、検索エンジンマーケティング、最適化、長時間滞在の推進	コンテンツ紹介、ユーザー初回、サイト内のメッセージのやり取り、サイト外への共有

図9-5　『Lean Analytics』のビジネスモデルの段階表

ファネルマトリックスは、ここに示す汎用的な段階から始め、さらに時間を割いてほかのマス目の内容やデータがぴったり収まるように調整していくことをおすすめする。人々が製品に対する繋がりを深める過程には、すでに知られている例外や、まだ知られていない例外があるはずなので、各段階の項目は**図9-6**に示

した通りのものである必要はない。しかし、これらの汎用的な項目があれば、作業を始められる。各段階で重要なことは、製品のセールスファネルの先に向かって後戻りせず、計測可能な形でファネルの中を流れていくことだ。

ファネルの段階	段階の定義 （自分用にカスタマイズします）
潜在的顧客	潜在的顧客はあなたの製品、サービスを必要とするかもしれないユーザー
見込み客	見込み客は営業のためにコンタクトを取る相手の候補。あなたの製品、サービスに関心を表明している（つまり、メールアドレスを知らせてくることによって）個人または組織
顧客予備軍	顧客予備軍は、価値のある形で（ビジネスにとって）親しみを持ってもらうことによって特定の製品、サービスを希望していることを表立って示しているあらゆる個人、組織
販売顧客	販売顧客は、あなたの製品、サービスを使うために使用料を払っている個人、組織
常連客	常連客は、あなたの製品、サービスを「日常的」に使っているカスタマー
推薦者	あなたの製品のためにほかの人々にあなたの製品を自ら紹介する（エヴァンジェリスト的）ユーザー

図9-6 ファネルマトリックスの縦軸

　実際に表の項目を埋めるときには、ほかの段階を定義する前に、1行目全体を埋めるところから始めよう。期待される行動に集中すると、1行目の定義は、ユーザーが最初にあなたの製品を見つけたとき、親しみを持ってもらう戦略に直接結び付いていることが理解できるだろう。それが完了したあとで、下の段に進んでいこう。列の見出しは、チームと議論、討論が必要な個別の要素である。それについては、本章の後半で詳しく説明する。

　ここでは、説明の都合上、まず各段階の一般的な意味を示してから、TradeYaでマス目に入力した具体的な内容を例として示す。本書の冒頭で「ユーザー」と「顧客」は、同等のものとして扱うと定義したが、本章ではその定義にさらに修正を加える。ファネルマトリックスでは、ユーザーとは、「ファネルの最初から最後まで自ら進んで関係性を持ってくれる（そして料金を支払う）顧客になる人」と定義する。

264　9章　顧客獲得のためのデザイン

潜在的顧客の段階

「潜在的顧客」は、あなたの製品、サービスを必要とするかもしれないすべての
ユーザーである。TradeYaのファネルマトリックスでは、「潜在的顧客」は物かサー
ビスをすでに持っているか、欲しいと思っているあらゆる人だった。それは実際
のところすべての人を含むという意味に聞こえるかもしれない。実際、すべての
人のことを示す。しかしそこに問題がある。全員を対象とする水平市場[※1]では、
範囲が広すぎる。「潜在的顧客」をしっかりと捉えるためには、想定している特定
の層が欲しがる種類のものや、特定のサービスにカテゴリを絞り込む必要がある。
図9-7に示すように、TradeYaの「潜在的顧客」は、経済的な理由から物を交換でき
れば素晴らしいだろうと考える人である。衣類の交換、コレクターズアイテムや
その他のオークションサイトを見て、この種のユーザーが存在することはわかっ
ていた。Craigslistの交換カテゴリを利用するユーザーとよく似た「潜在的顧客」を
探しているという認識があった。

ファネルの段階	段階の定義
潜在的顧客	手が出ない（またはお金を使いたくない）がほしい何かがある人、または価値のある何か（もの、サービス）を持っていて、それを売ったりほかのものと交換したりしたい人である。

図9-7 TradeYaのファネルマトリックスの潜在的顧客の段階

見込み客の段階

「見込み客」は、一般的にはメールなどで連絡先情報を送ってきて、あなたの製
品やサービスに興味があることを表明している個人、または組織で、営業のため
に連絡を取る可能性のある対象である。その人に対して連絡を取るための手段を
確保しておきたい。ここでユーザーとの間の公式な関係が始まる。

TradeYaの場合、「見込み客」とはどんな経路かに関わらず、TradeYaページにた

※1　水平市場：属性が特殊で好き嫌いが多様化しているもの

9.2　ファネルマトリックスツールの使い方　265

どり着き、サイトに登録した人である。それらの人は、ソーシャルメディア、口コミ、オーガニック検索（自然検索）[※1]などのさまざまなタッチポイント（接点）からやってくる。

顧客予備軍の段階

「顧客予備軍」は、当該製品に対してニーズを持っており、それを買ったり消費したりして、ニーズを満たしたいと強く思っている人である。その人は、「販売顧客」か「常連客」になるための準備段階に入っている。

TradeYaの場合、「顧客予備軍」は具体的にほしい物があるか、交換したいと思っている物を持っている人である。その人は、交換したい物を投稿したり、すでにサイトに投稿されている物に対して入札を行う。このユーザーは、私たちのキーとなる体験に親しみを持つために、MVP（必要最低限の機能を持つ製品）を操作し、最初の行動を起こす。

販売顧客の段階

「販売顧客」は、あなたのビジネスモデルにとって価値のある個人、組織である。「販売顧客」は、製品を使うために使用料を支払うか、ほかのユーザーに対して価値のある行動であなたに貢献する。

TradeYaの場合、「販売顧客」は交換の手続きに参加し、実際に交換に成功した人だ。つまり、その人は、入札に勝って交換を実現したか、交換したい何かを投稿して実際に交換を実現した人だ。

常連客の段階

「常連客」は、あなたの製品、サービスを「日常的」に使っている顧客である。

TradeYaの場合、「常連客」とは、複数の交換に参加している人のことだ。その人は、何かの交換に成功し、その後も交換したい何かを投稿したり、入札に参加したりしている。

※1　オーガニック検索：検索エンジンに検索語句を直接入力して行う検索のこと。自然検索とも言う

推薦者の段階

「推薦者」とは、純粋に自分の最初、または継続している経験にもとづいてほかの人にサイトを紹介する人のことだ。その人は、自らの言葉を拡散させてほかの「潜在的顧客」をあなたの製品に呼び込んでくる。これを「**バイラリティ**（バイラル機能）」と呼び、成長の原動力となる（**図9-5**参照）。

「推薦者」は、自身がファネルのどの段階にいるかに関わらず、他人にあなたの製品を紹介してくれる。「推薦者」は、自発的な推薦によって新しいユーザーをサイトに呼び込んでくるので、セールスファネルの向上のためにきわめて重要な意味を持っている。こういった人々には特別に愛情を注ぐべきであり、その人たちがあなたの製品で、素晴らしい気分を味わえるように特に注意深くデザインしなければならない。

TradeYaの場合の「推薦者」は、応援してくれているか単に面白いと言っているかに関わらず、TradeYaページの情報を共有してくれる人たちである。

9.2.4　横軸

ユーザーの行程

「ユーザーの行程」（**図9-8**参照）とは、ユーザーがあなたの製品を体験して、各段階に入るために必要な行動の種類のことである。正確にどこで段階に入るか。どんな作業を最後までしようとしているか。チームのUXデザイナーにとって、「ユーザーの行程」の欄（列）は、ファネルマトリックスのなかでももっとも書きやすい部分だ。

TradeYaの例は、先ほども述べたように、ユーザーとつながりを持つ最初の段階である「潜在的顧客」についてひと通り考えることにしよう。私が家の外を歩いていて、「お金を使うのは止めて、TradeYaを使おう！」と声の限りに叫んだとする。私の声を聞いた人々にとって、この行動が製品としてのTradeYaの第一印象となる。新たに通りに出てきた私を知らない人は、私を無視するか迷惑な人がいると警察に行くだろう。しかし、隣に住んでいる私の知り合いがこの声をふと耳にしたら、もっと話を聞いてみたいと思うかもしれない。

9.2　ファネルマトリックスツールの使い方　267

ユーザーの工程
アイテムを見たか、何らかの方法（投稿された交換商品、報道、口コミ、ソーシャルネットワークなど）でTradeYaについての噂を聞き、それによってサイトに惹き付けられた。

図9-8 TradeYaのファネルマトリックスの「ユーザーの行程」マス目

そこで、「潜在的顧客」の「ユーザーの行程」としては、「顧客になりそうな人との最初のタッチポイント（接点）は何か」を考えなければならない。「タッチポイント（接点）」という言葉は、企業が最初に顧客に「タッチ」する、つまり働きかける方法を指す。たとえば、「潜在的顧客」は、ソーシャルメディアでTradeYaを見つけたかもしれない。あるいは、隣人の叫び声で製品を知ったのではなく、友だちのツイートやFacebookへの投稿で共有されていたTradeYaのリンクを見たのだろう。「潜在的顧客」は、オーガニック検索（自然検索）で「私が交換しようと思っているこのサーフボードを見てください」というTradeYa内のメッセージをGoogleの検索結果の中に見つけたのかもしれない。

最終的に、この欄のマス目には、ユーザーがあなたの製品を最初に見つける方法としてもっとも多いとチームが考えているものを書き込む。これらの「方法」は、顧客を獲得するための営業経路や戦術である。そのような方法を発見し、掘り下げ、実験してみよう。

期待される行動

ファネルマトリックスの「期待される行動」（**図9-9**参照）は、経験したばかりの「プロセス」に対してユーザーにどんな反応を期待するのかを書く。あなたがユーザーに望む行動である。ツイートの「いいね」をクリックする、アプリをダウンロードする、ウェブページへのリンクをクリックするなどである。

期待される行動
(1) TradeYaのホームページにたどり着き、複数のTradeYaの商品を見る。ユーザーが必要とされるログインの行動を起こすまで、「オンボード」（ログイン）する必要はない。 (2) 参照リンクから来たため、TradeYaの商品ページに直接たどり着く。

図9-9 TradeYaのファネルマトリックス計測の「期待される行動」マス目

　住宅街の通りで私が大声でTradeYaを宣伝している事例に戻ってみよう。私の想像の中の隣人が騒音の苦情で警察を呼ばなければ、（a）スマートフォンを引っ張り出してTradeYaをGoogleで調べるか、（b）あとで自宅か職場のコンピュータでTradeYaを検索するか、（c）ソーシャルネットワークかオフィスの休憩スペースのまわりに集まった同僚たちに、奇妙な体験を共有するかしてくれればよい。

　しかし、大声で叫ぶという冗談はさておき、「潜在的顧客」の段階で期待される反応は、初めて知ったあなたのプロジェクトに対しユーザーに好意的な行動を起こしてもらうことだろう。当然ながら、最初の印象が悪い場合、UXが非常に悪いということだ。あなたは、潜在的顧客があなたの望むような反応を返すために必要なことをしなければならない。その人が出会ったコンテンツ／メッセージ／経験の種類から考えてその人に次に何が起きるかについて考えてみよう。シナリオは複数あるだろうか。対処しなければならない技術的文脈（たとえば、モバイルかデスクトップかなど）はあるだろうか。新しいユーザーはすべて表玄関（製品のホームページ）からやってくるのか、それともさまざまな裏口（友人のFacebookへの投稿に含まれている製品詳細ページへの直接リンク）があるのか。どんな場合でも、バリュープロポジションが明確に伝えられるようにすべきだ。

　ファネルマトリックスの「期待される行動」のマス目に書き込むときには、そのユーザーに実際に行動してほしい、自分にとって一番の目標とは何かについて考えよう。メールアドレスの入力やFacebookアカウントでの登録、さらには「発注」ボタンをクリックしてもらうことまで、どんな種類の行動でもよい。製品の収益源がバナー広告や動画広告の販売によるものなら、「詳細」リンクをふんだんに用意して、顧客がクリックやスワイプを繰り返してしまう、魅力のあるページをた

くさん作ることが目標になる。サイト滞在時間を延ばしたいなら、関連する自社記事を増やして、終わりのないピンボールゲームのように、ユーザーがページのあちこちで立ち止まるようなページを作るといいだろう。

　期待される行動は、ユーザーが親しみを持ってくれる段階によって違うこともある。「潜在的顧客」なら、気分良く見てまわる体験をしてもらうだけでいいだろうが、既存の顧客なら、「入札」、「購入」ボタンをクリックしてくれなければ困る。ユーザーが満足してファネルの先の方に進むために、最短経路で必要な行動を起こすための粒度についてよく考えよう。

ビジネス上の課題

　ここでUX戦略モードからマーケティングモードに頭を切り替えよう。ビジネス上の目標という立場でファネルマトリックスを見る番だ（**図9-10**参照）。ここでは、「ユーザーの行程」を実現するために、水面下で対処する必要がある。すでに実証されているオンライン広告キャンペーンと新しい形のグロースハックの両方が含まれる。基本的な考え方としては、完成した製品の上にマーケティング手法を積み上げるのではなく、製品そのものに有機的にマーケティング手法を組み込んでおき、それをマーケティングの指標に結びつけることだ。これはUX戦略にとって必要不可欠なことである。ビジネス戦略とインタラクションデザインは、密接に連携していなければならないのだ。

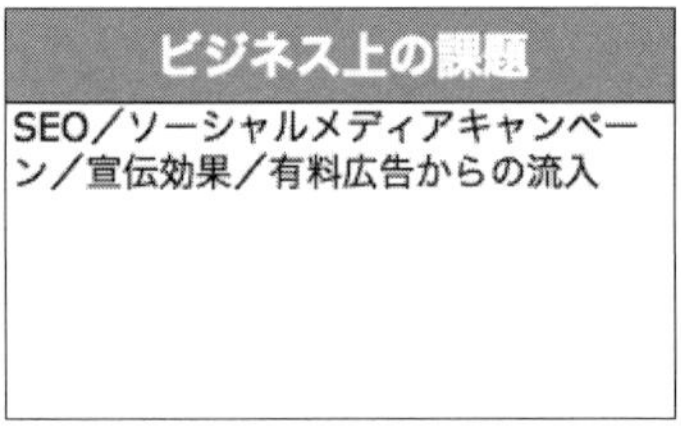

図9-10　TradeYaのファネルマトリックス計測における「ビジネス上の課題」のマス目

　つまり、「潜在的顧客」に対するビジネス上の課題は、顧客になりそうな人に接触し、彼らの注目を集めるために、あなたとチームが新しい販路を見つけ、さまざまな実験を試してみることになる。そのためには、Facebook、モバイルデバイ

270　9章　顧客獲得のためのデザイン

ス、職場のコンピュータ、エスプレッソマシンの周りでのうわさ話など、ユーザーがあなたの製品のことを知るためのさまざまなタッチポイント（接点）や状況を検討する必要がある。

ファネルマトリックスの「ビジネス上の課題」のマス目には、Facebookの広告を買ってアクセスの流量を伸ばしたり、巧妙なソーシャルメディアキャンペーンを展開するといった、創造的で合理的なビジネスへの期待を書き込む。あなたの製品を人に紹介すると自分自身がかっこよく見えるので、ユーザーが喜んであなたの製品を宣伝するというような流れに持っていきたい。ただし、このマス目に何を書いたとしても、期待される行動を喚起するためには、ビジネス上の課題解決への期待に本気で応える覚悟を忘れてはならない。

測定指標

営業、マーケティングの人々なら当然よく知っていることだが、成功は数字によって判断される。ファネルマトリックス計測の「測定指標欄」は、さまざまな要因のなかでも特に、ユーザーがいかに期待される行動を起こしてくれたかを表すものになる。この欄は、FacebookとLinkedInのどちらから来たユーザーの方が多いか、アメリカの三大都市のなかでこのサイトへの流入量がもっとも多いのはどこの都市か、といったことも記入してよい。正しい項目を選び、データが正確なら、測定指標はサイトの成否を見事に教えてくれる。ユーザーの関わりがどのような段階でも、本当に重要な測定指標がひとつは必ず存在する。ターゲット顧客たちを夢中にさせ続けることに執念を燃やすなら、そのひとつひとつに力を注ぎ込むことだ。

TradeYaの潜在的顧客の場合、ここでは新しい訪問者のふるまいについてのデータを集めて分析できるようにする（**図9-11**参照）。潜在的顧客がトップページ以外からTradeYaにやってくるなら、もっとも流入量の多いページはどれか。他のページを見ずに直帰する率はどれだけか。初めての訪問者は、何分ぐらいサイトを見て操作しているか。アクセス解析は膨大なデータを提供してくれるが、各段階で

どのデータがもっとも重要な測定指標なのか判断するのは、UX戦略家の知識と頭の回転次第である。

<table>
<tr><td align="center">測定指標</td></tr>
<tr><td>訪問数、直帰率、初めての訪問者のなかでのホームページに来た数と商品ページに来た数の比率、流量をもたらすトップサイト、トラフィックがもっとも多い都市や国</td></tr>
</table>

図9-11 TradeYaのファネルマトリックス計測における「測定指標」のマス目

「測定指標」欄に記入するのは、各段階の関わりの度合いのレベルに結びつくような、ユーザーの行動を示すために計測する定量的な「指標」である。指標は、合計、パーセンテージ、比率で表示される。マーケティング部門、ステークホルダー、デザイン／開発チームは、測定指標の意味をよく理解していなければならない。たとえば、「平均訪問時間」（**図9-12**参照）は、広く使われている指標で、ユーザーがWebサイトで過ごす時間を表し、分と秒で計測される。この指標は、広告を販売しようとしているメディアサイトなどのビジネスモデルでは重要な指標である。eコマースサイトであれば、取引数に注目すべきだ。SaaS[※1]なら、特定の期間内に失われた顧客数という恐ろしい指標である「チャーン率（同種のサービスに乗り換える顧客）」だ。SaaSの最大の目標は、顧客の維持（リテンション）である。維持＝定着＝習慣的利用＝常連客数である。

図9-12は、TradeYaのあるページの平均滞在時間を示している。

※1　SaaS（Software as a Service）：ネット上で必要な機能を必要な分だけ利用できるようにしたソフトウェアのビジネス

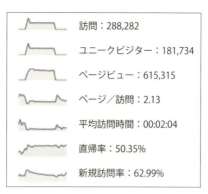

図9-12 TradeYaの2013年の月間指標

　リーンスタートアップの権威、エリック・リースは、本物の指標とは、「(顧客発見分野における)従来の仮説の正しさ、または誤りを証明でき、すぐに行動に移せる指標だ」と言っている。つまり、あなたの製品が実際に機能しており、ユーザーに親しみを持ってもらえていることを実証できる数値を計測すべきだ。しかし、出資者やステークホルダーは、一喜一憂できる数字が好きなので、ページビューのような、最初に訪問するページへの流入量を測ることしかできないバニティメトリクス(虚栄心を満足させるだけの指標)に注目してしまうという罠に陥りがちだ。バニティメトリクスは、何人が門の前まで来たかどうかしか表さない。本当に大切なのは、それらの人々のどれくらいの割合が実際に中に入り、中身を見ていくのかである。見ることのできる膨大な情報のなかで迷子になったり、何も意味のない誤った数値を計測することは実はとても簡単なことだ。バリュープロポジションが機能していることを示せる本物の指標、「キーメトリクス(重視すべき指標)」に注意を集中させなければならない。出資者やステークホルダーは、数字が示す意義の本質を理解すべきだ。

要求機能

　「要求機能」は、UXの立場から、ファネルの各段階を成り立たせるために、チームが対応し、統合すべき機能やプラットフォーム(たとえば、TwitterなどのSNS)のことである。この欄に書いておくと、製品のMVP(必要最低限の機能を備えた製品)やベータ版の機能一覧を煮詰めるときに近道できる。これら一覧の機能は

ユーザーの利用工程全体に有効に作用し、その製品が機能するためにきわめて重要なものだ。

　個々の機能は、製品を複雑にするものではなく、より良く、より簡単にするものでなければならない。製品がしっかりと動作する機能にだけ集中し、機能そのものについては、ユーザーにとっての価値、構築のための労力の度合い、ビジネス上の価値という複数の観点から慎重に検討しなければならない。機能一覧を作るために必要な労力と製品に与えられる影響の強さのバランスを取ろう。何人の人々がその機能を実際に使うか、または求めてきたか。それはあなたの製品だけに見られる機能で、競合と比べて差別化するようなものになっているか。それとも、単なる手の込んだ仕掛けにすぎず、ユーザーが一度試すと、もう二度と使わないような機能なのか。ファネルマトリックスの表は、影響の度合いを特定の関わりの度合い指標に結び付けることにより、影響の度合いの計測を助ける。機能の魅力を確かめられたら、さらにリスクが伴う機能を試すこともできる。

　TradeYaの場合、絶対に欠かせない機能は、既存の交換申込に対して入札する機能と、特定の何かをほかのものと交換したいと申込をする機能だ（**図9-13**参照）。アカウント作成は、Facebookアカウント経由でのサインインを必須にすることで省略している。物々交換をするときに顧客が興味を持っている商品が出品されたことを知るために、通知機能も必要だった。7章で述べたように、利用障壁をできる限り低くしてTradeYa上で何かを交換できるようにする最初の目標を考えたとき、必須の機能とは言えなかったユーザープロフィールの設定とオンライン上での取引の仕組みは、先送りすることにした。

要求機能
Googleのアクセス解析ツールでTradeYaの広告をクリックした先のページを設定する。TradeYaのTwitterプロフィールを記入する。TradeYaのFacebookプロフィールを記入する。

図9-13　TradeYaのファネルマトリックス測定の「要求機能」のマス目

失敗から学ぶ

　ここで、トーマス・ドルビー（Thomas Dolby）[※1]と彼の曲「She Blinded Me With Science（邦題：彼女はサイエンス）」に注目し、インスピレーションをもらおう。「She blinded me with science And hit me with technology（彼女は僕を惑わせる、サイエンスの力で！そして、テクノロジーの力で僕を叩きのめしてしまうんだ）」歌詞の通り、ここであなたは白衣を着て論理的で、感情の無い科学者のように振る舞わなければならない。このファネルマトリックスの目的は、ひとえに、ベンチマーク（評価基準）との比較によって確認されたデータにもとづいて、製品についての定性的な質問に答えやすくすることにある。これらの問いは、親しみをもってもらうすべての段階を通じて、チームが顧客のふるまいやビジネス上の課題について正直な認識を持ち続けるために発せられる。あなたは、科学者と同じように、厳しい問いを発し、データを分析し、結果に対する自分の願望に惑わされないようにしなければならない。かっこつけずに現実的であり続けなければいけないのだ。

　TradeYaの場合、「潜在的顧客」の段階での大きな問題は、「長期的な顧客になるような顧客はどこからやってくるのか」だった。私たちが持っている販路（Twitter、Facebook、Googleの広告、オーガニック検索）のうち、どれがもっとも効果的なのかを知りたいのである。できることはもっと何でもする必要があった。「潜在的顧客」がTradeYaのページにたどり着くと、その「潜在的顧客」の行動はいっそう明確に検証することができる。どんな種類の商品、サービスがもっとも多く「交換したい」という入札があるか。商品の場合、それはノートパソコンか家具か。サービスの場合、それはウェブコンサルティングか作業員か。商品とサービスではどちらが多く交換されているか。私たちは、サイトを細かく調整し、ジャレッドが手動でコンシェルジュサービスを提供していた時期の初期の顧客たちが示していた熱烈な支持にぴったりと合う答えを求めていたのである。ユーザーとは誰か、どこから来るのか、彼らが交換対象としてもっとも興味を持っているのは何か。

※1　トーマス・ドルビー：http://www.thomasdolby.com/

9.2　ファネルマトリックスツールの使い方　　275

この欄には、顧客について学びたいこと、学ぶ必要があることを書き込む（図
9-14）。あなたは製品に親しみを持ち、周囲の人々に製品の良さを知らせてまわる
顧客を生み出すための、予測可能で拡大可能な方法論を求めている。そのために
は、実験と指標から反復可能な結果を生み出す必要がある。ファネルの先に進み、
ユーザーの製品に対する親しみの度合いが深くなっていくと、顧客のふるまいに
ついて、より具体的な「問い」が出てくることがわかるだろう。

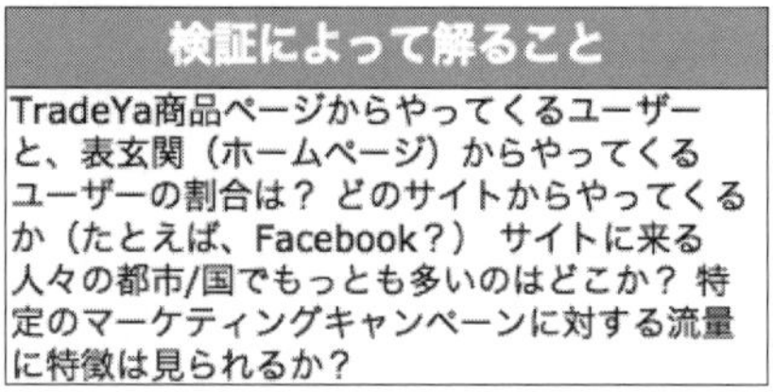

検証によって解ること

TradeYa商品ページからやってくるユーザー
と、表玄関（ホームページ）からやってくる
ユーザーの割合は？ どのサイトからやってくる
か（たとえば、Facebook？） サイトに来る
人々の都市/国でもっとも多いのはどこか？ 特
定のマーケティングキャンペーンに対する流量
に特徴は見られるか？

図9-14 TradeYaのファネルマトリックスの「検証によって解ること」のマス目

これらの「問い」に答え、計測できる状態にするために脳内のあらゆる論理回路
を総動員しなければならない。オーガニック検索（自然検索）経由でトップページ
から来る流入が、ソーシャルメディアから商品ページに来る流入と比べてどれく
らいの割合か。これは計測できる「問い」である。一番最初にたどり着いたページ
に来たときにこれらのユーザーはどれくらい興味をそそられたのか。これは計測
できない。

ダグラス・ラッシュコフ（Douglass Rushkoff）は、著書『Program or be
Programmed』[1]でこう書いている。「すべてのものがデータの点だというわけで
はない。確かに、デジタルアーカイブのおかげで、私たちの関係についてのあら
ゆるデータを取り出すことはできるが、あくまでもその時の状況が失われるとい
う危険を冒したうえでのことである」。ラッシュコフが言っているのは、違いを見
分けられる目でデータを見るということだ。そうでなければ、可能なら検証され
た仮説とほかのデータの点を互いに参照できる方法を探すことである。つまり、
顧客の発見についての仮説を検証、反証する指標の解釈について、自分の考えを

---

[1] Douglass Rushkoff『Program or be Programmed』（Soft Skull Press、2011年）

ほかのチームメンバーに示そう。あなたが判断したことを全員に正しいと認めてもらうのである。

　ここまで読むと、ファネルマトリックスは科学実験のように感じるかもしれない。その理由は、本当にそうだからだ。あなたの製品の個性的なバリュープロポジションが、顧客だと認識されている人々に対して持つ意味について考えよう。仮説を検証または反証することを目標として、きちんとした手続きを遂行しているだろうか。指標を使って、原因（ユーザーの行動＋ビジネスの課題）が好意的なユーザー効果（期待される行動）を生み出しているかどうかを判断しよう。判断結果（成功または失敗）は、基本的に検証によってしか解らない。完成させたファネルマトリックスは、数週間、数か月にわたるテスト工程、または製品の製品寿命を通じて更新し、洗い直し、反復する構築〜計測〜学習のための道具となる。ファネルマトリックスは、ビジネスが継続的な改善を進めていくときの基準点にもなる（**図**9-15参照）。そうすればチームのUX担当も、ファネルマトリックスの作成を牽引することができるだろう。

　しかし、このツールでユーザー体験のさまざまな難問、問題を解決するためには、落ち着いていて、仕事熱心なチームが必要だということを忘れてはならない。UXデザイナーは、ひとりで働くべきではないし、現実的にそんなことは不可能だ。その最大の理由は、チームにとってファネルマトリックス計測が欠かせなくなるような、問題の多くが製品の分析と指標に結び付いていることにある。本章の冒頭で取り上げたTradeYa MVP実習計画のように、ここではマーケティング部門から来た賢いメンバーが、ファネルマトリックスを見てグロースハックして顧客獲得の新しい取り組みに結び付け、UXデザイナーに代わって活躍するチャンスでもある。

9.2　ファネルマトリックスツールの使い方　　277

ファネルの段階	段階の定義	ユーザーの工程
潜在的顧客	手が出ない（またはお金を使いたくない）がほしい何かがある人、または価値のある何か（もの、サービス）を持っていて、それを売ったりほかのものと交換したりしたい人である。	アイテムを見たか、何らかの方法（投稿された交換商品、報道、口コミ、ソーシャルネットワークなど）でTradeYaについての噂を聞き、それによってサイトに惹き付けられた。
見込み客	第1印象でサイトのバリュープロポジションが十分魅力的だと感じ、自分のメールアドレスを入力するか、Facebookアカウントを使って登録した人である。	メールアドレスを入力するかFacebookアカウントでログインすることを求める「ようこそ画面」があるTradeYaページにたどり着いた。「ようこそ画面」では、解説コンテンツを実行できる（いつでも途中で止められる）。

期待される行動	ビジネス上の課題	測定指標
(1) TradeYaのホームページにたどり着き、複数のTradeYaの商品を見る。ユーザーが必要とされるログインの行動を起こすまで、「オンボード」（ログイン）する必要はない。 (2) 参照リンクから来たため、TradeYaの商品ページに直接たどり着く。	SEO／ソーシャルメディアキャンペーン／宣伝効果／有料広告からの流入	訪問数、直帰率、初めての訪問者のなかでのホームページに来た数と商品ページに来た数の比率、流量をもたらすトップサイト、トラフィックがもっとも多い都市や国
解説メッセージを見て、Facebookでサインインするか電子メールアドレスを入力する。そして、解説コンテンツを最後まで進める（途中で止めたり、強制終了したりしない）。TradeYaで登録するまで解説コンテンツを不要とした場合、目標は彼らがサイトを効果的にブラウズして見たいTradeYaページに行くことになる。	在庫拡充、シェア拡大、パーソナライズプロフィール作成の意味についてのメッセージ／ユーザー入力	ユーザーの獲得率、ホームページとTradeYa「ようこそ画面」の比率、メールアドレスとFacebookサインアップの比率、ようこそメールの開封比率、メール確認

図9-15 完成したTradeYaファネルマトリックスの冒頭部分

UXのための解析ツール

　ここでひと休みして、UXを向上させるための正しい指標を集められる便利な解析ツールについて簡単に見ておこう。あなたのチームが新しい改善版をリリースしたとき、ユーザーの獲得に成功しているかどうかを知るための計測が必要だ。特に、UX戦略の立場からは、レイアウトを変更した時ユーザーの獲得数、関わりの度合い、取引の成功率が増加しているかを知る必要がある。ただし、その時点で一番良いツールは絶えず変化するので、特定のツールについて詳しく解説するのは危険だ。そのため、ここではツールを3つのカテゴリに分類して簡単に説明する。

企業向けの解析レポートツール

　　人気のツール：Google Analytics、Adobe Analytics
　　概要：レポートツールは、アプリやウェブサイトの流量、流量元につい

278　9章　顧客獲得のためのデザイン

ての詳細な統計情報を作成する。Google Analyticsはもっとも広く使われているツールで、無料の基本サービスとプレミアム版が提供されている。Adobe Analytics（元Omniture）も企業向けのツールである。これらのツールは、導入の際、利用の際の両方で開発者と解析の専門家を必要とする。

ダッシュボード表示、ファネルの顧客獲得、A/Bテスト

人気のツール：Kissmetrics、Optimizely、Geckoboard、Mixpanel、Totango、Chartbeat

概要：ダッシュボードと顧客獲得ツールは、さまざまなサービス（たとえばGoogle AnalyticsやFacebook）からのリアルタイムの計測値をすべて見れる画面を提供する。これらを使えば、特定の行動を報告させて顧客の関わりの度合い、顧客の維持を計測することができる。これらのツールは分類にも重点を置いているので、ユーザーがどのような人々か、どこから来ているのかを調べたり、A/Bテスト、多変量テスト[1]を実施してユーザーをコホート（同じ性質を持つ集団）に分割することもできる。

メール配信／追跡サービス

人気のツール：SendGrid、MailChimp、iContact、Constant Contact

概要：製品を使っているときにしていること（そして、していないこと）にもとづき、ウェブサイトの訪問者やスマホアプリのユーザーから対象を絞り込んでメッセージを送るときには、メール配信サービスを使う。「デリバラビリティ（配信可能量）」は、メールを届けたいユーザーのメール受信箱に実際に届いたメールの数を表す計測値で、通常はパーセンテージで表現される。宣伝活動の成否は、適切な時にタイムリーで適切な内容のメッセージを適切な量で送る、しっかりとしたマーケティング戦略によって左右される。ユーザーの関わりを維持し、メールの受信を拒否されないようにしなければならない。

※1　多変量テスト：可能なすべての組み合わせから、最適な組み合わせを決めるためのテスト

9.3 ランディングページを使った潜在的顧客の段階の実験

作業のこの段階で実際の製品やMVP（必要最低限の機能を持つ製品）がない場合はどうすればよいだろうか。相手にすべきファネルはあるが、すべてが仮説になってしまう。そして、まだどの指標も取得できない。ただし例外がひとつだけある。潜在的顧客だ。

ランディングページを用意して実験を実施すれば、ファネルにおける「潜在的顧客」の段階をグロースハックできる可能性がある。しかし、実験に入る前に、基本的なことを説明しておこう。ランディングページとは、あなたの製品のトップページではないウェブページだ。ランディングページは、ユーザーからある重要な行動を引き出すためにデザインされている。ランディングページは、リードキャプチャページ、スクイーズページ、デスティネーションページと呼ばれることもある。ユーザーは、複数の接点（オーガニック検索の結果、広告、ソーシャルネットワークでの宣伝活動）からランディングページに導かれる。ランディングページは、基本的に潜在顧客をファネルの上部の口から吸い込めるようにデザインされている。

無防備な潜在的顧客にバリュープロポジションを認めさせるためにランディングページを活用するための方法は無数にある。事例を使って、その方法を具体的に示していこう。

9.3.1 事例1：バリュープロポジションの修正が必要なとき

8章では、リハビリ施設に申し込むためのアイデアとしてHotels.com型のウェブサイトを思いついたソフトウェアエンジニアが、どのようにしてそのサービスの実現が厳しい状況だと気付いたかを詳しく説明した。**図9-16**は、その「Book Your Care（治療施設を予約しよう）」のホームページの原型を示したものである。

図9-16 Book Your Careのホームページの原型

　私たちがBook Your Careを考えたエンジニアに代わって実施したゲリラユーザー調査によって、彼のビジネスモデルは有効に機能しないことがわかった。現在ウェブサイトは動いておらず、適切な検証抜きで、わざわざデザインし直すために資金を使うのは無駄だということは彼も理解していた。では、いま彼に何ができるだろうか。

　富裕な顧客層はユーザー調査の対象者たちと同じくらい彼の「価値の革新」に熱を上げるかどうかを調べる必要があった。私のチームとステークホルダーは、このユーザー集団に合致した地方を必死で探した。Craigslistに宣伝を出し、高級住宅街ビバリーヒルズのキラキラ光る雑誌にも広告を出した。クライアントと私は、アルコホーリクス・アノニマス[1]の集会に出かけ、愛する人が依存症になっているふりまでして、つかみどころのない顧客について学んだ。最後の手段としてラ

---

[1] アルコホーリクス・アノニマス（Alcoholics Anonymous）：飲酒問題の自助組織。https://ja.wikipedia.org/wiki/アルコホーリクス・アノニマス

ンディングページの実験をすることにしたのはそのようなときだ。

　私たちは、このオンライン広告による宣伝活動によって、裕福な顧客層を課金ユーザーにしなければならないことを知っていた。しかし、それぞれのリハビリ施設は、GoogleやFacebookでこの裕福な顧客層を標的として総額数億円も広告に使っている。そのため、宣伝活動は高くつくだけではなく、私たちが向かっているレッドオーシャンは血の赤に染まっていたのである。

　私たちはUnbounce[1]という製品を使ってバリュープロポジションを示すページの変形版を手早く作り、GoogleとFacebookで顧客の興味によって広告を出し分けるターゲティング広告を使って試してみた。そのため、現在のサイトは実質的に一時停止となった。私たちは複雑なサーバー側の仕組みには一切手を付けなかった。開発者たちが、この実験のために時間、労力、資金を浪費する必要はない。潜在的顧客がランディングページ実験の網にかかったら、私たちが、コンシェルジュになって（7章のジャレッドのように）、手動でリハビリ施設の予約を行った。

　テスト用のランディングページは、**図9-17**のようになった。

※1　Unbounce：http://unbounce.com/

図9-17 リハビリ施設の料金設定ランディングページ

9.3 ランディングページを使った潜在的顧客の段階の実験　　283

このランディングページにユーザーからの流入を呼び込むために、私たちはFacebookでターゲット広告を出した。広告は、ロサンゼルス近郊の裕福な人々が集まる地域に住む人々向けに表示されるようにした。小規模なテストでも思った以上の、あるいは本当に必要な額よりも多くのお金を使いがちなので、ここは注意が必要なところだ。そこで、私たちは次のような制限を設けた。

- 最初の予算は500ドル（約5万円）とした。
- 宣伝活動のためのキーワードを決めた。
- 潜在的顧客をランディングページに惹きつけるだけの強いメッセージを持つ広告の文章を完成させた。
- 顧客の人口統計学的属性（学歴、都市、年齢など）をはっきりさせた。
- 宣伝活動を開始する日時を明確にした。
- 図9-18のような宣伝を掲載し、顧客がやって来るのを待った。

図9-18　Facebookへの宣伝活動

私のチームはUnbounceのような機能豊富なツールを使ったので、一種類のFacebookへの宣伝広告で同時に二種類のランディングページを扱うことができた。Unbounceは、自動的にそれぞれのページに流量の半分のアクセスを振り分

けてくれる。**図9-19**に示すように、二種類のランディングページでは、二種類の異なる料金戦略をテストした。いわゆるA/Bテストである。

図9-19 UnbounceのA/Bテストセンターの設定画面

　この実験では、重要な指標はFacebook広告をクリックした訪問者（潜在的顧客）の数と獲得した顧客獲得の数、すなわちバリュープロポジションを評価し、連絡先の情報を提供してくれた見込み客の数である。**図9-19**を見ると、1,000人を越える訪問者のうち、見込み客に転換できたのはわずか5人だ。そのうちの半分は、競合に対する何らかの調査を試みる、ほかのリハビリ施設の社員であった。私たちが直接連絡するところまで持ち込んだたったひとりの人物は、食べ物への依存症だった。

9.3.2　事例2：リード獲得のためのバリュープロポジションが必要なとき

　ランディングページの実験が必要な理由として、見込み客の獲得もある。あなたのバリュープロポジションをある程度見た実際の人々から、できる限り多くのメールアドレス集めることが目標になる。7章では、物々交換の利点を示すために説明用の動画を作ったことを説明した。その時はMVP（必要最低限な機能を持つ製品）テスト段階の前だったが、ランディングページを使った顧客獲得の好例となっている。

　まず、ジャレッドはFacebookで広告宣伝を行った。彼は米国在住の「Beats by Dre」[※1]の広告ページに「いいね！」したFacebookユーザーだけを標的にした。彼

※1　Beats by Dre：ビーツ・エレクトロニクス社製の、若者向けヘッドホンの有名ブランド。
　　　http://www.beatsbydre.com/

はふたつの広告を用意。そのうちのひとつは**図9-20**のようなものである。

図9-20　TradeYaのFacebookオンライン広告キャンペーン

　2種類のうち、どちらかのキャンペーンをクリックしたユーザーは**図9-21**のような説明動画付きのランディングページに移動する。基本的にジャレッドは景品を使ってランディングページへの流量を稼いだのだ。ユーザーは、ランディングページに着いても、ただ抽選のために自分のメールアドレスを送って、「はいさようなら」というわけにはいかない。動画を見て、質問に対して少なくともひとつの定性的な返答を選ばなければならない。そのため、潜在的顧客は説明動画を少なくとも5秒は見なければならず、その結果いやいやながらもバリュープロポジションを知ることになる。ジャレッドはあせらず、潜在的顧客がTradeYaのバリュープロポジションの骨子を理解するまで、潜在的顧客のメールアドレスを取得しようとはしなかったのだ。

　ジャレッドは宣伝広告のために2,000ドル（約20万円）を使っただけで、その広告は数百万人のユーザーに届いた。そのうち6,700人がFacebookの広告をクリックし、ランディングページにやってきた。さらにそのなかで5,000人が抽選に参加した。つまり、5,000人の人々がバリュープロポジションを知り、潜在的顧客から見込み客に変わった。つまり顧客獲得率74%ということである。顧客獲得の費用を計算すると、ジャレッドは1クリックのために33セント（約40円）を使い、1件のメールアドレス取得のために41セント（約50円）を使った計算になる。

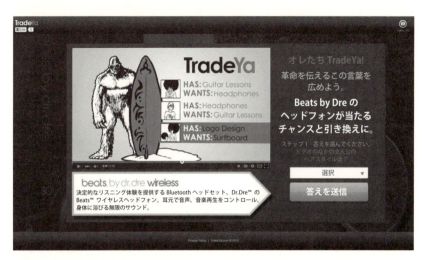

図 9-21 景品獲得の抽選に参加するためのTradeYaランディングページ

　それでも、「だから何？ 無料でヘッドフォンを手に入れたいだけの人からのメールがどっさり来ているだけだ」と言う人はいるだろう。ジャレッドのランディングページ実験は非常によく考え抜かれたものなので、その疑問に答えられる指標が存在する。抽選に参加した人の5%以上は、ソーシャルネットワークでTradeYaのことを共有し始めた。それによって、彼らは代表的なユーザーになった。潜在的顧客になる可能性のある人々にバリュープロポジションを伝えるようになったのである。MVP（必要最低限の機能を備えた製品）を開始したとき、ジャレッドには、実際にTradeYaの登録者で、サイトで物々交換をしてみるように直接メールで勧誘できる相手が5,000人いた。以上の達成の度合から考えて、彼のランディングページ実験は成功と呼べるものだろう。

9.3.3　ランディングページ実験のやり方

　それでは自分もバリュープロポジションを広めるためにランディングページ実験をやってみようと思った読者には、いいお知らせがある。ランディングページテストのためのWYSIWYG（見た目通りに編集、作成できる）ツールはたくさんある。単純で無料のものから、多機能で高価なものまで多様性に富んでいる。
　ツールを選ぶときに大切なのは、次のことが簡単にできるかどうかだ。

- 必要に応じてウィジェット部品を組み込んだり、入力フォームの部品を追加できる
- 独自ドメイン名を付けられる
- ページごとにどれだけ勧誘できたかを計測できる

ランディングページ実験は、次の単純な法則に従っていけば作ることができる。先程示したばかりの事例も、基本的に以下のようにして作ったものだ。

1. **実験を定義し、顧客体験のどの部分をテストするか、それをバリュープロポジションにどのようにつなげるかを決める。**

   目的は、バリュープロポジションを伝えることか、方向転換のためのテストか、ユーザーの獲得なのかである。事例でも示したように、大切なのはどのような問いを、ランディングページから得られる指標のために対応付けるかだ。

2. **ランディングページをデザイン／構築する。**

   ランディングページの主要な機能は、そこにやってきた潜在的顧客にバリュープロポジションを示し、あなたの提供する体験や製品のより深い部分を知らせて潜在的顧客を見込み客へと転換することだ。その転換は、30秒のCMだけで実現しなければならない。メディアの魔法を駆使して顧客になるかもしれない人々に、あなたの製品で何ができるかを知らせる必要がある。ここでは、製品を文字、写真、動画で理解できるものに仕立て上げるため、可能ならコンテンツ戦略家やブランド戦略家を参加させたい。3章では、バリュープロポジションの「簡潔な説明」の側面を取り上げた。ランディングページが伝えなければならないのはまさにその「簡潔な説明」のことだ。

   ユーザーが入力フォームを送信したあとの体験のことも考えておく必要がある。次にやることを説明するページや、お礼のページで済めばよいところだが、ソフトウェアエンジニアの彼が考えたリハビリ施設のページでは、ユーザーが心配になって問い合わせたくなったときのために、**図9-22**のように電話番号も入れておいた。

図9-22　登録完了のお礼のページ

3. もうひとつ別のページをデザイン／構築する。
   別のバリュープロポジション、機能、説明文、UIデザインの定番パターンなどをテストするために、別のランディングページも試してみたい。

4. 一定期間を区切って「控えめな」オンライン宣伝活動を実施する。
   一般に、広告キャンペーンは1週間以内である。しかし、すべては予算次第だ。

5. 広告の成果を検証するために指標を計測する。
   すべてはファネルに戻ってくる。大切な意味を持つ数値を集め、その数値を見るようにしなければ、あなたがいつも夢見てきた革新的な発明のように、製品を変革させる決断を下すことはできない。

9.4　まとめ

本章では、優れたUX戦略がUXデザインの最適化のために解析手法をどのように活用するかを示し、ファネルマトリックス（顧客流入経路）というツールの使い方と顧客獲得のさまざまな段階を具体的に説明した。指標を使って顧客がより深

い関わり合いに進んでいることを証明する方法を説明した。また、潜在的顧客を見込み客に転換するようなランディングページのデザイン方法と、デザイナー、開発者、製品担当マネージャー、マーケティング担当者（彼らがもっとも大事）といった異なる職種の人々によって構成されたチームの活用方法も学んだ。

　UX戦略の進め方について私が共有したい技法は以上である。次はほかのUX戦略家たちの見解を聞くことにしよう。

10章

UX戦略家たち

うろうろするのは止めろ
醜いあひるの子はもういらない
力を手に入れたんだ
でも使い方を間違えるな
だって人生は短く思いが詰まっている
私はその力を使うのだ

——ザ・フォール
（イギリスのロックバンド）、1979

つい最近まで、何らかの種類のUX戦略を実践している人々が集まって情報を共有する機会はほとんどなかった。そこで私は、野生の獣を狩るように、本書のためにインタビューすべきUX戦略家を一本釣りすることにした。彼らは、ビジネス戦略担当からデザイン担当役員までさまざまな立場で働き、わずかな予算から大きな予算を動かすプロジェクトまでありとあらゆる仕事に関わっている。このインタビューの目標は、それぞれのUX戦略の実践が自分のものとは異なっていたとしても、彼らの視点やテクニックを共有することだ。彼ら全員に10個の同じ質問をした。それでは彼らの回答を紹介していこう。

10.1　ホリー・ノース（Holly North）

出身地：イギリス、カックフィールド
現住所：イギリス、ロンドン
学　歴：サセックス大学（イギリス）社会学科卒

図 10-1　ホリー・ノース（Holly North）

10.1.1　あなたはどのようにしてUX戦略家になったのですか（または、どのようにして仕事の一部としてUX戦略を担当するようになったのですか）。

　最初はテレビ業界にいました。制作側の仕事をしていたんです。それは90年代の中頃でしょうかね。「電子メール」とか「ウェブ」とかいうものを会話のなかで耳にするようになったんです。でも、ロンドンの地下鉄の広告にウェブアドレスを見るまでは、世界が本当にウェブの時代にシフトし始めているなどとは思わなかったですね。もっと新しいデジタル通信技術のことが知りたいと思い、デジタルの世界、当時は「マルチメディア」って言ってましたけど、そっちの世界に飛び込んだんです。

　ロンドンの大手の制作代理店で、バラエティに富んだ多くのプロジェクト、多くのテクノロジー、多くのクライアントの仕事をしました。何かが始まろうとしているときに立ち会うのはすばらしい気分でしたね。その後、インタラクティブなテレビ番組が盛り上がってきて、テレビの世界での経験とデジタル業界に来てからの経験を融合するチャンスが生まれました。放送業者たちは、競争が激化していくなかで、視聴者を引きつけ、楽しませる方法を探していました。さまざまなインタラクティブサービスの番組が考え出されましたが、実際はその場その場での付け足しというか後知恵というかそんな感じでしたね。私たちは、インタラクティブ性とテレビ番組の融合についてもっと戦略的に考えなければならないと思っていました。特定の番組との関係だけではなくて、放送業者のビジネス戦略を補完するものとしてデジタルを捉えるのです。そのため、一歩下がって、市場とデジタル技術の変化が実現しようとしている文脈のなかでビジネス戦略とメディア戦略を担当することになりました。私たちは、流行、格差、可能性を探し出し、それにもとづいてデジタルロードマップを作りました。聴衆とは**誰**なのかを見るだけに留まらず、彼らが**何をしたい**のか、**何を必要としている**のかを問いかけたのです。

　私は社会学を学びましたが、あとから考えると、今私がしていることの土台を作る上でとても意味があったと思います。社会学は、個人と社会の関係を解き明

かすため、人々の動機、仕事、伝統、文化をよりよく理解するために、人間の社会を体系的に見ることを要求します。あとから考えると、これはUX戦略家になるためのすばらしい訓練なのです。

　私はUX戦略家になろうと思っていたわけではありませんでした。少なくともUX戦略家なんて考えてもいませんでした。成功するためには、一定水準の戦略的思考、戦略的枠組みが必要です。私の場合、一般化された理論に頼らず、まず思い込んだことに疑問を投げかけて、事実にもとづいた情報を追求することが自分の戦略的枠組みになっています。この枠組みには、妥協、競合に対する理解、自分の思考の洗い直しが含まれます。戦略的思考のおそらくもっと重要なことは、正しい問いは何であるかを決めることですね。

10.1.2　UX戦略はあなたにとってどんな意味を持っていますか。肩書きとして不自然さを感じますか。

　私は、戦略と（設計としての）デザインの間には確かに違いがあると思っています。戦略は、計画や目的への進め方を示すものですよね。デザインは、戦術を駆使してそのような戦略を実現することを示します。

　正直なところ、私は**ユーザーエクスペリエンス戦略**という言葉よりも**エクスペリエンス戦略**という言葉の方が好きです。ユーザーエクスペリエンス戦略と言ってしまうと、たとえばビジネス戦略、マーケティング戦略、それどころか製品戦略からも離れているように聞こえてしまいますが、そうではありません。製品、サービスの戦略を立てるためには、ビジネスにおけるさまざまなタッチポイント（接点）を理解していなければなりません。誰が関わり、関連する課題や活動は何なのかです。そのため、ビジネス上のステークホルダー、営業担当とマーケティング担当、エンジニアとの話し合いが必要になります。さらに総務や人事、社内メールの担当者、営業アシスタントといった意外に思えるかもしれない人々との話し合いも必要です。戦略は、ビジネスとその顧客の蓄積された展望から生まれるものです。おそらく、戦略の課題は、それがどういう意味を持っているかという課題なのです。しかし、人々がユーザーエクスペリエンス戦略について話して

いることを聞くと、それは特定の製品やサービスのためのユーザー体験の展望、原則、デザイン上の目標の話になっていることが多いですね。確かにそういったものもエクスペリエンス戦略を考える時の一部ですが、それだけに制限すべきものではありません。

そういったわけで、看板に偽りがあるということはありません。自分たちの肩書きやビジネス上での地位について疑問に思うのはもう止めたほうがいいと思います。UXは、もう目新しい分野ではありません。すでにはっきりとした存在している分野です。ビジネスは、UXの重要性を認識しています。まだ自分の肩書きの定義に苦労しているのなら、おそらく私たちはまだ、ビジネスにもたらす価値をわかるように示すことができず、戦略的になりきれていないのでしょうね。

ですから、自分自身をどういう肩書きで呼ぶのかということでは、ときには、エクスペリエンス戦略家、また別のときには、インタラクションデザイナーと呼んでいます。実際に両方の肩書きが合っていますし、両方の仕事をしています。

10.1.3　ビジネス戦略について、どのようにして学んだのですか。

私はビジネス戦略に関して正式な訓練を受けていません。ビジネス戦略の基本は、何年も仕事をするうちに学びました。成功するためには、顧客や実際に使うユーザーだけではなく、組織のビジネスモデルや戦略をよく把握すべきであることをすぐに学びました。最初のうちは顧客の声を代表するのが自分の役割だったのですが、単にそれだけをしていたわけではありませんでした。

UXは非常に長い間、たいてい視覚的デザインとは異なる独自の分野でした。テクノロジーはどこか別の場所にあり、ビジネスの人々も別の場所にいました。組織化されたチームはほとんどなく、私たちは外界から隔離されたところでデザインをしていました。しかし、ビジネスで何を達成したいのかをまったく理解せずに、ビジネスのための課題解決方法をデザインすることができるものでしょうか。

そしてまた、私たちは、いつもビジネスの優先事項ばかりを重視するわけではありません。顧客や実際に使うユーザーのニーズと優先事項とのバランスを取らなければならないのです。そもそも、ビジネスの優先事項をサポートするためには、ビジネスそのものを理解していなければなりません。一般的には、収益を増

やすとか、コストを節約するとか、市場の占有率を上げるといったことです。こういったビジネス面をサポートしないなら、正しい課題解決の方法をデザインしていないことになります。

私は著名なビジネス戦略家の方々とも仕事をしたことがあり、そういった人たちからは、非常に多くのことを学びました。彼らにはとても感謝しています。

10.1.4　いずれUX戦略家になりたいと思っているUXデザイナーがMBAなどの経営学の学位を持つことは役に立つと思いますか。

私はビジネススクールには行ってませんから、あまり確かなことは言えません。しかし、そういうことに時間とお金を投資することに本当に意味があるのかは疑問に思います。

率直に言いますと、経営コンサルタントや投資銀行員といった職業に対してビジネススクールが経歴に与えてくれるのと同じような良い影響が、未来のUX戦略家にもあるかどうかは分かりません。給料を上げるためにビジネススクールに行くなら、銀行や金融の世界に入ればいいでしょう。UX戦略家になるために必要な専門知識や技能を身に着けたいなら、そういった能力はビジネススクールにはないと思います。そういった知識が見つかるのは、ほかのUX専門家と一緒に仕事する現場で見つけることができるでしょう。

それから、UXを中心に据えた参考資料はたくさんあります。無料で読むことのできるオンラインサイトとか、書籍（たとえば、この本もそうですよね）、カンファレンス、講座。それに、大学の学科だってあります。私がこの仕事を始めた頃にはそういうものはありませんでしたけどね。

10.1.5　今までにされた仕事のなかで、戦略を立てるのが面白くてワクワクするようなタイプの製品はどのようなものでしたか。

本当の意味で革新的な製品、革新的なサービスの開発に参加するのはとても楽しいですね。しかし、限られた時間と予算、多くの企業が失敗する可能性として

受け止めなければならない周囲からの反感などを前提とすると、真に革新的な製品を作るのはとても大変なことです。

私の事例として、Google Glassチームと仕事をしたのはとてもラッキーなことでした。おかげで顧客体験の戦略をGoogle Glass端末自体の一部ではなく、ビジネスの一部として考えるようになりました。これからの新しいテクノロジーを活用する仕事は、すばらしい学習の機会を与えてくれるのでそれに関わるのは楽しいものです。Google Glassのチームからも多くを学びました。

顧客の事業と顧客本人の両方の価値創出につながる戦略を生み出すプロジェクトは、本当にやりがいがありました。その他にも、イギリスで最初のインタラクティブテレビのサービス事業者と仕事したときのように、業界に何らかのインパクトを与えるプロジェクトに参加したときなども多くを学びました。

実のところ、仕事を面白くしてくれるのは、たいていお客様や一緒に働く人たちなんです。

10.1.6　異なる作業環境（たとえば、スタートアップ企業と大手代理店と業務系）でUX戦略を導いていくときに難しいと思うことは何ですか。

私たちがやるべきことの多くは、人々や作業工程の期待と現実を一致させることですが、それはとても難しいことです。人材の管理が難しい課題となる組織もあるでしょう。私は、誰と話をするかについてかなり時間をかけて考え、それに合わせて、組織内の駆け引きを意識して対話を組み立てます。組織内政治も難しいことのひとつですね。私たちが何をするか、それをどのように実行するかは社内政治の影響を受けますが、それが仕事の品質に直接影響を及ぼすことがあります。たいていの場合、プロジェクトの意思決定権を握っているのは誰か、彼らがどんな種類の影響を受けるかを見きわめ、それが分かればさらに適切な準備ができるようになります。環境への適応能力や、一緒に働く人々の間で信頼関係を築くことのうまさは、重要なスキルのひとつです。

スタートアップ企業の仕事は刺激的ですが、スタートアップならではの難しさもあります。あなたが参加する以前に社内にUXデザイナーやUX戦略家がいな

298　10章　UX戦略家たち

かった場合、まずあなたがやらなければいけないことは、ユーザー中心設計の価値を周囲の人々に教育することです。製品やサービスについての決定すべきことがあなたが参加するより前にすでに決まっている場合、ビジネスの責任者が製品の責任者も兼ねていることが多く、その人物がその製品は自分のものだという想い入れを強く持っている場合、何かしら変更をお願いするのが難しくなることがあります。スタートアップ企業の人々は、いくつもの役割を兼ねていることが多く、人手が必要なチームに急にあなたが参加すると、あなたの役割に関して誤解を生むかもしれません。あなたがUX戦略家として何をしているのか、プロジェクトや課題解決の方法にどんな価値をもたらそうとしているのかをはっきりと伝えることが、とても大切になります。

時間的課題もあります。多くのスタートアップ企業は、危なっかしいスピードで製品を市場に送り込みます。そのため、不安になるくらいの素早いスピードで製品を出さなければならないという重責がかかります。しかし、一歩下がり、少し落ち着いて、自分がどこにいるのかを見直すことが大切です。製品、サービスはビジネスの優先事項を後押ししているでしょうか。実際に使う人の欲求を大切にしているでしょうか。あなたは、おばあちゃんでもわかるように、製品、サービスが何をするものか説明できるでしょうか。

10.1.7 バリュープロポジションの市場での検証、対象とするユーザー層による試作品のテスト、その他どんな形であれ、製品やUX戦略のテストをしたことはありますか。戦略を牽引していく過程で、あなたはどのようにして本質に近付くようにしていますか。

はたして私たちが本質に近付いたことなんてあるでしょうか。本質とはいったい何ですか。単に質問に答えるなら、UX評価テストならしたことがありますよ。どんなタイプの評価をするかは、使える予算、使える時間、評価の対象、作業工程のなかで私たちが今いる場所、ユーザーがどんな人々かといったことによって大きく左右されます。

UX戦略家、UXデザイナーとして仕事を評価することはきわめて重要だと思って

10.1　ホリー・ノース（Holly North）　　299

います。私たちの仕事は、ほかの人々が使う際の体験を作り出すことです。私たちがこの作業にかける時間と労力を考えれば、客観性を維持するのは難しいかもしれません。私たち自身が対象とするユーザー層ではないことが多いので、よいか悪いか、美しいか醜いかを判断することに特に適しているわけでもありません。私たちが開発のさまざまな段階で自分の仕事を外部に示し、ほかの人々に評価してもらわなければならないのはそのためです。そして、評価してもらうべきは実際に使う人ばかりではありません。最終的に体験を設計する責任者として責任を取るのはビジネス側の人たちなので、彼らを定期的に作業の評価に招くことが大切です。

　私自身はユーザーテストがとても好きです。人といっしょに座って、私たちがデザインしたものに対してどんな反応をするのを見るのはとても楽しいことです。どの段階でも、評価がどんな形のものでもかまいません。こういったテストの結果を見ると、私とチームはもっと力を引き出せるようになります。テストの内容は、友人たちといっしょに座ったときの会話から、ユーザビリティ専門の施設に集めたユーザーのかしこまった反応まで、さまざまな形のものであっていいと思います。テストや調査を行って何かしら意外なことにぶつからなかったことはありません。私たちがいかに優秀であっても、私たちがデザインしているものは、ほかの人たちのためのものです。ですから、誰かがどんな製品の使い方をするか、あるいはどう使えないのかを見て驚くのは避けられないことなのです。

　人々が製品、サービスをテストしているとき、その人たちとともに時間を過ごすことが大切です。たとえば、人々がクリックする前にページのどこを見ているのか、彼らを観察せずにどうやって知るのでしょうか。彼らが何を考えているのかは、実際に尋ねてみなければわかりません。そして、彼らが戸惑って手を止めるところを見ていなければ、彼らに尋ねることはできません。

10.1.8　UX戦略を考えるとき展望を共有し合意してもらうときに使う秘密兵器や頼りになるテクニックはありますか。

　カスタマージャーニーマップ（特定の顧客の行動図）、あるいは**カスタマーエクスペリエンスマップ**（一般的顧客の体験図。**図10-2**参照）と呼ばれているものを紹介しましょう。

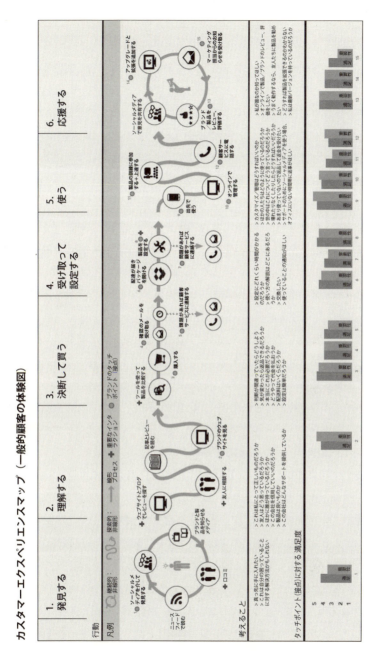

図10-2 カスタマーエクスペリエンスマップ（一般的顧客の体験図）

エクスペリエンスマップは、ユーザー調査に根ざしたもので、人が製品、サービスを使うときの体験をそっくり把握する戦略的な手法です。エクスペリエンスマップは、顧客側の視点から体験を記録します。彼らは何をしているのか。それをどのようにしているのか。それをどのように感じているのか。私は、顧客があるブランドに接した最初から最後までの間に、何を体験するかを理解するための道具としてエクスペリエンスマップを使います。究極的には、複数のタッチポイント（接点）にまたがって切れ目なくつながった顧客体験を提供するために、最良の戦略を決めることのできる役立つツールです。

私は、関係者に顧客のことに集中してもらうためにもエクスペリエンスマップを使います。事業部門からさまざまなステークホルダーを集め、マップを確認してもらいます。エクスペリエンスマップは、彼らに顧客の視点で体験を理解してもらうために役立つすばらしい手法です。個々のタッチポイント（接点）で顧客に最高のサービスを提供するための方法について、意見をすり合わせるための補助的ツールとしても使えます。

仕事の種類によっては、サービスマップを作ることもあります。サービスマップはユーザーエクスペリエンスマップと似たものですが、ビジネスの視点から作られています。各タッチポイント（接点）でビジネスが顧客にどのようにサービスを提供するかを把握したものになっています。私は、顧客体験の文脈を理解するための手段として、サービスマップと顧客エクスペリエンスマップを重ね合わせてビジネス側が何をしているのかを理解するようにしています。

個々のマップは少し違うものになります。マップは調査にもとづいて作られますが、調査の結果はプロジェクトごとにかなり大きく異なる場合があります。その一方で、マップはユーザージャーニーの視覚的な表現だという点では同じであり、同じような状況を含むものになりがちです。顧客は、一部のタッチポイント（接点）には触れても、触れないタッチポイント（接点）もあり各段階で前後に動きまわりがちなため、ユーザージャーニーはたいてい直線的な流れにはなりません。

図10-2のカスタマーエクスペリエンスマップは、小売業のお客様のために作ったものの一部で、このお客様はブランドの再建を図り、デジタルな経路を見直し、顧客体験全体を改良しようとしていました。

マップを左から右に見ていくと、カスタマージャーニーには6つの段階があることがわかります。これらの段階は、あるブランドの製品を発見、操作したときに顧客が経験する行動の段階です。これらの段階はどのエクスペリエンスマップでも共通になることが多いのですが、購入体験についてのデータを集め始めると、これらの段階に修正を加えたり段階を追加したりすることがよくあります。

私は、各段階で顧客に目標は何か、動機は何だったかを尋ねます。それから、彼らが次の段階に移るきっかけ、瞬間を見つけようとします。彼らが行動を説明するときに自問自答することを書き留めますが、これはブランドが顧客の問いに効果的に応えているかどうかを見分けるために役立ちます。顧客たちには、行動や操作と、そのためにかかった時間を尋ねます。また、1から5までの数字（1が最低）で個々の行動の満足度に点数を付けてもらいます。当然ながら、顧客体験を計測しようとしても、感覚を数値化しようというのですから、科学的な正確性はありません。それでも役に立つことに変わりはありません。また、顧客がそのように点数を付けた理由がお客様にも理解しやすくなるように、顧客の発言を集めて点数の横に書いておくこともします。

エクスペリエンスマップのこれが正しいといった描き方はありません。先ほども言ったように、仕事の性質によって大きく左右されます。私は、エクスペリエンスマップをそのままの形で成果物としては扱いません。その先の作業で戦略やデザインにつなげるための素材として扱っています。

10.1.9　革新的な製品のための戦略を牽引するときに超えなければいけない壁を教えてくれる事例や逸話を教えていただけますか。

革新をもたらすのは本当に大変で難しいことですが、多くの企業がしたいと思っていることでもあります。それが難しい理由は、組織の変更や手続きの変更が必要になる場合があるからです。お客様方は、頭のなかではこのような変革が起きることを理解していますが、感情的にはそのために力を注ぐことが難しくなってしまうのです。

しかし、革新はいつもGoogle Glassのようなすごいものだけではありません。

小さくて漸進的な変革でも革新は起きます。ひとつの機能、ひとつのインターフェイス、あるいは特定の段階のなかでも革新を起こすことができます。そして、それらの積み重ねで最終的に特別で意味のある、真似のできない体験になるのです。

革新的な製品、革新的なサービスだと考えられているものの仕事をしていたときに行った作業工程がほかの製品、サービスの工程と極端に違うものだったかどうかはよくわかりません。

私の作業工程はいつも同じような型をたどっています。いつも一連の問いを投げかけます。

ビジネス面を見てみましょう。私たちが解決しようとしているのは、どんな課題なのかをはっきりさせます。ビジネスの目標をはっきりさせ、成功と判断できる指標をはっきりさせます。ビジネスの観点で今どこにいて、どの目標にたどり着きたいと思っているのかをしっかりとつかみます。

対象とするユーザーは誰なのかをはっきりさせます。ユーザーをはっきりさせないと、自己満足のためにデザインすることになってしまいます。

製品の対象となる市場を見ます。競合は誰か、誰が競合になりそうか。市場に同じような製品はあるか。市場とのズレや機会は何か。業界の流行は何か。

ビジネスの能力と競争手段を把握します。ビジネスは現在の能力で競争優位を実現し、維持することができるのでしょうか。今、そして将来、製品を支援する能力を持っているでしょうか。

私は毎回、インタビュー調査、質問に対する答えから理解した事柄に立ち返り、磨きをかけます。見直し、分析し、戦略化します。そうするとズレやチャンスが明らかになり、創造的な課題解決法を考え出すことができます。そして、ビジネスにおける関係者との共同作業で優先順位を適用して行動計画を練るのです。

10.1.10 UX戦略家が持つべき重要なスキル、心がまえは何ですか。あなたがうまく仕事をこなせる理由は何ですか。

優秀な「心の知能指数」が必要ですね。人との関係を育て、信頼を築き、人々を触発するといったことは、UX戦略家が日常的に行っていることです。

批判的な考えの持ち主になりましょう。常に「なぜ」を問いかけ、答えが得られ

なければ見直し、再び問いかけましょう。他人の考えに頼ってはいけません。思い込みをしてはいけません。あなたのまわりの、そしてあなた自身の今までの考え方、信条に常に疑問を投げかけ、複数の情報源から自分で集めた事実をもとに、ものの見方を確立しましょう。そして、自分のやり方、判断、デザインが常に有効かどうかを評価し、常に評価し続けるのです。

　そして意見の異なる人が言うことに耳を傾けましょう。彼らが言うことにどんな意味が込められているのか。何かを見落としていないか。自分とは異なる分野の専門家からの意見を求め、さまざまな視点で物事を捉える眼を持ちましょう。

　自分の決意を持ち、間違う準備を怠らず、常に歩み寄ることを念頭に置きましょう。

10.2　ピーター・マーホールズ（Peter Merholz）

出身地：アメリカ、カリフォルニア州サンタモニカ
現住所：アメリカ、カリフォルニア州オークランド
学　歴：カリフォルニア大学バークレー校人類学科卒

図10-3　ピーター・マーホールズ（Peter Merholz）

10.2.1 あなたはどのようにしてUX戦略家になったのですか（または、どのようにして仕事の一部としてUX戦略を担当するようになったのですか）。

　私は1990年代にマルチメディアのデザインを独学で学びました。私がソフトウェアデザインの業界で得た最初の肩書きはウェブデベロッパーでした。ウェブデベロッパーからインタラクションデザイナーになり、インタラクションデザイナーからUXデザイナーになりました。その過程で、戦略的な課題に対して答えを求められ、より戦略的な思考ができるように自分の持つUXの道具を補わなければいけないと考えるようになりました。

　私がほんとうの意味で「UX戦略家」になったのは、Adaptive Path[※1]にいた2001年頃です。Adaptive Pathは、非常に実直なユーザーエクスペリエンスデザイン指向の会社でした。私たちは日々インタラクションデザイン、情報アーキテクチャ、ユーザー調査、ユーザビリティテストをしていました。しかしそれだけでなく、顧客のためにできる最良のデザインを届けるために、私たちはそれ以上のことをしていました。顧客に質問をし、デザインが現場でどう使われるかという文脈を理解するようにしていたのです。私たちは単なる色や形、見栄えのためのデザインはしたくありませんでした。共通の関心、目標、目的のために役立つものにしたかったのです。そして、その中で顧客は私たちの質問に答えられないことが多いということに気付きました。彼らは自分で尋ねられたことに答えようとせず、デザインの理想像を共有するために自分たちの答えがいかに大切なのかが理解できませんでした。そこで、私たちの方が上流工程に移り、それらの問いに答えるために戦略的な仕事をするようになりました。私がUX戦略家になったのはそういう流れです。単純に、最良のデザインを作るために必要な問いに対する答えを見つけるためにUX戦略家になったのです。

※1　Adaptive Path：http://www.adaptivepath.com/

10.2.2　UX戦略はあなたにとってどんな意味を持っていますか。肩書きとして不自然さを感じますか。

　これは面白い質問ですね。私はちょうど最近UXデザインなどというものは存在しないということをブログに書いたところです[※1]。そこで言いたかったことは、私たちがUXデザインと呼んでいるもののうち、デザインと呼ばれる部分は一般的には**インタラクティブデザイン**や**情報アーキテクチャ**に過ぎず、UXデザインと呼んでいるもの以外の部分は戦略や製品管理に過ぎないということです。しかし、Adaptive Pathで私たちがずっと話題にしてきたのは、本来のエクスペリエンス戦略とかUX戦略といったものは何なのかということでした。ですから私はUX戦略という概念は正しいと思っています。製品戦略やビジネス戦略は、今まで数十年間、ユーザーの欲求や認識を考えに入れ損なってきました。UX戦略があるのはそのためです。ユーザーとユーザー体験が利益を生み出すものだということをはっきりさせるために、UX戦略と呼ばれるものを生み出してきたのです。

　理想的な世界ではUX戦略などいらないでしょう。理想的な世界では、UX戦略は製品戦略やビジネス戦略と同じ要素になってしまうはずですから。現在、私たちはそのような理想的な世界に移りつつあると思います。UXは、より大きな戦略の一部として考えられるようになってきています。しかし、UXに光を当て、製品戦略のなかにUX戦略を組み込むための仕組みを作り出すためには、UXを強調するために少なくとも、UX戦略という別個の概念が必要だと思います。

　そういうわけで、「UX戦略」は偽りではなく、大げさでもなく、一時的な産物、あるいは私たちが今いる状況のことだと思います。私にとってUX戦略とは何かを考えるなら、それは私たちが答えなければならない問いに向き合うためのものであり、それらの問いに対する答えがデザインを充実させるための力になるということです。傍観者や市場に対する古臭い理解のもとでビジネス戦略や製品戦略を考えるだけでは不十分です。ユーザー、傍観者、実際にはどう呼ぶかに関係なく顧客のより深い理解が必要なのです。彼らが誰で、何を求め、どのように行動し、

※1　「There is no such thing as UX Design」（2014年12月1日）http://www.peterme.com/2014/12/01/there-is-no-such-thing-as-ux-design/

何を探しているか。従来のマーケティング戦略の方法論では、顧客に言及していたとしても、顧客への深い理解や共感はありません。UX戦略が目指しているのは、そのような顧客に対する今までよりも深い理解だと思います。そして、繰り返しになりますが、今はビジネス戦略が、UXデザインの部分をより直接的に重視し始めている時期だと思います。

10.2.3　ビジネス戦略について、どのようにして学んだのですか。

　私はビジネス戦略の公式な訓練や教育を受けたことはありません。しかし、Adaptive Pathにいたときにちょっとしたことが起きました。私は、ドットコムバブルが弾けた直後、UXデザインのもっとよい方法を知ろうと努力していました。それは2002年のことですが、自分たちの考えを証明しUXコミュニティに入り込もうとする人々がたくさんいました。私たちが証明しなければならないと感じていた共通テーマは、ユーザー体験の投資収益率（ROI：Return On Investment）でした。Adaptive Pathが追求しようと考えていた課題のひとつはこの種の課題でした。私はビジネススクール的な文献を読み始め、バークレーのハース・ビジネススクールのサラ・ベックマン（Sara L. Beckman）教授（スタンフォード大学で産業工学、経営工学の博士号を取得）と連絡を取ることができました。

　彼女は、デザインがビジネスに興味深い明確な利益を提供することを理解しようとした最初の人々のひとりです。彼女のビジネススクールの学生、スコット・ハーシュがAdaptive Pathと協力して、ビジネス上の価値とROIがユーザー体験を活性化する仕組みについて論文を書きました。彼らのアドバイスに従い、私たちは実際のビジネス思考を私たちのUXの工程に応用してみました。私がビジネス戦略やビジネスが意識する種類のものごとについて学ぶことができたのは、このような接点からです。

　正直に言って、ビジネス戦略はとても単純です。入ってくるお金と出ていくお金の課題でしかありません。原価をどのようにして下げるか。利益をどのようにして増やすか。すべてのビジネスの心臓部では、これがすべてです。CEOなどのCxOの文字のつく重役とコストの削減や管理、収益の増加について話すことができるか、コストが増えて収益も増えるというのも、ビジネス戦略のひとつになり

ます。そこには何か特別な魔術があるというわけではありません。

　ビジネス戦略についてもっとも考えさせられたのは、2005年にAdaptive Path がデザイン修士と経営学修士をあわせ持つブランドン・シャウアー（Brandon Schauer）を採用したときです。ブランドンは、Capital One銀行にAdaptive Path が買収されるまで、Adaptive Pathの経営者になるところまで出世しました。彼と一緒に仕事をして彼のやり方を見ていたおかげで、ビジネスの文脈でデザインとUXが持っている可能性をよく理解できたと思います。80年代から90年代には、わたしたちはすでにあらゆる企業価値から絞り出せる限りの効率を絞り出していました。それは必要なものを必要なときに必要だけ生産する「ジャストインタイム生産」や生産工程の見直し業務のことです。見直しすぎて収益がかえって下がってしまうまで絞りに絞って、その仕事を続けていました。そのため、可能性の余地は、まったく新しい価値創造をどうやって見つけるかにありました。そして、そこで新しい可能性や差別化の方向を指し示したのは、優れたデザインだったのです。

10.2.4　いずれUX戦略家になりたいと思っているUXデザイナーがMBAなどの経営学の学位を持つことは役に立つと思いますか。

　害にはならないですね。ほどほどに役に立つかもしれません。まさにその通りの道を歩んで、自分のために役立てている人の例も見てきています。しかし、仕事で稼ぎながら勉強して同じようなところにたどり着くこともできます。MBAや経営学の学位は、UXの実践仕事から、もっと戦略的な仕事に移ろうとしている人、そのような転向に役立つものが何か必要だという人にはよいかもしれません。でも、たとえ独学であっても、すでにビジネスに関わる仕事をしている人なら、わざわざMBAを取ってもそれほど大きな意味はないように思います。ビジネススクールによっては、人脈を作り、新しい人々と出会うために役立つ場合があるでしょう。ハーバード大学のビジネススクールやスタンフォード大学ビジネススクールのMBAを持っていれば、確かに履歴書の見栄えとして悪くありません。しかし、その種の教育を受けるためには、かなりの額の金銭的投資も必要です。

10.2.5　今までにされた仕事のなかで、戦略を立てるのが面白くて ワクワクするようなタイプの製品はどのようなものでした か。

　私が斬新な経験をしたのは、Adaptive Pathでブランドン・シャウアーと金融 サービスの顧客（Capital Oneではありません）のプロジェクトで仕事をしたときで すね。2005年ですから、彼が私たちの会社に入ってすぐです。このプロジェクト は、最初はウェブサイトの単純なデザイン変更だったのですが、顧客の担当者が 非常に切れ者で、私たちは戦略的な仕事、金融分析、数式化なども経験すること ができました。この戦略的な仕事のおかげで、私たちはユーザー調査をそれまで よりも深く理解し、これらすべてをひとつに結び付けて、サービス全体を戦略的 に整備し直すなら、素晴らしく充実したものにできるようになっていました。し かし、結局顧客企業の母体組織は、そのような大きな変革の用意ができていなかっ たため、残念ながらその理想像を実現することはできませんでした。

　そのプロジェクトやその後のいくつかのプロジェクトで学んだのは、たとえ私 たちが企業に対して驚くべき戦略を提供したとしても、企業が戦略を歓迎するよ うな体制になっておらず、企業文化にもそのような価値観がなければ、戦略は無 意味だということです。

　私が関わった戦略プロジェクトでもっとも面白かったのは、未来の理想像を検 討するというプロジェクトでした。韓国の企業のために未来を考えるプロジェク トがふたつありました。ひとつはメディアの未来、もうひとつは商業の未来につ いてのものです。未来の理想像を考えるプロジェクトは、特にデザイン会社のデ ザイナーとして参加する立場では素晴らしいものですし、本当に楽しい体験です。 そのプロジェクトでは、トレンド分析をたくさん実施して、テクノロジーやユー ザーの行動が今後どちらに向かっていくか、どのように発展するのかを理解しよ うとしました。この仕事には既知の情報がたくさんあり、それらは普通のUXの実 践、普通の調査方法ではありませんでした。私たちは、ブログ、論文、学術誌を 読みあさりました。本当にその世界にどっぷり浸かろうとしました。メディアの 専門家、YouTubeで働いている人、製造業の人、学界の人にもインタビューしま

した。これらを調べて、未来がどちらの方向に進んでいくかを明らかにしようとがんばったのです。

　私たちは世俗や文化の調査を掘り下げていって、具体的なコンセプトを見つけ出しました。それが青いポストイットが貼ってあるところです（**図10-4**参照）。そして、それらのコンセプトをテーマごとにグループ化しました。テーマには黄色いポストイットが使われています。そして、ホワイトボード用の赤のマーカーを使って、コンセプトとテーマに文脈と物語を書き込みました。ある年代のまとめとしてこれでいいと感じるものができると、ホワイトボードの写真を撮りました。写真を撮ったらマーカーのすべての線を消し、ポストイットを動かし、追加や削除をしながら、翌年の物語を作りました。そしてまた、これでいいと思ったところで写真を撮ります。そうすると、ホワイトボードの写真は、私たちの時系列的な流行予測になります。そしてその内容を流行予測としてまとめました（**図10-5**参照）。

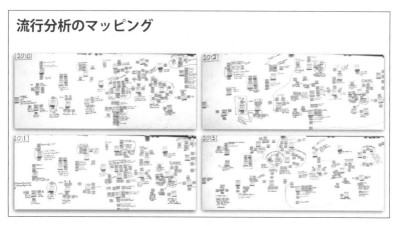

図10-4　流行分析の作業の様子

作業概要
流行予測

インタビューと既在情報の調査から流行とその意味をつかむ

既在情報の調査分析
　専門家の報告書、ニュース記事、業界のブログ

専門家へのインタビュー
　マサチューセッツ工科大、YouTube、Google、Nokia、ウォール・ストリート・ジャーナル、T-モバイル、Intelの実践的先駆者との8度のインタビュー

先進的なユーザーへのインタビュー
　テレビ、ゲーム、映画、音楽、スポーツ、ニュースの極端なメディア消費のさまざまな側面に触れている先進的なユーザーとの6度のインタビュー

図10-5　流行予測の一覧

　そういった世の中の理解と私たちのデザインの創造性、中期的な（3年から5年）メディア体験の予想が結びついてていたのですから、とてつもなく面白い仕事でした。私は、このプロジェクトとこの機会から非常に多くのことを学びました。

　多くのUX戦略の仕事、特にUX戦略の効果がはっきりしないことが多い代理店が中心の仕事には難題がいくつもあります。そして、UX戦略によって正しく進化した組織を見たことはあまりありません。コンサルティングの世界を離れてから不思議に感じていることのひとつは、シリコンバレーの人々が「戦略」という単語にいかに興味を示さないかです。まるで使ってはいけない言葉のような扱いです。おそらく、「戦略」とは何かを考えながら、あごをなでてばかりでリリースしないことだと思われているのでしょう。実際、そのなかには若干真実が含まれていないわけではありません。

　リーンスタートアップの動向は、戦略の価値を低く見ているシリコンバレーと同じような考え方に対して、決してそうではないことを示してきました。Intuit[1]のように、非常に真剣にUX戦略に取り組んでいる企業が、なぜわざわざUX戦略

※1　Intuit：アメリカのクラウドを活用した中小企業向け会計ソフトウェア企業。直感的で使いやすさを追求する社風で知られる。社名の「intuit」は直感的（intuitive）からきている https://www.intuit.com/

を大切にしているのかを対外的に示さなければならないのか私にはわかりません。そのことに心を痛めています。社内の開発でも、戦略を軽視する技術企業のなかでも、戦略が果たす役割、明確な戦略的取り組みが果たす役割はあると思いますが、戦略の適量を見つけるのは難しいでしょう。量的に圧倒されるように感じたり、時間と労力が無駄に感じられるようではよくありません。規模が大きすぎてわからないとか、自分たちがわざわざ調査するまでもないのも困ります。丁度良い程度の戦略を見つけることは、とても興味深い課題です。

10.2.6　異なる作業環境（たとえば、スタートアップ企業と大手代理店と業務系）でUX戦略を導いていくときに難しいと思うことは何ですか。

　代理店を通して仕事をするとき、仕事の難しさはその代理店次第です。Adaptive Pathの場合、うちに仕事が来るなら顧客はUX戦略を大事に考えるということでしょう。Adaptive Pathは、顧客にUX戦略的な課題点を話し始めようとしたときに、「え、なんだって？ お宅は画像をちょっと動かすだけが仕事じゃないの？」などと言われるようなデザイン事務所ではありませんでした。

　代理店のなかには、上流工程に行くために苦労しているところがあります。しかし、代理店は、戦略的事業主としての位置付けをしなけれければいけません。それでクライアントが魅力的に感じるなら、その代理店は戦略の仕事をしていることになります。これは比較的簡単なことです。一般にプロジェクトがどんな構造かという点でも、代理店の場合、戦略的な仕事をするための安全地帯を作ることは十分に可能です。代理店にとって難しいのは、以前も言ったことですが、クライアントに仕事の結果を届けるとき、あるいは数か月後に振り返るときには、戦略がどうでもよく感じられてしまう場合が多いことです。「それで、あなたは何をしているんですか？」「ええと、体制の立て直しですかね。この人、あの人がいなくなって、こういう状態で、これとそれと、それからあれとあれも変えました」というような状態になっているんです。ですから、その時点であなたが手がけた戦略の成果が使えなくなっているのです。代理店にとって難しいのはそういうタイミング的なことです。

社内で、つまり既存企業で難しいのは、戦略の重要性を保つことです。企業では、戦略立案と開発の仕事は、ふたつの別々の組織に分かれていることが多いので、それをひとつにまとめる必要があります。そうなると、すぐに使えて効果のある戦略が必要です。つまりはチームがその戦略に頼ることができ、その戦略にもとづいて開発しても大丈夫なのだと、いかに説得力を持たせるかが課題になります。企業内では、よく考えられた機知に富んだ豊かで深い戦略がたくさん得られると思いますが、そのような戦略を提出した頃には、市場が変わっていて役に立たないということがありがちです。

一方、スタートアップ企業での最大の課題は、たいていの場合、戦略を練っている時間などないことです。一定の水準以上に複雑な戦略を正しく練るためには、時間と労力とエネルギーが必要です。スタートアップ企業では、まだまだ自分の価値を証明し、生き残るための足がかりを得るために四苦八苦している段階なので、たいていの場合、戦略立案に回せる時間の余裕など残っていません。スタートアップ企業の戦略的な方向性は、UX戦略家が率いる独立した活動としてではなく、スタートアップ企業の創設者から打ち出されるものです。UX戦略を持ち、より広い製品戦略の一部としてUXについて適切に考え続けられるようにすることが大切です。成功している会社は、表立って実践していなくても、UX戦略の大切さを理解している会社です。

一番難しいのは、環境にかかわらず、意味のある適切なUX戦略を持つことです。次に難しいのは、環境が必要とする適切な流れのもとで戦略的な取り組みが実践されるようにすることです。

私は今ハードウェアを作っているJawbone[1]という会社にいます。私は、今までのどのプロジェクトよりも明確に戦略的な状態でいることができています。それは、ハードウェア製品を作ることが非常に大きな投資だからです。その投資のリスクを緩和するためには、戦略的でなければなりません。そうでなければ、巨額の資金をドブに捨てることになります。ですから、戦略について十分に意識し、

※1　Jawbone：腕時計型の活動量計や骨伝導イヤホン、Bluetoothスピーカーなどデザインに優れたハードウェアメーカー。https://jawbone.com/

じっくり考える余裕が必要なのです。

10.2.7 バリュープロポジションの市場での検証、対象とするユーザー層による試作品のテスト、その他どんな形であれ、製品やUX戦略のテストをしたことはありますか。戦略を牽引していく過程で、あなたはどのようにして本質に近付くようにしていますか。

この質問に簡単に答えるなら、「あまりない」が答えですね。今の会社（Jawbone）では、今までよりも検証をたくさんするようになったと思います。ハードウェア製品は、立ち上げのためにかかる資本が大きく、リスクが高いので、かなりいい線を行っていると確証を得る必要があります。そのため、私はこの会社では新人という立場ですが、初期段階の戦略も実際に作ってしまう前に検証することが求められています。

10.2.8 UX戦略を考えるとき展望を共有し合意してもらうときに使う秘密兵器や頼りになるテクニックは何ですか。

適切な調査をして、適切な人と話をして、適切な質問をして、分析可能な適切な行動を観察し、戦略や実現を適切に行うことです。秘密兵器のようなものはありません。多くの人が普通にやっていることです。顧客になりそうな人々を適切に見分けられていて、調査の参加者は、製品を市場に出したら欲しがるような種類の人になっているか。正しい質問をしているか。正しい行動を観察しているか。調査参加者に適切に探りを入れているか。ばかばかしい質問ばかりしていないか。数か月かかる、大がかりな文化人類学的な調査などできないことを認識しつつ、調査の参加者が、ありのままの姿で参加できているかどうかを大切にしましょう。あなたが進めている物事の度合いが適切であるならば、あなたはそこから正しい結果を引き出せていることでしょう。そして、結果を適切に分析して適切な知見を生み出せているかが重要です。

私は、アラン・クーパーが考えた通りの本来のペルソナ手法（3章参照）がとても好きです。いつも使っているわけではありませんが、そのペルソナ手法を使う

ときには、ユーザーの行動を隅から隅まで学びます。膨大なユーザー調査とインタビューから得られたデータを見る機会があれば、すぐに突出して目立つ行動を見つけ出すことができます。

10.2.9 革新的な製品のための戦略を牽引するときに超えなければいけない壁を教えてくれる事例や逸話を教えていただけますか。

Adaptive Path で最後のプロジェクトは、大規模なかつ世界的なメディアブランドの仕事でした。そのため、戦略立案の工程は、まず調査から始まりました。調査対象は子ども向けメディアブランドだったので、調査の対象は主に母親です。私たちは、家のなかでのインタビューを多数行い、子どものための買い物について母親たちと話をし、このブランドの性質から、特にプレゼントに焦点を絞り込んで話を聞きました。プレゼントなので、毎日買うものではなく、特別なときに買うものです。まずは調査をしてから分析をしました。

このプロジェクトでは、ペルソナは作りませんでした。私たちが作ったのはプロフィールです。これはペルソナと非常によく似ていますが別のものです。ペルソナは、顔写真があり、仮の名前を付け、特定の個人という扱いになりますが、プロフィールはもっとわかりやすくいくつかの種別に分類されたものです。私たちは、この母親のグループを4、5種類のプロフィールタイプに分類しました。心のなかはまだ子供で、子供が気に入っているのと同じくらい自分でもプレゼントが気に入っているタイプの母親がいます。「私は教育者になりたい。私の子供が成功を収められるような環境を作るためにこれを買う」と考える母親がいます。仕事を持つ母親で、仕事をしていることに罪悪感を持っている母親がいます。そういう母親は子供たちが自分と接したがっているのに、自分が子供たちを放り出していると感じるのです。そのような作業から、プロフィールができたので、そこから一連のストーリー、シナリオを作りました。シナリオは、できるだけ異なる利用環境に着目できるように作りました。

そこで、いつもウェブを使う母親、スマートフォンを使う母親、タブレットを使う母親を選びました。そして、そこに甘やかしたがりのおばあちゃんも登場さ

10.2　ピーター・マーホールズ（Peter Merholz）　317

せました。おばあちゃんは、すべての種類の母親を混ぜ合わせたうえに甘やかす要素を加えたような人物です。そうして、シナリオを書きました。おばあちゃんのプロフィールは、この物語の中でもっともおもしろい存在になりました。そして実際にこういうおばあちゃんタイプの人たちとも話をしました。多くのおばあちゃんは、孫がいるところから離れたところに住んでいます。子供たちが実家から離れていき、祖父母からは離れた別の町で住んでいるのです。そこで、物語を書くとき、祖父母と孫が別の都市に住んでいる設定にしたところ、とても面白い結果になりました。

　さて、それでいったい何ができたのでしょう。私たちはクリスマスをめぐっていくつかの物語を書きました。祖父母は孫にクリスマスプレゼントとして何かをあげたいと思っています。しかし、孫がプレゼントを開けるとき、祖父母はその場所にいることができません。そこで、この物語を書いているときにあることを思いつきました。プレゼントを開くと、ウェブブラウザーに簡単に入力できる短縮URLが入っていて、おばあちゃんからのビデオメッセージが見られるとしたらどうだろうか。クリスマスの朝、おばあちゃんは本当はそこにいられないけれども、まるでそこにいるかのようにみえるのです。戦略の立案、調査の分析、脚本の作成、製品のデザインと開発、そういったさまざまな作業のおかげでこの機能が生まれ、顧客はこのサービスをとても気に入りました。顧客は全力でこの機能を実現しましたが、それはこの機能が自分たちのブランドにとても似合っていると感じたからです。このクライアントは非常にはっきりとしたブランドと、ブランドの個性を持っています。この機能は、クライアントがビジネス上のブランドとして、ブランドとはどのようなものかを示すイメージにぴったりとあてはまったのでした。この件は、調査から機能実現までのストーリー作りでとても成功したと感じている事例です。

　広い市場で何が起きているかを理解することは非常に大切です。とは言え、企業はほかの会社が何をしているかを見て、それに追いつかなければならないと考えてしまうことばかりではないでしょうか。でも、競争には巻き込まれたくありません。そこではっきりしましょう。同じことを目指すのは、レッドオーシャン戦略です。つまり競合するほかのすべての企業と同等になろうとしているのです。でも、本当に目指したいのは、ブルーオーシャンです。しかし、ただブルーオー

シャンを見つけたい欲求のためだけにブルーオーシャンを探すのはよくありません。それではまだ競合のことを意識しすぎています。あなたがしなければならないのは、あなたの会社は組織として、ビジネスとしてどういう存在か、そしてあなたはそのビジネスのなかでどういう人間なのかを理解することです。そうすれば、実現までの道のりが見通せます。

　ほかの会社がそのブランドにぴったりと合う戦略を取ってくるのが気になるのはわかります。しかし、その戦略が私たちの会社のイメージに合わないものなら、それを真似すべきではないでしょう。UXがブランド戦略を尊重し切れていないことを、そういう単なる真似から感じることがあります。ブランディングが粗末にされていることを感じることが多いので、UXの世界ではブランドやブランディングに反感があるのだろうと思います。これはとても浅はかな考えです。UXを掘り下げていけば、ブランド戦略、個性の問題、企業が大切にしている価値の問題、企業が大切にしている特性の問題、そういったブランドの構成要素にぶつかるはずです。製品を作り上げるのは大変なことなので、UXはブランドを熟知していなければなりません。もし社内の人々が自ら作っている製品に関心を持たず、情熱を感じられず、市場があるという理由だけで製品を作っているなら、まだまだ掘り下げが足らず、製品をできる限りベストな状態にして市場に出すために必要な努力が足りていないということになります。市場に発表する製品は、その会社で働く人々が自分でも実際に使いたいと思うようなものでなければなりません。

10.2.10　UX戦略家が持つべき重要なスキル、心がまえは何ですか。あなたがうまく仕事をこなせる理由は何ですか。

　こまごまとした要素を理解し、全体の中でそれぞれの要素がどう機能するのかを知るべきであるという考え方を持ちましょう。私がUX戦略家になったのは、全体の脈絡のなかで、つまりは広い脈絡でデザインを考えなければ気が済まないからです。私は何に取り組むときでも、体系的な考え方を念頭に置いています。そして戦略を利用することが重要だと気づいたのも体系的な考え方を当てはめるためでした。私が取り組んでいた仕事の意味が、この大きな体系にどのように適合するのかを理解する必要があったのです。

戦略家は、説得力がなければいけません。話の進め方のうまさ、コミュニケーションとプレゼンテーションのスキルが必要になります。人々を物語のなかに引き込む力が必要です。戦略は抽象的になりがちなので、それを具体的な話にし、ほかの人たちが直観的に理解できるようにしなければなりません。抽象的なままの戦略は定着しないので、UX戦略家には物語によって戦略を印象づける能力も求められます。物語を形にするということは、つまりは顧客と繋がるということなのです。

10.3 ミラーナ・ソボリ（Milana Sobol）

出身地：ロシア連邦タタールスタン共和国カザン

現住所：アメリカ、ニューヨーク市

学　歴：ブランダイス大学神経科学科、経済学科卒、ブランダイス大学
インターナショナルビジネススクール国際金融論修士

図10-6　ミラーナ・ソボリ（Milana Sobol）

10.3.1 あなたはどのようにしてUX戦略家になったのですか（または、どのようにして仕事の一部としてUX戦略を担当するようになったのですか）。

私はビジネススクールを卒業すると同時に自分のスタートアップ企業を起業したため、基本的には何から何まで自分でしなければなりませんでした。そのうえいろいろな仕事をしました。私たちはゼロから製品を作っていましたが、適切な展望と戦略がなければ、ただ円のまわりをぐるぐる回るだけなのだと、非常に早い段階からはっきりとわかっていました。そこで普段の仕事をしながら戦略について学んだのです。

そのスタートアップ企業は、大手のレーベルとは契約のない、インディーズミュージシャンのための音楽配給プラットフォームでした。ちょうど音楽ビジネスが多種多様になってきたときのことであり、誰もがレコードレーベルの従来のビジネスの方法を突き崩したいと思っていました。その戦略は、その頃の技術でできることの範囲で、利用者たち、つまりミュージシャンたちと、ネット上で満たされていない彼らの欲求を満たすことに注力していました。私たちは、この新しい音楽ビジネスの時代にミュージシャンたちが作っている作品そのものと、作っている作品をしっかりと管理できるようなデジタルツールを考える必要がありました。しかし同時に、私たちはこのビジネスがお金を生み出せる方法でサービスを実現しなければなりませんでした。戦略とは、単に製品の展望のことだけではありません。製品にたどり着くまでの実践的な工程計画表でもあります。実際に利用するユーザーのことと、持続可能なビジネスモデルの両方のことを同時に考えなければなりません。

最初の頃、私はすべての要素の間でバランスを取ることがあまり得意ではありませんでした。私はビジネス、デザイン、テクノロジーといったすべての要素が一体となる仕組みを理解できていなかったため、私の計画や意思決定には抜けや漏れがありました。しかし、私は自らの失敗から学び、よりよい資産があって構造がしっかりしている環境で、ぜひ同じ仕事をやりたいと考えました。そこで、スタートアップ企業の次の仕事は、インタラクティブな仕事で会社の戦略に携わ

れる職種を探しました。なぜならクリエイティブな環境で課題解決に取り組み、現実の製品を作りたかったからです。

10.3.2 UX戦略はあなたにとってどんな意味を持っていますか。肩書きとして不自然さを感じますか。

　いいえ、決して不自然ではありません。代理店とスタートアップ企業で過ごした年月で、私は多くのタイプのUX戦略家たちと仕事をしてきました。デザイナーのような考え方をする人たちもいますし、ものごとのビジネス面にばかり目が行く人たちもいます。私は自分のことをどちらかと言うとビジネスUX戦略家だと思っており、信頼できるUX戦略家や非常に経験を積んだデザイナーと組んだときにもっともうまく仕事が進みます。製品がユーザーのために何をしてくれるのか、そこからどのようにしてビジネスを成り立たせるかを理解するためには、さまざまな職種の人物がいっしょに働く必要があります。私は、製品がどのように機能するか、操作感が全体的にどのようになるのか、基本的なことはたいていわかりますが、UX戦略家やUXデザイナーのようにあらゆる段階で細かなことを考え抜くことはできません。経営者でありビジネス戦略家でもあるという今の私にとって、UX戦略は私たちのあらゆることの核になっています。私の会社では、サービスとは製品そのものですしね。私たちのビジネスに関する顧客体験において、顧客は単なる接点というだけでなく、それ以上の存在です。私たちの製品はデジタル製品です。それはサービスでもあり、ビジネスでもあります。そのため、私たちは正しい仕事をして、製品を楽しいものにしなければなりません。単に使わなければならないから使うのではなく、使いたいから使う製品にしなければならないのです。

10.3.3 ビジネス戦略について、どのようにして学んだのですか。

　私がビジネス戦略について知っていることのほとんどは、学校を出て最初の7年間に、何を知らないのかも知らず、知らないことについて常に学ばなければならない環境に自分を置いて学んだものです。ビジネス戦略を学んで、いくつか学位を

持っていますが、だからといってデザイン事務所の中でビジネス戦略を推し進める
方法を知っていたわけではありませんでした。私は素晴らしい大学のビジネスス
クールに行き、難しい講義をいくつも受講してきてはいるので、紙の上では戦略担
当の資格を持っているように見えます。しかし、正直なところ、初めてプロの世界
に入ったときには、プロダクトデザインに必要な競合分析を適切に進める方法さ
えろくに知りませんでした。私が学んできたのはもっと財務寄りのことしかあり
ませんでした。

　ビジネススクールを出たばかりのときには、ビジネススクール的に学術的な方
法で仕事をしたくなるものです。結局、私はゼロから学ばなければなりませんで
した。おそらく会社に入って12回目のビジネス分析と戦略に関するプレゼンテー
ションをしたときに、やっと身に付いたと自ら実感したと思います。ビジネスの
目標とデザインの両方を伝えるよいストーリーの作り方が、本当の意味で理解で
きるまではかなり時間がかかりました。しかし、そこで私が学んだのは、分析的
な思考の方法ではありませんでした。単なる分析方法なら、すでに知っていまし
た。そこで学んだのはストーリーを語る方法です。創造的なビジネスにおいて、
ビジネス戦略は最終的に製品の可能性を伝えるシンプルなストーリーで語れなけ
ればいけないのです。

10.3.4　いずれUX戦略家になりたいと思っているUXデザイナーが MBAなどの経営学の学位を持つことは役に立つと思いますか。

　いいえ、まったく役に立ちません。UX戦略家になるために必要なのは、ものを
作り出すための会議で同僚たちとともに時間を過ごすことだと思います。UX戦略
家は、クライアントとの話し方を学び、クライアントのビジネス上の課題に真摯
に耳を傾ける必要があります。よい聞き手になることが絶対的に必要な条件です。
ですから、MBA（経営学修士）よりも心理学の学位の方が役に立つかもしれません。
物事を包括的に捉えるシステム的思考能力や課題解決のための枠組みや手法の学
習、実践的なものとしては、経営学の授業をいくつか取っておくと役に立つでしょ
う。戦略とは、主に混沌として複雑なものを単純な図や文に置き換えて、チーム

の全員が理解し、ついていけるものにすることです。もともとそのような分析的なタイプの思考方法の方が適している人と、クリエイティブな思考の方が適している人がいます。とてもクリエイティブでありながら分析的でもあるという人を見かけることはあまりありません。そういった両方に長けた人はとても珍しいのです。

　私の経験から言うと、ビジネススクールの学歴が必要なのは、どうしても大企業に就職したいときだけです。米国上位500社では、MBAが必要だと思います。しかし、クリエイティブな世界でMBAは不要だと思います。私は、尊敬するUX戦略家たちのプレゼンテーション資料を見たり、彼らが「ビジネスストーリー」を語る様子を見て多くのことを学びました。先程触れたように、その手のストーリーを紡ぎ出す力は、学校で熟達するようなものではないのです。

10.3.5　今までにされた仕事のなかで、戦略を立てるのが面白くてワクワクするようなタイプの製品はどのようなものですか。

　私にとっては、今取り組んでいる仕事がおそらくもっとも面白いものでしょうね。しかし、それは多くの責任が負わされている製品の責任者になっているからですね。単にプロジェクトメンバーとして名を連ねるだけでなく、予算の使い方など、あらゆる面での貢献が必要になり、そうしたリスクを追うことで仕事に深く関わることになるのだと思います。

　エージェンシー（代理店）の世界では、戦略の仕事が主で、ときどきデザインに携わり、ごくまれに制作までのすべての過程に携わりますが、デザインが本当にクライアントのビジネスに効果をもたらしているかどうか、クライアントと毎日やり取りすることはまったくないに等しいことです。クライアントの仕事をしていると、世の中に出したあとに評価を受け、事後分析を行うことがありますが、それは仕事をクライアントに提出し、プロジェクトが終わったあとのことです。UX戦略家の手から戦略が離れるのは、親元から離れて子供が独り立ちするようなものです。そして、その結果は、クライアントが戦略をどのように実践し、製品をどのようにマーケティングしたかによって大きく左右されます。その頃には、何がうまく

いってなにがうまくいかなかったかは、ほとんどわからなくなっています。上手く
いったりいかなかったりした理由は、戦略だったのかデザインだったのか技術力
だったのかマーケティングだったのか。UX戦略家は、仕事の最後まで関与できな
ければ、責任を負うことはできません。私の場合、最終結果に影響を与えられると
いうことが一番のやる気になっているので、これはこれで困ったことです。

　そこでいろいろと工夫し、今の仕事では、市場に投入したのと同様に、人々が
どのように反応し、どのように使っているかを直接的に調べることのできる完成
度の高い試作品を作っています。私たちは約9か月かけてユーザーはこう使うだ
ろうという考えをまとめ、私たちが一番気に入ったアイデアにもとづいて製品レ
ベルの試作品を作ります。すると、数日の間に、本物のユーザーから現実の評価
や意見がかえってきます。評価の内容がいつも褒める内容でなくても、すぐに意
見をもらえるのは、とても満足できることです。そして、確かにいつも褒める意
見だけではないのです。この直接的な学習を通じて、私は元々のアイデアを現実
のユーザーの意見にもとづいて短い期間で反復的に修正していくようになりまし
た。もっとも面白い製品を作るには、何度もテストを繰り返し、意見を反映でき
る環境が必要なのです。

10.3.6　異なる作業環境（たとえば、スタートアップ企業と大手代理店と業務系）でUX戦略を導いていくときに難しいと思うことは何ですか。

　常に大変なのは社内政治です。社内政治というものは、4人以上のメンバーがい
るビジネスには必ずつきまといます。そのため、あらゆるタイプの開発企業と大
手クライアントでは、社内政治が大きな役割を果たしています。UX戦略家はマー
ケティング部門の予算で仕事をする場合が多く、マーケティング部門にはマーケ
ティング部門の考えがあります。ビジネス部門、製品開発部門から情報を得なが
ら製品を作っていたところ、その後ビジネス部門が戦略についてのミーティング
に参加しなくなるというようなことはよく起きます。そのような場合、全員が参
加するように導くことが一番の課題となります。

　スタートアップ企業には、スタートアップ企業ならではの課題があります。な

にかと少し心細いのです。スタートアップ企業が小規模からスタートすると、目の届く範囲で一緒に仕事をするメンバーがほんのひと握りしかおらず、最悪の場合そのメンバーと週7日、1日24時間、顔を突き合わせることになります。すると、煮詰まりすぎてしまって、ときどき「ああ、もうこのメンバーには飽きた、新鮮な意見がほしい」と思うようになります。さらに、大きな利益を生むか資金調達に成功するまで、たいていの場合新しい人材の採用はいつも先送りになります。それぞれのメンバーがもっとも得意なことに集中することができなくなり、全員が得意なことの他にも多くの仕事をこなさなければなりません。

　以上のような理由から、クライアントの仕事を請け負う代理店（エージェンシー）がもっともバランスの取れた環境だと思います。多様なスキルを持った質の高いチームに入り、優れた人々のなかにいれば、UX戦略家、ビジネス戦略家、その他チームの能力を高めるさまざまな種類の人々からの意見が得られます。また考えるための十分な時間と十分な数の異なる視点があれば、さまざまな優れたアイデアを生み出せる環境を発展させていくことができるでしょう。

10.3.7　バリュープロポジションの市場での検証、対象とするユーザー層による試作品のテスト、その他どんな形であれ、製品やUX戦略のテストをしたことはありますか。戦略を牽引していく過程で、あなたはどのようにして本質に近付くようにしていますか。

　もっともいい事例は、今携わっている生産性向上のためのモバイルアプリです。アイデア出し、プロトタイプ作り、最終製品という開発のそれぞれの段階でグループ対話形式でテストをしてきました。最初は20人のグループに紙のプロトタイプを見せました。グループのメンバーは、経歴、ニーズ、行動によって潜在顧客と判断された、さまざまな人々です。このテストはとても役立ちましたよ。なぜなら潜在顧客と話をしながら、アイデアを磨きあげれるからです。私たちが作ったプロトタイプを、私たちの意図どおり人々が理解しているかを確かめる機会が得られるからです。彼らはまるで製品のコンセプトを知っているかのようでした。

　第2段階目のテストは、複数の異なる、実際に操作できるプロトタイプで行い

ました。別々のユーザーグループにアプリをさわってもらい、アプリのコンセプトと実用面の両方について、気に入ったところと気に入らなかったところを話してもらいました。

しかし、本当のテストは、実際にアプリを公開し、少し宣伝を行ってからやってきました。そのときは、1,500人というかなり大きな調査対象となるユーザーたちに数週間に渡ってアプリを使ってもらいました。製品を使い込んだユーザーが製品を愛用するようになる理由、愛用しないユーザーはなぜそうならないのか、理由を理解するために、私たちはオンライン調査を実施しました。このテスト中、ユーザーが欲しいのに存在しない機能は何か、ユーザーがわかりにくいと思う機能が何かを知りました。これは本格的なユーザーテストではありませんが、とてもためになることがわかりました。

けれども、多くの意見は割り引いて解釈する必要があります。なかには口の悪い人がいて、「このアプリはクソだ。なんでこんなものを作ろうと思ったんだかわけがわからない。こんなもん使いたいやつなんてどこにもいねえよ」などと言うでしょう。しかし、同時に数十人もの人々が、「このアプリは私のお気に入りです。毎日使っていますよ」と言ってくれます。意味のある意見は、どの機能が気に入り、どの機能がそうでなかったか、その理由は何かをちゃんと説明するために時間を割いてくれた人たちからのものでした。

非常に大まかな製品コンセプトを示しただけでも、多くの人々がその製品は何なのかを理解し、私たちが意図した通りに使ってくれることがわかりました。戦略が正しかったと感じたのは、まさにそのときです。私たちは、どのような領域に事業機会があるのかを理解するためにたくさんの調査を行い、人々がこの製品を欲しがるかどうかを知る必要があったので、これは非常に大きな成果でした。戦略を最初に立てたときには、その考えには根拠の無い予想いくつかありましたが、さまざまな段階でデザインとテストを通じてアイデアを磨くうちに、私たちの戦略はどんどん明確になってきました。そして、最終的には、私たちが作ったのはどういう製品で、誰がそれを使いたがり、使いたがるのはなぜかということをはっきり説明できるようになりました。そして、その説明の根拠となる現実的な調査データも手に入れることができたのです。

10.3.8　UX戦略を考えるとき展望を共有し合意してもらうときに使う秘密兵器や頼りになるテクニックは何ですか。

　私は非常に細かいところに目が行ってしまうタイプなので、業界内で他にどのようなことが起きているのか、全体像を理解する必要があります。そこで私がいつも最初にするのは市場の調査です。ユーザーや想定顧客とは誰なのか、彼らが同じような課題を解決するためにすでに使っている製品はどのような種類のものかをはっきりさせたいのです。私は、あらゆる角度から競合を観察します。この先どうなるのか非常に予想しやすいときもありますし、競合している業界ではまったく予想だにしないような場合もあります。私は、競合がどこへ向かい、UXをどのように作り上げたのかを理解したいと考えています。また、その製品のデザイン戦略を理解し、私たちが達成しようとしていることに対してそれがどんな意味を持つかを理解したいと考えています。仕事仲間やチームと、こういった戦略や意味の細部を共有することができれば、全員に周知徹底し、全員でもっとよい判断を下すことができます。

　そういうわけで、どのプロジェクトでも、すべての登場人物、企業、それらの競合が提供している製品、人々がその製品を気に入る理由（そして、その製品の差別化に役立っている部分）を示す単純なエコシステムマップ（**図10-7**）を作るようにしています。このエコシステムマップではある競合を示しており、今私が関わっている製品の視点で作られたものです。

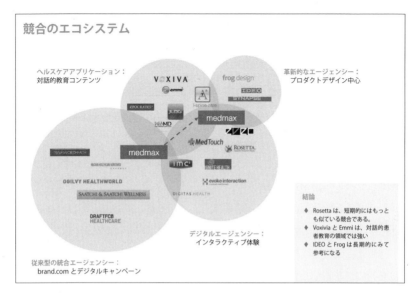

図10-7 エコシステムマップ

　このエコシステムマップは、チームのすべてのメンバーにとって便利なツールになります。このマップによって私たちがマップのどこにいるのか、どこに向かっているのかを全員に知ってもらうようにしています。

10.3.9　革新的な製品のための戦略を牽引するときに超えなければいけない壁を教えてくれる事例や逸話を教えていただけますか。

　エージェンシー（代理店）では、すべてはブリーフィングと呼ばれる背景や状況の説明から始まります。クライアントは、たいてい自分が作りたい製品、サービスの基本的なアイデアを持っています。少なくとも、解決したい課題が何かはわかっています。課題が何かを完全に理解していなくても、ある程度解決方法のアイデアを持っていて、課題の領域と課題解決の機会を明確にするために助けを必要としていることもよくあります。そこでの仕事としては、クライアントから知識を引き出し、クライアントが知っていることと、市場からわかることを合成し、明確な目的地とそこに達するまでのロードマップを作ります。

技術系のスタートアップ企業の場合、さまざまなことがこれよりも少し流動的で反復的なものになります。その手法は多少なりとも似たものになりますが、クライアントの組織全体での合意形成を築くためにかける時間と労力は少なくなり、それよりもアイデアに磨きをかけ、最適化することに時間を費やします。人為的な時間の制約は少なくなりますが、予算や人材の制約はきつくなるので、非常に無駄を排した思考が求められます。

　私の現在所属するスタートアップ企業では、展望は明確に決まっていますが、戦略は常に進化してきており、現在も進化を続けています。最初の展望は、人々のある種の行動を観察するところから生まれました。電子メールを使うことが一番効率的な方法ではないときにわざわざ電子メールを使ってしまうという行動です。私たちは、この行動のずれには何かしら対処できることがあるはずだと考えました。完璧な解決方法はすぐにはわかりませんでしたが、非常に明確に説明できる課題がありました。課題解決の答えが新しいタイプのメールアプリなのか、メモアプリやタスク管理ツールなのかがはっきりしなかったので、最初の段階は、どのような領域か、すなわち実際に使うであろうユーザーのために解決しようとしている課題を明確に特定する（あるいは、知識、経験にもとづいた仮説を作る）ことでした。そして、その知識にもとづき、戦略、課題解決の方法を作りだすための行動計画を組み立てます。私たちの場合、課題解決に適した代替手段と考えられるいくつかの課題解決策を考えだすところから始めました。しかし、デザイン、試作を始めるまで、確かなことはなにもわかりませんでした。私たちがデザインしたいものが多少なりともわかってくると、類似したほかの製品を検討したり、類似製品を使った人と話をしたりし、さらにポイントを絞った競合分析をすることができます。そして、得られた知識をもとに試作品に修正を加えていくと、ひとつのしっかりとした課題解決方法が生まれます。そこでの教訓は、戦略もほかのあらゆるものと同様に反復的だということです。仮説を作り、計画を立て、新しいことを学べるようになるまで前進し、仮説に修正を加え、計画を微調整していきます。戦略は生きた体験なのです。

10.3　ミラーナ・ソボリ（Milana Sobol）　　331

10.3.10 UX戦略家が持つべき重要なスキル、心がまえは何ですか。あなたがうまく仕事をこなせる理由は何ですか。

　私がこの仕事をうまくやれているのは、大ざっぱな思考と細部へのこだわりや後方支援へのこだわりを同時に連携させているからです。一見それほど面白そうではないかもしれない戦略でも、考え出すためには「宿題」をたくさんこなさければなりません。けれども、ひらめきを呼び寄せ、実践的な物語を組み立てるための魔法はここにあるのです。いつもそう簡単なことばかりではありません。将来への理想像を持たなければなりません。巨大な設計図を描き、様々な可能性に胸を躍らせて下さい。さらにその理想像を他の皆にも話し、伝えていかなければなりません。あなたの理想が皆に伝われば皆があなたについてくることでしょう。

10.4　ジェフ・カッツ（Geoff Katz）

出身地：アメリカ、ミズーリ州セントルイス
現住所：アメリカ、カリフォルニア州、サンフランシスコ
学　歴：ラトガース大学歴史学科卒

図10-8　ジェフ・カッツ（Geoff Katz）

10.4.1 あなたはどのようにしてUX戦略家になったのですか(または、どのようにして仕事の一部としてUX戦略を担当するようになったのですか)。

「戦略」という言葉は、人によって異なる意味を持つと思います。この本で「戦略」をうまく煮詰めることができましたね。私の場合、一般消費者向けのいくつかの異なるエンターテインメント業界にまたがって戦略の仕事をしてきました。その仕事の核となる部分は、人々が混乱を切り抜け、チャンスを見付け、優先順位を付けるのを手伝うことにあります。幸い、私は発展途中の業界で繰り返し仕事をすることができました。ウェブとアニメーションGIFが最先端の環境だった頃がありました。私たちの会社がスタートを切ったのはまさにその頃です。1995年頃のマクドナルドやリーバイスの最初のウェブサイトを覚えていれば、私が何を言っているのかわかっていただけるでしょう。ここで与えられた機会というのは、人々が何をしたいと思うかを明らかにすることでした。何しろ多くの場合、それまでは存在しなかったメディアなのですから。さらに、UXとは何であるのか、何であるべきなのかを明らかにし、製品の体験をどのようにして市場に送り込むか、その想像図を作ることもこの機会に含まれていました。ここ20年間、私が力を注いできたのはそういう事柄です。

思想史研究という経歴は、UX戦略家という職業に就くための準備としては、うってつけでした。というのも、非常に情報の限られた一次資料から評価し、それを使って特定の観客に向けて独自の面白くて引き込まれる大きな構図で描かれた物語を作ることを学んでいたわけです。私の職業生活の最初の経験は広告業でした。広告とは、30秒の映像の塊で簡潔、明確に伝えるという仕事です。インターネット普及以前のテレビCMのプロデューサーだったので、大手広告代理店の世界から、1995年のインターネット草創期の得体のしれない世界に飛び込んだときには、皆を引っ張っていく仕事をしていました。クライアントのためにフォーカスすべきものを示し、デザインチーム、開発チームのためにはっきりと理解でき、すぐに行動に移すことのできる目標を掲げて皆を引っ張っていくのです。

10.4.2　UX戦略はあなたにとってどんな意味を持っていますか。肩書きとして不自然さを感じますか。

　消費者に直接販売する製品からB2B製品までさまざまな仕事をしていて思うのは、UX戦略が製品には必要不可欠な構成要素だということです。今では、インタラクティブメディアのデザイン、開発プロジェクトで私たちが毎日普通にしてきたことの細かな部分部分がそれぞれひとつの専門分野として確立しています。これから、UXとプロダクトデザインの仕事を始める人々は、大学生、大学院生としての学術的な学習課程やプロになるべく訓練をしっかりと受け、インタラクティブ製品のデザイン、開発プロセスのあらゆる部分をじっくりと経験することがとても大切です。UXデザイナーとは異なるUX戦略家という存在になるためには、幅広い経験が必要なのです。

　UX戦略家が成功を収めるためには、世の中がどこに向かっているのか、高い水準の視点と確かな自信を持っている必要があります。人を助け、発展途上のチャンスを巨大な台風になるまで育て上げ、エンジニアのチームが確信を持って行動できるような形で仕事を定義するためには、強い意志の力が必要だと思います。私はこれまでの経歴を通じてエンジニアたちからいつも何を開発すべきなのかを言ってほしい「だけ」だと言われ続けてきました。これは、エンジニアたちがクリエイティブではないという意味ではありません。エンジニアたちからすれば、極端なくらい細かい事柄まで厳密に定義しなければ、ソフトウェアを作ることはできないということです。戦略的な仕事を細部から切り離し、6、8、12か月後に世界が向かうであろう方向にチームを率い、その時点で市場にぴったりと合った製品を届けることこそ、UX戦略家の基本的な仕事です。

　私は、UX戦略家という肩書きに不自然さがあるとは思いません。これは、デザインの視点から会社のビジネスをサポートすることに関してレーザー光線のように鋭く集中している人間が、どの会社にも必要なことを認識した上で作られた新しい職種です。UX戦略家は、技術の進化とユーザーの行動にもとづいて製品の良い所を見極めることができます。そうして製品デザインを通じた革新を推し進めることにより、これまで人々が見てきた、あるいは以前に使っていたどのような

ものよりも、本質的に優れた製品を市場に送り出すことができます。UX戦略家として市場に合った製品を実現することができれば、ビジネスで試行錯誤するために役立つことができるのです。UX戦略は、従来自己中心的だった複数の分野にまたがっています。それどころか、新しい分野として成長していると考えても良いでしょう。かつて、UXデザイナー全般がダメな肩書とみられていた時期がありました。私が仕事をしたことのあるインタラクティブデザイン代理店のクライアントは、ウェブページ上の画像の具合と見た目のふるまいにしか興味がなく、デザインがユーザーの体験を楽にしているか、それとも面倒にしているか、そのデザインがブランドにどんな影響を与えているかを考えることが後回しになっていました。世界中の人々が画面操作のUXに関して少しは洗練された考えを持つようになり、ユーザーを製品デザイン工程の中心に据えるようになりました。そうして、明確な規律としてのUXが確立し、UXは製品開発の基本的な要素となりました。UX戦略家は、異質でばらばらで自己中心的だと考えられていたデザイン、UX、ビジネスの各分野をつなぐ重要な職種として今は成長株になっていると思います。UX戦略家という肩書きに違和感はないと思うのもそのためです。私は、UX戦略家は、きわめて重要な職種だと思っています。

10.4.3　ビジネス戦略について、どのようにして学んだのですか。

　街の中で学びました。私はデザインやビジネス、経営学の修士、学士など持っていません。大学で一般教養の勉強をしていた頃、ほとんどの同級生はMBA（経営学修士）ではなく、弁護士を目指していました。アートやデザインは、ビジネスではなく、個人的な表現手段として手掛けるもので、その頃の最先端技術はカラーコピーでした。歴史学を4年間勉強したあとに許されていた選択肢は、LSAT[1]を受験して弁護士になるためにロースクールに通うことで、当時は、MBAという選択肢も私の情報網には入ってきませんでした。そこで、私はサンフランシスコに引っ越し、ロックバンドに参加して、自分たちのポスターを作り始めました。私

※1　LSAT：Law School Admission Testの略で、ロースクールの適性試験のこと。https://en.wikipedia.org/wiki/Law_School_Admission_Test

は、Macintoshコンピュータが印刷物製作の発展に影響を及ぼすのを見てきました。そして、印刷技術の発展の速さからこれはコンピュータの時代だと思ってコンピュータを使ったデザインに力を注ぐようになりました。コンピュータがクリエイティブな手段の一部になり始めたのは、1990年代始めになってからです。従来のグラフィックデザイナー、アートディレクター、テレビCMプロデューサーとともに、新しいビジネスチャンスを生み出せる新しいツールとしてコンピュータをデザイン、広告の世界に導入するために力を注いできたことは、そういった初期の時代から私のキャリアの根底にありました。ウェブが普遍的な存在になるだけでなく、主要なビジネス手段になるという展望は、その当時1994年とか1995年の頃だけでなく、長い間人々にとっては理解しがたいものだったと思います。初期のインターネットは、CompuServe（掲示板、メール）※1、AOL（電話回線とモデムでアクセスする壁で覆われたコンテンツの楽園）、Prodigy（通信事業者）※2などのインタラクティブな主流サービスよりも使いにくいものでした。しかし、ウェブブラウザーの登場でインターネットにグラフィカルな顔を与えたのです。

　私は実は、商用ブラウザ企業Netscapeが株式公開した日のパーティに出席していました。シャンペンを並べた台車が押されていくのを見て、自分たちは新しい世界の始まりに立ち会っているのだと思いました。その頃、Netscapeの人々は、ブラウザーがどのように発展していくか（フレームという機能があったことを覚えていますか？）、インターネットがどの方向に向かっているかについて私たちに頻繁に話しかけてきました。インターネットは1997年までに消費者に直接働きかけるビジネス手段になると言い切っていました。1995年頃のインターネットがどのようなものだったのかを思い返すのは難しいことですが、まだまだビジネス手段というようなものではなかったことだけは間違いありません。まだその頃はインターネットそのものが大きな実験でした。文字とハイパーリンクと貧弱な画像だけでした。インターネットをどのように使っているか、CKSパートナーズの1995年のプロジェクトでカリフォルニア大学バークレー校の学生にインタビューした

※1　CompuServe：http://www.compuserve.com/
※2　Prodigy：https://en.wikipedia.org/wiki/Prodigy_(online_service)

ことがあります。彼らはインターネットが商業化されたり、インターネットを使って製品を買うようになったりすることなど、想像もしませんでした。その頃インターネットが商業化されていれば、アートサイトJodi.org[1]が10億ドルで売却されたかもしれません。しかし、その頃徐々にマクドナルド、リーバイス、MTV、ディズニーなどの大企業は、新しいビジネス戦略の一部としてインターネットを使い始めていました。インターネットそのものは最初は実験でしたが、新しいマーケティング手段になり、最終的にはウェブ、インターネットと接続されたネット上の製品は、一般消費者に直接働きかけたり、B2Bのビジネス上のやり取りのための、もっとも重要な手段のひとつになりました。そして、重要な収益源にもなったのです。特に、エンターテインメント業界では、音楽に始まり、今ではテレビはどこでも見ることができ、映画配信、YouTubeのようなユーザーが作った映像、ソーシャルアプリにまで広がっています。インターネットは世の中に大きな穴を開けたのです。ウェブを単なる一時的な流行やテクノロジーの実験に終わらせなかったのは、アートではなくビジネスです。言いたくないことですが、1度限りの実験やこれらの取り組みが最終的に企業の利益に貢献しなければ、インターネット上のさまざまなサービスは存在しなかったでしょう。私は、幸運なことにいくつかの業界でもっとも大きな企業のために仕事をして、彼らの資金、あるいは彼らへの出資者の資金を使って、インタラクティブメディアでうまくいくものと、そうでないものが何なのかを実証実験することができました。私の印象では、5年に1度くらいずつ、Facebookのような、自らが引力の中心にあるようなとんでもない存在が現れて、ネットの世界全体を未来に引っ張っているように思います。しかし、それ以外の4年と364日は、片方の足をもう片方の足の前に出し、すでにわかっている水平線にほんの少し近付きながら、ありふれた基本的な技術を普及する製品に転化して、持続可能なビジネスにしようとあくせく働いているのです。

　私たちがUX戦略家として行うことの多くは、特定の時間にほかの人々が同時に何をしているかによって知らされます。ビジネスの歴史上、このように状況が流

※1　Jodi.org：スペインを拠点とするDIRKとJOANの2人組のアーティスト https://ja.wikipedia.org/wiki/Jodi

動的で、変化の速度が速いことはとても珍しいことです。世界中のメディアがつながり、あらゆる物事の未来に影響を与え始めてから、まだ20年も経っていません。私たちが見る景色や、携帯電話の画面に映し出されるものだけでなく、将来的には世界の仕組みさえ変化していくでしょう。今Skypeで行っているこのインタビューも、15年とか20年とか前には、まったく想像もつかなかったものです。スティーブン・ジョンソン（Steven Johnson）は、『How We Got to Now（どのようにして「今」に行き着いたのか）』[1]で、このことをうまく説明しています。多くの場合、その貢献を認められもしないような人々が行った、ささやかな小さな革新や実験が、最終的には彼らが予測もしなかったような形で世界をよい方に変えることができるというのです。私たちがUX戦略家として行う貢献も、同じように世界をもっとよい場所に変えるための貢献だと考えたいものです。

　エンターテインメント、メディアビジネスで仕事をして、PCから音楽プレーヤー、スマートフォン、タブレット、ゲーム機、さらにはHoloLensやOculus RiftといったVRデバイスや、テレビ画面をまったく新しいエンターテインメント体験に変えるAmazon Fire TV Stick[2]などの新デバイスへの進化を見てきた経験から考えると、世界が今ある場所よりもほんの少し先を見据え、数年後にどのようになっているのかを想像することは、それ自体が絶え間ない挑戦だと思います。ちょうど今週、米国の映画配給会社21世紀フォックスの最高執行責任者のチェイス・キャリー（Chase Carey）は、収支報告の際に次のようなことをいいました。「いま幅を利かせているビジネスが、ほんの数年後には跡形も無くなっていたとしても不思議ではありません。」とはいえ、現在ごく普通に使っている先端技術は、インターネットの黎明期からあったものでした。1994年にロサンゼルスで開催された「情報スーパーハイウェイサミット」で、アル・ゴア副大統領は500チャネルあるテレビの世界とインターネットについて話しましたが、ゼロがいくつか増えただけで、まさに今いる世界そのものです。新しい技術によって可能になった新しい体験が日常的な行動の一部になるまでには、無数の実験をしなければなりま

※1　Steven Johnson『How We Got to Now』（Particular Books、2014年）
※2　Amazon Fire TV Stick：家庭用テレビのHDMI端子につないでテレビをコンピュータ化するデバイス

10.4　ジェフ・カッツ（Geoff Katz）　　339

せんでした。けれどもUX戦略家として、そのような取り組みに参加できたのはとても楽しい体験でした。私はこれらのさまざまな製品デザインを先導することでユーザーに評価されるものが何で、評価されないものが何なのかを見ることを通じて、ビジネス戦略を学んできたのです。

10.4.4　いずれUX戦略家になりたいと思っているUXデザイナーがMBAなどの経営学の学位を持つことは役に立つと思いますか。

　私は、UXデザイナーが地に足をつけ、会社を成功させるために何が必要かと考え、現実から逃げないことが大切だと思っています。しかし、そのために経営学の学位が必要かどうかはわかりません。私は数千人の社員を抱える企業や、社員が8人しかいない企業でも働いたことがありますが、2週間に1度ずつ全員が給与小切手をもらえるための現実を、全員が理解していることには大切な意味があると思います[※1]。それは、毎日なぜ仕事に行き、そこで何をするかということが心の中に深く刻み込まれてなければいけません。過去20年間のシリコンバレーでのビジネスにおいて、生活や仕事のなかで、自分の製品がどうしなければならないか、どんな市場にサービスを提供するのかがはっきりとわかるまでは、お金は無限にあり、次の資金調達の時期が来ればまた少し時間的猶予が手に入るという誤った印象があります。しかし、この広大な社会が変わっていくなかで、誰もがそんなに幸運でいられるわけではありません。結局のところ、人々が喜んで使うすごい製品を作れば、それがとても大きな出来事になると思いがちだということですが、それではまだビジネスにはならないのです。FacebookやTwitterのように、偉大なユーザー体験と大成功を収めた製品を作り、株式を公開するところまで行った会社でも、四半期ごとに売上予算を達成するためにとてつもないプレッシャーを感じているのです。ですから、デザインが素晴らしく、広く愛されるような製品を作ったというだけでは不十分なのです。あなたはお金を稼がなければなりませんし、稼ぐお金は多ければ多いほど良いのです。そう考えると、社会におけるビ

※1　監訳注：米国では、一般的に給与は2週間ごとに銀行小切手で支払われることが多い

ジネスの現実から離れてUX、プロダクトデザイン、UX戦略を考えることは無理だと思っています。UX戦略家は、ビジネスが機能して拡大していく仕組みの基本原則を理解しておかなければいけません。

10.4.5　今までにされた仕事のなかで、戦略を立てるのが面白くてワクワクするようなタイプの製品はどのようなものですか。

　私はずっと一般消費者を対象としたメディア、エンターテインメントビジネスの仕事をする機会を与えてもらってきました。私自身ずっとテレビを見て育った子どもですから、仕事はいつでも楽しいですよ。私からすると、初めてインターネットに触れた1日目から、インターネットの世界が今のような無限にチャンネルのあるのインターネットテレビの配信プラットフォームのように見えました。しかし、一般向けの高速インターネットが実現されたのは1990年代末でした。ちょうど、私がExcite@Home[1]にいた頃です。そして、2000年代に入ると、DVDや、マイクロソフトのUltimate TV[2]、TiVo[3]などのハードディスクレコーダーが登場して、人々は自分自身でデジタルビデオ扱うことに慣れていきました。これは、ほとんどの人にとって夢に描いていた現実が追いついたということです。今はどこにいてもブロードバンド回線があり、デジタルビデオ、常にインターネットに接続されたデバイスで映像メディアを扱うことに慣れ、私が初めてインターネットに出会ったときに夢想したような世界に到達しています。私が特に興奮し、楽しかったのは、これらの新しいプラットフォームで動く製品がどのようなものかを示す、最初の事例を作るチャンスにいつも恵まれていたことです。私は、新しいテクノロジーの仕組みを探り、メディアが新しいプラットフォームに移るとエンターテインメントの体験がどのように改善され、魅力的になるかを考えるのがとても好きです。もちろん、私が関わったコンセプトや製品が、歴史の荒波にも

※1　Excite@Home：https://en.wikipedia.org/wiki/Excite#Excite.40Home
※2　Ultimate TV：https://en.wikipedia.org/wiki/Microsoft_TV
※3　TiVo：https://en.wikipedia.org/wiki/TiVo、日本語版の記事はhttps://ja.wikipedia.org/wiki/ティーボ

まれて消えていったこともありますし、良さが認められて広く普及したこともあります。それらはみな、人々が現在メディアを楽しみながら使いこなし、操作している姿に至るまでの重要な足がかりだったと思います。

10.4.6　異なる作業環境（たとえば、スタートアップ企業と大手代理店と業務系）でUX戦略を導いていくときに難しいと思うことは何ですか。

　私は、Excite@Home、DIRECTV[1]、TiVoのような大手の製品企業とインタラクティブデザイン代理店の両方で働く機会を持つことができました。2000年代中頃には、幸運にもサンフランシスコに本社を置くケビン・ファーナム（Kevin Farnhams）のブランドエクスペリエンスデザイン会社であるMethodでしばらく働き、メディアエンターテインメントを具現化するチャンスを手に入れました。Methodはマイクロソフトや Showtime Networks[2]のようなエンターテインメント製品やエンターテインメントサービスの大手と、Boxee[3]のようなスタートアップ企業の両方をクライアントとしていました。

　そこでは異なる環境で戦略を推し進めていく難しさがありました。私の経験を簡単に説明すると、製品を作る会社は目隠しされた世界に住んでいるようなものです。自社製品とライバルのいる市場区分に100%の力を注ぎ込むことになります。日々の仕事の重点項目は現在開発中の製品に絞られ、社内のさまざまな製品のうち、自分が担当している製品の開発を前進させることにだけ全精力をつぎ込むことになります。たとえば、私がヒューズ社傘下のDIRECTVに在籍していたとき、会社は衛星を宇宙に飛ばし、居間にあるセットトップボックスに動画映像を送るという事業を進めていました。そこで、私たちは動画データの新しい形として新しい「先進的なサービス」を作り、その動画データを衛星通信と結びつけ、その動画データをダウンロードして新しいユーザー体験を作り出すということは、

※1　DIRECTV：http://www.DirecTV.com/
※2　Showtime Networks：http://www.sho.com/
※3　Boxee：http://www.boxee.tv/

ヒューズ社のエンジニアとしてキャリアを積んできた人々からはとてつもない恐怖として受け止められていました。「君たちは数百万個のセットトップボックスをガラクタにかえるようなものをダウンロードしようとしているのかね？」そして、答えは「イエス」でした。大企業のリスクを嫌う社内文化にこの種の計算済みのリスクを持ち込むのはとても大変なことであり、イノベーションを続けられるような環境を作るためには、経営母体を変えなければならないとしても意外ではありません。その後ニューズ・コーポレーションがDIRECTVを買収し、社内文化を変えました。大企業の縦割りで分断された環境では、日常の仕事の大部分において、リスクを取ることはありません。実際、大企業の仕事環境は、リスクを緩和し、いつものビジネスから最大限の利益を生み出すことに力を注ぐためにあります。これはイノベーターのジレンマであり、UX戦略家は毎日何らかの形でこの圧力に反抗しなければなりません。

　代理店で仕事をしたときの難しさは、これとは少し違いました。代理店での仕事では、非常に広い視野を持つことができます。広い範囲の産業の領域に属する多数の企業がやろうとしていることがよく見えてきます。そしてそれらの企業は、やりたいことを実現するために代理店のサポートを必要としています。代理店の仕事で大切なのは、クライアントの社内でしっかり戦ってくれる擁護者、推進者を見つけることです。クライアント企業でも、先ほど触れたような大企業に本質的に備わっているリスク回避の圧力が効いているのです。辛いのは、仕事をして、成果物を提出したら、その会社から去らなければならないことです。そしてあなたは次のプロジェクトにとりかかります。代理店の仕事のよいところは、そういったクライアント企業の社内政治には永遠に無縁でいられることです。しかし、欠点は、そのような社内政治の影響を受けたプロジェクトの多くが現実の世界で陽の目を見ないことです。

10.4.7　バリュープロポジションの市場での検証、対象とするユーザー層による試作品のテスト、その他どんな形であれ、製品やUX戦略のテストをしたことはありますか。戦略を牽引していく過程で、あなたはどのようにして本質に近付くようにしていますか。

　この過程は、仕事をする場所の文化のなかに浸透しているかいないかのどちらかだと思います。今、私は25人のベンチャー資本によるスタートアップ企業で働いていますが、大手企業のように試作品をいくつも作ったり、想定顧客を相手に何度もテストしたりするような時間の余裕はありません。だからこそ、未来を思い描く必要があります。今作っているものが、思いもよらないほど成功し、広く浸透し、多くの人が愛用してくれると信じるのです。そして、それが現実になるようにじっと祈るのです。TiVoにいたときは、世界がまるで違いました。企業文化ははるかに発達しており、ユーザー体験に関するデザイングループは組織として体制がしっかりしており、プロトタイピングとUXテストを通過していない製品が技術部門から出てくることはなく、製品になることもありませんでした。その体制はシリコンバレーの私たちの研究所だけではありません。私たちは新しい製品のコンセプトとプロトタイプをクリーブランド（米国東部のいなか町）に持っていき、そこでテストしました。私たちはシリコンバレーのお祭り騒ぎの外に出て、反響があるかどうかを確かめる必要があったのです。そのため、その街の文化のなかで、広範囲に渡ってユーザー、グループを対象とするテストを行い、得られたデータをプロトタイプに反映させました。課題解決の関門をくぐり抜けるまで、それを何度か繰り返すこともよくありました。それから、やっとそれを製品にします。今日では、もっとも成功している大企業の多くで製品開発工程の一部にユーザー中心設計が含まれていますが、私からすると、デザイン、プロトタイピング、ユーザーテストが最良の方法として認められる環境で仕事するのは、今でもなんだか贅沢なような気がしています。

344　10章　UX戦略家たち

10.4.8　UX戦略を考えるとき共有する展望を一致させるときに使う秘密兵器や頼りになるテクニックは何ですか。

　重要なビジネス上の問題解決に集中できることが最も大切なことだと思います。あなたの周りのあらゆる環境が急速に変化していく中で、こういった初期に生まれるチャンスをはっきりと見極められるようになると、そして素早く行動に移し、市場で反響を呼ぶような解決策をすぐに用意できなければなりません。私は現在FacebookやTwitterのような巨大なソーシャルネットワークに我々のテレビ業界の顧客が持つ動画を載せる仕事に取り組んでいるところです。今の世の中がどう動くかを見つめ、あなたの製品があなたの顧客に対して何ができるかを考え、実社会であなたの会社のすべてがうまくいくような製品づくりを心がけて下さい。しかし、製品が実際に世に出るまでは、あまり多くの確証を得ることはできません。うまくできているかもしれませんし、世に出すのが遅すぎたかもしれません。もしかしたら最初から大したアイデアではなかったかもしれません。エリック・リースのリーンスタートアップの流れ、特にMVP（Minimal Viable Product：必要最低限の機能を持つ製品）を定義して作り出す考え方がスタートアップ企業や大企業文化の事実上の標準になると良いと考えています。たとえば、私が今関わっている製品のなかにも、この種の方法論がうまく機能すると思うものが数多くあります。しかし、今はまだこの考え方がすべての企業に浸透しているとは言えません。

10.4.9　革新的な製品のための戦略を牽引するときに超えなければいけない壁を教えてくれる事例や逸話を教えていただけますか。

　私のプロジェクトのほとんどは、まず技術概要を確認し、新しい技術基盤の要件分析をするところから始まります。これは、私たちがビジネスチャンスと考えているものを明確な言葉にする最初の機会でもあります。この最初の作業によって、新製品の開発や既存製品の革新のために専属の人員を割振りできるようになります。私はソフトウェアの開発者ではなく、工学的な経験はないので、これら

の作業はCEO、製品の設計者、開発者らとの共同作業になります。私が現在所属しているWatchwith社の場合、製品開発工程の部分では、既存の製品管理担当者、エンジニアリングの担当者が力を注いでいる部分よりも、かなり先を見越した可能性に注目します。

　私がUXデザイナーと視覚的ビジュアルデザイン担当のチームに、作業工程に着手してもらうために採用しているのは、技術的概要の検討によって得られたクリエイティブブリーフィング（創造的な考え方を示した資料）です（**図10-9**参照）。クリエイティブブリーフィングによって、必要最低限の理解が得られます。クリエイティブブリーフィングの内容を理解してもらうためにクライアントと話しているとき、私たちはクライアント企業が検討したり計画したりする時間が常にあまりない環境だと考えています。クライアント企業は自分たちの今日のビジネスを支えることしか考えていませんが、私たちは彼らに水平線の少し向こうを見せて前向きな考えを提供するための機会をもらっています。メディア業界、エンターテインメント業界のエコシステムのなかで成長途上のプラットフォームを推進しているという私の会社の立ち位置から、私たちはクライアントからの要求にそのまま応えるというよりも、業界を牽引することに軸足を置いています。どちらにしても私たちはゴールに向かい、最終的には根源的な部分で歩調を合わせるために、新しい収益源を切り開く必要があります。

ネット接続テレビに重ねて表示するデザインを考えるプロジェクト

既存情報の調査分析

要件技術分析と要件
家電メーカーが提供するデバイスを使用社内エンジニアリングチームの要件

B2B ユーザー／顧客の現状
ネットワークは現在何をオーバーレイしているか
主要な行動はどこで発生するか

B2C ユーザー／顧客の現状
ユーザーは現在コンテンツをどのように操作しているか
視聴者にモチベーションをどのように興奮を与えたものは何か
なぜどこでどのようにして視聴者は細かな設定から乗り出すか

調査

最良の方法
ほかのネット接続テレビ体験を観察する例：（ネットに親和性の高い〈テレビ局〉）SHQ、HBQ など

わかったこと
単純な直観的操作何コンテンツは依然として 4:3 のアスペクト比
オーバーレイ（重ねて表示）：主として右下隅

製品モデル
配置
理想的な画面を壊さないように
水平の3分割した時の左側が活用できる
サイズ
ナビゲーションが簡単になるように
最適化

製品モデル
操作画の層
操作画面
イベント層
ビデオ映像

クリエイティブブリーフィング
テレビとセットトップボックスのテレビ番組におーバーレイされ、番組に同期したイベントを表示するための柔軟なデザインシステムを作る

成功基準
オンにしたままにしておける
操作してみたらという気にさせる柔軟なソリューション

デザイン基準
簡素
軽量
反応が速い

ビジュアルデザイン及びモーションデザインの要素

ビジュアルデザインの要素

Aa　ブランド表記
透明度
X/Y座標
% 不透明度／大きさ　持ち時間　イーズイン／アウト

動きに関する規定

図10-9　クリエイティブブリーフィング（創造的な考え方を示した資料）

クリエイティブブリーフィングでは、製品目標の概要を含むとともに、成功の基準を定義しなければなりません。クリエイティブブリーフィングを中心とする検討から、製品の実装における選択肢に対する概念的な調査が始まり、それが私たちのビジネスの目標をサポートします。次に、私たちは製品のだいたいの操作性の定義に力を注ぎます。

私たちの経験から言うと、最低限、ワイヤフレーム（線で描いたレイアウト図）をPowerPointで作り、操作の流れを見せることができれば、製品の基本的な利用方法の説明に役立ちます。実際にUXが形を取り始めるところを見ると、作業が非常にスムーズになります。少なくともワイヤフレームがなければ、製品チームや経営陣と効果的にコミュニケーションすることはできないのです。操作を学習するための動画も、コミュニケーションツールとしてワイヤフレームと同じくらいに効果的です。時間と人員に余裕がある場合には、操作説明ビデオを作った方がよいでしょう。

クリエイティブブリーフィングと操作性を示す試作品や動画は、社内のステークホルダーとの議論を進めるために役立ちます。そして、その段階ではユーザーを入れないで社内の合意を形成し、それを評価／承認済みの提案として扱えれば、技術部門が初期の実証実験やプロトタイプを開発するための基礎となり、作業は私の手から離れて製品管理部門に移ります。

10.4.10　UX戦略家が持つべき重要なスキル、心がまえは何ですか。あなたがうまく仕事をこなせる理由は何ですか。

UX戦略家の心がまえとしては、詮索好きで遊び好きというのがもっともいい資質でしょう。ときどきですが、人々はそういう心がまえを賢いと言ってくれます。物ごとを想像する戦略家のみならず、創造的な人々全般が自分の仕事に毎日持ち込むものには、**何かもっといい方法があるはずだ**という信念を持ち、億劫がらずに試し、そしてときどき失敗するという心がまえが大切です。日々の仕事の流れが遅すぎて気持ちをくじくようなことがあっても、仕方ありません。偉大な製品にスポットライトが当たって広く使われるようになるまでには時間がかかるのです。非常に小さな一歩を積み重ね、長い時間をかけて広まることがほとんどなの

です。アップルのNewton MessagePad（1993年）[1]、PalmのPalmPilot（1996年）[2]、Microsoftのタブレット PC（2001年）では一般消費者には受け入れられず、iPad（2010年）の登場でやっと受け入れられました。DIRECTVが1,500万人の契約を獲得するまでには、1994年から2005年まで10年以上の年月がかかりました。インターネットにつながるテレビは2010年に出てきたばかりであり、2010年代が終わるまで、テレビの大部分を占めるようにはならないでしょう。私は、タイム・ワーナーのFull Service Network[3]で放映されたリーバイスの子供服のために初めてインタラクティブテレビ用CMを作り、スタートアップ企業のdaVinci Time and Spaceで子供向けの番組を作った1994年以来、一般消費者向けの「インタラクティブテレビ」の開発に携わってきました。しばらくはこの仕事を辞めるつもりはありません。つまり、この仕事を得意な仕事にしたいのなら、ある種の忍耐は、詮索好きで遊び好きという心がまえと同じくらい大切だと言いたいですね。この種の忍耐は、私たち全員がともに未来を創りだすために働く過程で、毎日繰り返し繰り返し正しい方法で製品をデザインしようと努力するなかから生まれるのです。

---

[1] Newton MessagePad：https://en.wikipedia.org/wiki/Apple_Newton
[2] PalmPilot：https://en.wikipedia.org/wiki/Palm_(PDA)
[3] Full Service Network：https://en.wikipedia.org/wiki/Full_Service_Network

11章

結び目をほどく

前進せよ……叡智の道に沿って、自信を持ち、
より多く歩み……自分がどんな人間であれ、自
ら選んだ道で経験を積み。自分の性質について
の不満を投げ捨てよ。人間には、自らが生きて
きた過程で経験したすべて（最初の失敗、誤り、
幻滅、情熱、愛、希望）をひとつ残らずまとめて
自分の目標に役立てる力があるのだ。

—— 哲学者フリードリヒ・ニーチェ
『人間的、あまりに人間的』より

ときどき、製品は陽の目を見ないことがある。その理由の多くは、あなたが何とかできるとは思えないようなものだ。財務危機や、チームが疲れて燃え尽きてしまったり、新しい技術の登場、個人的なやる気の問題、壊れた人間関係、その他、UX戦略を越えたさまざまな変動要素が影響を及ぼしてくる。

　1章で登場したソフトウェアエンジニアは、私たちの調査や実験のあと、企業同士のビジネスモデルに転換し、保険会社と直接交渉しようとした。しかし、2013年になって、アメリカの医療保険制度は新しい医療費負担適正化法に準拠するため、大きく再編された。最近様子を聞いたとき、彼は、細分化された業界のなかで治療センターにおける競争状態をひっくり返そうと思ったら何年もかかると言っていた。完璧にデザインされたウェブサイト、UX、ビジネス戦略があっても解決できない、彼が手を出せない不確定要素があまりにも多かったのだ。そのソフトウェアエンジニアはかつてのチェスの天才で、強いロシアなまりで半分冗談のように「お前が俺の商売を潰したんだ」と言っていた。

　私が教えていたビタとエナの場合、「結婚式のためのAirbnb」は、授業の中のプロジェクトだったので、授業の終わりがプロジェクトの終わりだった。彼女たちには、プロになるべくそれぞれの夢がある。彼女たちは、どこに行っても世界を揺るがすような仕事をするだろう（この「結婚式のためのAirbnb」をビジネスにしたいなら、どうぞご自由に）。

　ジャレッドはどうかというと、最近私は、トパンガキャニオンの彼の自宅で1日を過ごし、TradeYaがどうなったかについて話をした。彼は今も短い人生の中の4年という歳月に出資された100万ドル（約1億円）もの資金を使って、オンラインでの物々交換がなぜなかなか流行らないかという問題を解くための、壮大な実験を行っている。既成概念にとらわれないことが難しいのは明らかになった。TradeYaは8万人以上ものユーザーを抱えているのに、1日平均10件程度の交換しか成立していない。Airbnbのようにシェアリングエコノミー（共有型経済）という未知の世界を征服するためには、まだ道のりは長いようだ。そうは言っても、今のジャレッドは物々交換の操作方法に関する基礎的な機能については、かなりのノウハウを蓄積している。TradeYaの一番のユーザーが誰なのかも把握している。中小企業、工務店、そして増加しつつある創造的職業に従事するクリエイティブ・

クラスと呼ばれる人たちだ。

人生にはさまざまなリスクがあることを忘れないようにすることが大切だと思う。そのなかには仕事の上のリスクも個人的なリスクもあるだろう。両者をうまく分けられないことも多い。例として、私の母方の祖父、アレックス・シンドラーの話をしよう。彼は1907年にポーランドのタルノーポリ（現在はウクライナのテルノーピリ）で生まれた。もっとも古い記憶は、何度もあった大規模な標的型攻撃、すなわちユダヤ人に対する略奪行為のひとつで重火器によって自宅の壁が崩壊した記憶である。このような略奪行為のひとつで弟は殺されている[1]。父親は彼が6歳になる前に死んだ。そして第1次世界大戦（1914〜1918）が始まり、戦争は彼が11歳になるまで続いた。彼の国の名前、国語、交通標識は、ドイツ、オーストリア、ロシアの軍隊が攻勢に出たり劣勢に陥ったりする間に7度も変わり、町の人の自尊心はずたずたになった[2]。

アレックスが16歳になった1923年に彼と母親のローニャは、それ以上の迫害を受けるのを避けるために、ポーランドから逃げ出した。よりよい生活を求めて、彼らは列車でベルギーのアントワープに向かい、そこからカナダのケベックシティ行きの船に乗った。しかし、不運なことに、ローニャは北米大陸に向かう途中でコレラにかかって亡くなった。アレックスは、悲しみにくれながら、母が埋葬のため海に流されるのを見たことを鮮明に覚えている。

アレックスは、一文無しで英語を話せない孤児として、逃げてきた国に強制送還されるのではないかと心配しながら、ケベックシティにたどり着いた。ありがたいことに、同乗の僧侶が保証人になってくれたおかげで、そのままカナダに留まることができた。しかし、その僧侶に巨額の乗船料を返済しなければならず、それが莫大な借金としてついて回った。借金返済のため、彼はトロントで2年間、理髪師の修行をした。けれども10代の終わりには借金を返済して自由を謳歌し、たくさんの友だちを作り、趣味としてボクシングを始めた。

※1　テルノーピリ：https://ja.wikipedia.org/wiki/テルノーピリ

※2　「TARNOPOL」（Jewish Virtual Library）http://www.jewishvirtuallibrary.org/jsource/judaica/ejud_0002_0019_0_19604.html

図11-1　アレックス・シンドラー（右）と友人のヌーウィンク・ロス（1925年）

　彼は数年間ボクシングの練習を続けたが、ある試合で顔に受けた強打のために、片目が重症の白内障になってしまった。そして、下手な手術のためにその目は見えなくなってしまい、弱視の片目だけで何とかしなければならなくなった。このような身体的な障害を受けた場合、多くの人なら、そこで希望を失ったり、引きこもったりするところだろう。しかし、アレックスは違った。彼は結婚し、マニトバ州ウィニペグに新居を構え、3人の子供をもうけた。家族を養うために、苦労しながら25年に渡ってクリーニング店の仕事を続けた。50歳になった1957年、アレックスはひどい心臓発作の副作用で全盲になった。2年後、妻が亡くなり、彼はひとりで末息子を育てなければならなかった。

　しかし、我が祖父アレックスは、こういった新たな悲劇に見舞われても、絶望したり自暴自棄になったりしなかった。逆に、恐怖と向き合って家から出るようになったのだ。アレックスはバスでひとりで移動できるように、歩行訓練を行っ

た。また、盲目のボウリングチームに参加し、ジムで汗を流した。彼にとっては学ぶことこそがすべてだったので、可能な限り最良の教育を受けられるように息子達を励ましもした。

しかし、アレックスに最大の自由をもたらしたのはテクノロジーだった。彼は生粋のオーディオファンで、音楽を録音し、大量のレコードコレクションを再生するために、最高の音響装置を購入していた。彼はテープに録音した本を聞き、ニューヨークタイムズの書評で紹介されたベストセラー本をむさぼるように読んだ（聞いた）。

60代になったときには、録音機を持つ人々の非営利団体、オーディオブッククラブを通じてアレックスの社会的つながりは拡大した。世界中に散らばったクラブのメンバーたちは、オープンリールテープ（のちにはカセットテープ）を使って、日常生活についての話、長い政治的なメッセージ、音楽レコードの海賊盤をも交換していた。このクラブは、現代におけるFacebookとNapsterを組み合わせたようなもののアナログ版だった。カセットテープは、カナダからロサンゼルスに住む私の家族に手紙を送るための手段でもあった。祖父は、1981年に74歳で亡くなった。しかし、子どもの頃に録音を聞いていたおかげで、彼のポーランド訛りとワクワクするような彼の物語は決して忘れないだろう。

スタートアップ企業の創設者、製品の責任者、あるいはUXデザイナーにとって、デジタル製品の構築は、のるかそるかの一大事のように見えるだろう。私たちは、ユーザーの生活が一変するはずだと思っている事柄に、金銭的蓄え、自身の健康と情熱を注ぎ込む。しかし、発明家は、製品が成功に向かっていく時に必ずぶち当たる要素として失敗を受け入れなければならない（一部の人々にとってはその失敗が乗り越えられないほどの障害になることがあるが）。人生のなかで出会ったさまざまな困難に押し流されなかった私の祖父のようになる必要があるのだ。彼は人生をフルに生きるために自分自身を変えることを繰り返し、そのための手段としてテクノロジーを最大限に活用したのである。

11章　結び目をほどく　　355

学ぶべきこと

- ものごとはいつも予定通りに進むとは限らない。私たちはすばしこくなり、前に進むための新しい方法を見つけなければならない。人生における数々の挑戦を受け止め、積極的な気持ちを保とう。
- 日常のテクノロジーを新しい予想外の方法で使い、ユーザーの生活を向上させ、現実にある課題解決を手助けするチャンスを見逃さないようにしよう。
- 自分の生きる価値を最終的に決めるのは自分であり、どのように生きるかを選ぶことで自分とは何者なのかが決まる。私たちの存在価値は、何を生み出したかということだ。**人生を無駄に使ってはならない。**

索引

A

A/Bテスト 140, 279, 285
ABC 104
『About Face 3』...58
Adaptive Path... 307
Adobe.. 7, 98
Adobe Acrobat 209
Adobe Analytics 278
Adobe InDesign... 160
Airbnb 30, 39, 49, 151
Alexa 99
Amazon.. 7
Amazon Fire TV Stick 339
Amazon Prime 126
Amiga 146
AOL 337
App Annie...99
App Store 92, 96
AppFigures...99
Apple 7
Axure 195

B

babyGap..66
Balsamiq MockUp 209
BarterQuest 181
Beats by Dre 285
Bing..87
Book Your Care 280
Boxee 342
Buzz 8

C

CarsDirect.. 192

Chartbeat 279
Cisco Systems.. 181
Citibank..70
CKS パートナーズ.. 337
compete.com..99
CompuServe 337
Constant Contact.. 279
Craigslist 31, 184
Crazy Egg 190
Crunchbase...88, 96
CTA 222
CTR... 189
Cyber Rag #1 145
『Cyberpunk』.. 147

D

DIRECTV 156, 342
Distimo..99
Dollar Shave Club 190
Dropbox 190

E

eBay..31, 70
eHarmony 39, 169
eReader 160
Eventbrite 33, 70, 150
Excite@Home 341

F

Fab 123
Facebook...22, 340
Friendster...22
Full Service Network... 349

G

Geckobboard	279
Gilt	86
Gmail	94
Google AdWords	88
Google Analytics	256, 278
Google Glass	298
Google Maps	151
Google Play	92, 96
Google+	8
Google画像検索	165
Googleフォーム	241
Groupon	190
Gymboree	66

H

HIPPO	161
HoloLens	339
Homeaway	32
Honda.com	101
Hotels.com	228
『How We Got to Now』	339
HUGE	17
HyperCard	145

I

iContact	279
Indiegogo	190
Instagram	151
『Interviewing Users』	245
Intuit	313
InVision	209
IPK	148
itsthisforthat.com	50

J

Jawbone	315
Jodi.org	338

K

Kayak	105
Kickstarter	33, 190
Kindle	160
Kissmetrics	256, 279
KPI	152

L

『Lean Analytics』	262
LinkedIn	7, 238
LSAT	336

M

MailChimp	279
Meal Planning	192
Mechanical Turk	193
Method	342
Mint	190
Mixpanel	279
Mopapp	99
MTV	338
MVP	9, 35, 152, 176, 253, 345
MySpace	22

N

Netflix	70
New York Times	70
Newton MessagePad	349

Nook 160

O

Oculus Rift 339
OkCupid 39, 98, 169
OmniGraffle 195
Oprah.com 15, 101
Optimizely 279

P

PalmPilot 349
PMF 180, 188, 195
PoC 196
Possible 15
Priceline 105
Prodigy 337
『Program or be Programmed』 276
Prott 209

Q

Quantcast 99
Quora 106

R

Razorfish .... vii, 58
ROI 309

S

SaaS 97, 272
Sapient 58
Sarah Dzida
Schematic 15

SendGrid 279
SEO 2, 253
Showtime Networks 342
SKU 100
Snapchat 49
Stanza 160
Survey Monkey 241
Swap.com 181

T

Target 6, 20
『The Entrepreneur's Guide to Customer
　Development』 257
Tinder 39, 51, 170
TiVo 341
Totango 279
Trunk Club 84
Twitter 20, 340

U

Uber 39
UGC 103
Ultimate TV 341
Unbounce 282
Usertesting.com 223
『UX For LeanStartups』 222
UXPin 209
UXインフルエンサー 150
UX戦略 4
UX戦略家 291
UX戦略ツールキット .... xii, 90, 216
UX評価テスト 299

索引　359

V

VideoWorks 145
Vine 104, 151
Visual Basic 57
VRBO 32

W

Walmart 20
Watchwith 346
Waze 8, 21, 29, 39, 50, 151
WYSIWYG 287

X

Yahoo! 87
Yahoo! Mail 94
Yelp.. 31, 138
YouTube 338
Zappos 100, 104, 192

あ行

アイディエーション 260
アクイジション 258
『アクメッド王子の冒険』.. 163
アッシュ・マウリャ 230
アニメーションGIF.. 334
アラン・クーパー.. 57, 316
アラン・レヴィ 79
アル・ゴア.. 339
アルコホーリクス・アノニマス 281
アレックス・オスターワルダー 23
アンケート.. 222
アントレプレナー.. 11
『アントレプレナーの教科書』.. 63

イヴ・ピニュール.. 23
『イノベーションのジレンマ』.. 29
インタビュー 64, 66
インタラクションデザイナー.. 296
インタラクティブ.. 294
　デザイン.. 5, 308
　テレビ.. 298
　な作品集.. 148
　メディア.. 338
インディ・ヤング.. 4
インフルエンサー.. 134
エクスペリエンス戦略.. 4, 295
エクスペリエンス戦略家.. 296
エクスペリエンスマップ.. 259
エコシステムマップ.. 329, 330
エスノグラフィック.. 57
　調査.. 223
エドワード・タフテ.. 260
エリック・リース.. 34, 176, 260, 273
エルケ・ソマー.. 178
エンゲージメント.. 37
『オズの魔法使い』.. 194
オズパラダイム.. 194
オプラ・ゲイル・ウィンフリー 15

か行

カードソーティング.. 222
革新会計（リーン・アカウンティング）........ 260
革新的UXデザイナー.. 38
革新的UXデザイン.. 18, 36
カスタマーエクスペリエンスマップ.. 300
カスタマージャーニーマップ.. 300
課題解決の方法.. 51
価値の革新.. 18, 27
課題解決の方法.. 51
価値の革新.. 18, 27

仮説的推論......125
間接的競合......85
『がんばれ！ベアーズ』......54
カンプ......165
キーとなる体験......152
キーメトリクス......273
キーワード候補......88
期待される行動......268
競合情報活動......115
競合情報分析......115
競合分析......324
競合分析結果レポート......129
競合分析による死......116
競合分析表......81, 90, 112
強制的ランク付け......16
『競争優位の戦略』......19
記録ノート......235
クラウドソーシング......29
クリエイティブブリーフィング......128, 346
クリックスルー率......189
クレイグ・フライシャー......111
クレイトン・クリステンセン......29, 175
グロースハック......253
クロスチャネル......259
ケヴィン・コスナー......33
『ゲームストーミング』......164
結婚式のための Airbnb......61, 352
ケビン・ファーナム......342
ゲリラユーザー調査......140, 216
検索エンジン......87
検索エンジン最適化......253
検証のためのユーザー調査......18, 33, 46
コアコンピタンス......19
行動喚起......222
顧客開発マニフェスト......23
顧客獲得のためのデザイン......252
顧客層......23

顧客の維持......272
顧客発見調査......249
顧客発見プロセス......70, 73
顧客予備軍......266
コンシェルジュ MVP......189-191
コンテキストインタビュー......222
コンバージョン......256

さ行

ザ・フォール......291
サービスマップ......302
在庫管理単位......100
サラ・ベックマン......309
暫定ペルソナ......58-59, 153, 249
シェアリングエコノミー......70, 352
ジェイミー・レヴィ......vii
ジェシー・ジェームス・ギャレット......4
ジェフ・カッツ......128, 333
ジェフ・ゴーセルフ......58
質問票......66
ジム・アンダーウッド......115
ジャーニーマップ......259
ジャストインタイム生産......310
社内アントレプレナー......ix, 36
ジャレッド・クラウス......181
重要業績評価指標......152
ジュヌヴィエーヴ・ベル......223
主要活動......24, 210
ジョイ・ディヴィジョン......215
情報アーキテクチャ......308
情報スーパーハイウェイサミット......339
常連客......266
ショーン・エリス......253
シルク・ドゥ・ソレイユ......30
シルバーレイクカフェ作戦......216
親和図法......16

索引　361

推薦者	267	投資収益率	309
スタートアップ企業	298, 326	ドットコムバブル	22
スティーブ・ブランク		ドット投票	16
	23, 63, 116, 159, 176, 180	取引ファネル	185
スティーブ・ポーティガル	245		

な行

スティーブン・ジョンソン	339		
ステークホルダー	12, 63	ニール・ヤング	1
ストーリーボード	158, 166	ニールセン・ノーマン・グループ	229
製品の最適化	252		

は行

セールスファネル	93, 122, 140		
潜在的顧客	265	パーソナライゼーション	102
ソーシャルログイン	94	パートナー	24, 210
測定指標	271	パープルオーシャン	127, 141
ソニック・ユース	77	バイラル	253
ソリューションプロトタイプ	196	破壊的イノベーション	29, 162
孫氏	13	「破壊的な革新こそ新しいパンクロックだ」	
			14

た行

		バックエンド	186
対照実験	246	発見段階	15, 18
ダグラス・ラッシュコフ	276	パトリック・プラスコービッツ	8, 36, 257
タッチポイント（接点）	259, 295, 302	バニティメトリクス	273
多変量テスト	279	バベット・ベンスーサン	111
ダン・サファー	153	バリューチェーン	27-28
チェイス・キャリー	339	バリュープロポジション	
チャーン率	272		23, 26-27, 46, 49, 52
チャネル	23	販売顧客	266
W・チャン・キム	28, 127, 143	ピーター・ドラッガー	27, 45, 74
直接的競合	84	ピーター・マーホールズ	59, 306
デイヴィッド・アメット	251	ビジネス上の課題	270
ディズニー	338	ビジネスストーリー	325
定性的データ	118-119	ビジネス戦略	4, 18-19, 78
ユーザー調査	224	ビジネスモデル・キャンバス	25, 210
定量的データ	118-119	『ビジネスモデル・ジェネレーション』	23
データ要素	118	ビジネスモデルの段階表	263
デザインシンキング	34	秘伝のソース	150
デジタルロードマップ	294		

『一人から始めるユーザーエクスペリエンス』
............222
ヒューリスティック評価............105
ビリー・アイドル............147
ファナ・ガラン............225
ファネル............257
ファネルマトリックス............252, 257
フィードバックループ............35
『フィールド・オブ・ドリームス』............33
フォーカスグループ............222
プラットフォーム............93
フランシス・ベーコン............81
ブラント・クーパー............8, 36, 257
ブランド戦略............7
ブランドン・シャウアー............310
フリードリヒ・ニーチェ............351
ブリーフィング............330
ブルーオーシャン............30, 127, 141, 318
『ブルー・オーシャン戦略』............28, 30, 127, 143
プロダクト／マーケットフィット
............180, 188, 195
プロフィール............59, 317
フロントエンド............186
平均訪問時間............272
ペインポイント............2
ペルソナ............57, 316
ベンチマーク............121
ほしい物リスト............47, 138
北極星............5, 43
ホリー・ノース............260, 293

ま行

マーキング............119
マーク・アンドリーセン............180
マーク・スローン............16
『マイクロインタラクション』............153

マイケル・ポーター............19
マイケル・ラニング............27
マクドナルド............334, 338
マスアダプション............21
『摩天楼を夢みて』............251
『マネジメント 1』............27
マルチメディア............294, 307
見込み客............265
ミラーナ・ソボリ............117, 321
『メンタルモデル』............4
メンタルモデル............10, 81
目標............7
目標主導型設計............57
モックアップ............158

や行

ユーザーエクスペリエンス戦略............295
ユーザーエクスペリエンスデザイン............5
ユーザー生成コンテンツ............103
ユーザーの概念を実証............196
ユーザーの行程............267
ユーザーの関わりの度合い............258
ユーザーフレンドリー............57
要求機能............273

ら行〜わ行

ラブマッチ・テニスショップ............179
ランディングページ............184
ランディングページ実験............287
リー・クレイマー............178
リーバイス............104, 334, 338
『リーン・アントレプレナー』............8, 36
リーンUX............6, 59
『リーンスタートアップ』
............34, 65, 176, 190, 260, 313

リカルド・モンタルバン 46
リソース 24, 210
リバースエンジニアリング 56, 88
流行分析 312
　　マッピング 312
流行予測 313
ルックアンドフィール 3
レア・バリー 222
レーン・ハリー 152

レッドオーシャン 30, 127, 141, 318
レッドオーシャン戦略 318
レネ・モボルニュ 127, 143
漏斗 93, 257
ロードマップ 330
ローラ・クライン 222
録音装置 237
ロッテ・ラインガー 163
ワイヤフレーム 186

筆者紹介

Jaime Levy（ジェイミー・レヴィ）
ジェイミー・レヴィ（Jaime Levy）はロサンゼルスを拠点とするユーザーエクスペリエンス戦略家で、コンサルタント会社、JLRインタラクティブの代表である。JLRインタラクティブは、スタートアップ企業や大企業企業のために、ビジネスコンセプトを持続可能で規模を拡大していけるオンラインソリューションに変身させる作業を手伝っている。
ジェイミーは1990年代始めからディスクメディア、モバイルデバイス、ウェブ、双方向テレビなどで配給されるイノベーティブなプロトタイプ、製品を作ってきた。長年に渡ってHuge、Razorfish、Schematic（現在のPossible）などの受賞歴のあるエージェンシーで働き、ABC、AOL、Dish NetWork、GE、iVillage、Oprah.com、ユニオンバンクなどのプロジェクトでUXリーダーを務めてきた。また、アートセンター・カレッジ・オブ・デザイン（パサデナ）、ニューヨーク大学、ロイヤル・カレッジ・オブ・アート、UCLAエクステンションなど、さまざまな大学でデザインの講座、講義を担当し、現在は南カリフォルニア大学で教鞭を執っている。また、世界中のデザイン、イノベーションのカンファレンスで講師を務め、公開ワークショップや社内トレーニングも実施している。
オンラインではhttp://jaimelevy.com/、Twitterは@jaimerlevyでコンタクトできる。

監訳者紹介

安藤 幸央（あんどう ゆきお）@yukio_andoh
1970年北海道生まれ。株式会社エクサ コンサルティング推進部所属。OpenGLをはじめとする三次元コンピュータグラフィックス、ユーザエクスペリエンスデザインが専門。Webから始まり情報家電、スマートフォンアプリ、VRシステム、巨大立体視ドームシアター、デジタルサイネージ、メディアアートまで、多岐にわたった仕事を手がける。『iPhone 3Dプログラミング—OpenGL ESによるアプリケーション開発』では監訳、『Excelプロトタイピング—表計算ソフトで共有するデザインコンセプト・設計・アイデア』（以上、オライリー・ジャパン）では付録執筆を担当した。

訳者紹介

長尾 高弘（ながお たかひろ）
1960年千葉県生まれ。東京大学教育学部卒。株式会社ロングテール（http://longtail.co.jp）社長。訳書に『初めてのAndroid 第4版』『入門 Python 3』『ユーザーストーリーマッピング』（以上、オライリー・ジャパン）、『The Art of Computer Programming Third Edition 日本語版』（KADOKAWA/アスキー・メディアワークス）、『アルゴリズムの基本』『SOFT SKILLS ソフトウェア開発者の人生マニュアル』（以上、日経BP社）、など多数があるほか、『縁起でもない』『頭の名前』（以上、書肆山田）などの詩集もある。

カバーの説明

『UX戦略』のカバーに描かれているのは、セグロジャッカル（学名 Canis mesomelas）です。アフリカのふたつの地域（南アフリカ、ナミビア、ボツワナ、ジンバブエなどの南西部とケニヤ、ソマリア、ジブチ、エチオピアなどの東海岸）に生息しています。

セグロジャッカルはイヌ科のなかでも非常に古い種で、ヨコスジジャッカルときわめて近い種です。もっとも古い肉食動物の化石は、犬類と関連し、3800万年から5600万年前に遡ります。外皮は赤味がかり、肩から尾にかけて黒い筋が走っていて、狐に似た姿をしています。

食性は雑食で、小型、中型の動物、植物、人間が残したゴミなどを食べます。一雌一雄ですが、家族のなかの若いものが新世代の幼獣の養育を助けるために残ることがあります。そのため、この種の幼獣が生き残る割合は高くなっています。発情期は5月末から8月で、妊娠期間は60日ほどなので、7月から10月に幼獣を生みます。カローネズミやヨスジクサマウスなどの餌となる動物と個体数のピーク（夏）や出産シーズン（冬）が一致しています。

食性からもわかるように、セグロジャッカルは非常に適応力が高く、さまざまな生息地で繁殖できます。腎臓が水分の欠乏にも適応できるため、砂漠でも生きていけます。どこに住んでも、縄張り意識が強いため、臭いによるマーキングや、吠えたり、キャンキャン騒いだり、唸ったり、鼻を鳴らしたり、金切り声を出したりといった発声によって、自分の存在をアピールします。

UX戦略
── ユーザー体験から考えるプロダクト作り

2016年 5 月25日　　　初版第 1 刷発行

著者	Jaime Levy (ジェイミー・レヴィ)
監訳者	安藤 幸央 (あんどう ゆきお)
訳者	長尾 高弘 (ながお たかひろ)
発行人	ティム・オライリー
制作	ビーンズ・ネットワークス
印刷・製本	日経印刷株式会社
発行所	株式会社オライリー・ジャパン
	〒160-0002 東京都新宿区四谷坂町12番22号
	Tel （03）3356-5227
	Fax （03）3356-5263
	電子メール　japan@oreilly.co.jp
発売元	株式会社オーム社
	〒101-8460 東京都千代田区神田錦町3-1
	Tel （03）3233-0641 （代表）
	Fax （03）3233-3440

Printed in Japan (ISBN978-4-87311-754-6)
乱丁本、落丁本はお取り替え致します。

本書は著作権上の保護を受けています。本書の一部あるいは全部について、株式会社オライリー・ジャパンから
文書による許諾を得ずに、いかなる方法においても無断で複、複製することは禁じられています。